作者简介

久保辉幸，中国科学院博士，浙江工商大学东亚研究院日本研究中心副教授，兼任北京中医药大学中医药学院《本草纲目》研究所客座研究员、早稻田大学日本宗教研究所特约研究员。本科专攻生物学，硕士生期间学习训诂学、本草学，中科院读博期间研究宋代植物专著以及分析宋代文人的生物观，并荣获日本科学史学会学术奖励奖。在英国剑桥李约瑟研究所研究牡丹皮的历史问题，并获得亚洲医学史学会荣誉提名奖。发表论文《前近代中国的芍药栽培和选种（英文）》等，以及《左圭〈百川学海〉版本流传考》等文献考证方面的文章。主要著作有《吴越国：10 世纪在东亚绽放的文化国家》《医学、科学、博物：东亚古籍的世界》《简明西藏通史》等。

与花方作谱

宋代植物谱录循迹

[日] 久保辉幸 著

中国传统博物学研究文丛

主编 罗桂环

※ ※ ※ ※ ※

广西科学技术出版社

SONG

知了
ZHILIAO

* * * 丛书序

当今世界，生物多样性的保护日益受到重视，博物学在中国社会中得到空前关注。作为生物中的成员之一，人类不能脱离自然界中的动植物生存。“民以食为天”，故中国古人用“社稷”指代国家。疗病养生仰赖草根树皮，古人因称药物为“本草”。更有文人学者“宁可食无肉，不可居无竹”；流连于“采菊东篱下”的家园。显然，人们对动植物充满兴趣，不断探索，确属自然属性、生存所需。它亦为中国古代“格物致知”，进而“治国平天下”的重要动力。

儒家宗师孔夫子训导弟子“多识于鸟兽草木之名”。受其影响，后世学者不但编出了包含笺释大量动植物的《诗疏》和《尔雅》及其注疏，为“多识不惑”开道。更有众多官员，纷纷记下各地的“异物志”“草物状”，和各类动植物谱录，增广博闻，以宏民用。重视动植物生长规律和形态辨别的本草著作，探求物理，发展卫生仁术，历来深受社会各界重视，内容不断丰富充实，为民族繁荣提供保障。上述博物学著述源远流长，自成体系，却又相互促进，皆以“正德、利用、厚生、惟和”为依归。诚如先哲所云：“资藉既厚，研求遂精。”体现了前人在适应自然、生存发展、促进文明进步方面的杰出智慧。

为了更好地传承古代博物学遗产，弘扬优秀传统生态文化，广西科学技术出版社组织出版了“中国传统博物学研究文丛”，为祖国的持续发展，“收千世之慧业，积古今之巧思”，学术眼光之独到，令人敬佩。文丛作者大多为有志于传统博物学研究的中青年学者，他们在总结中国人与自然和谐相处、合理利用生物资源、改善生活环境方面做了较深的探索，可为今天的相关工作提供有益借鉴。故聊书缀语为之推介，是为序。

“中国传统博物学研究文丛”主编

罗桂环，中国科学院自然科学史研究所研究员，享受国务院政府特殊津贴。长期从事生物学史、环境保护史、西方在华考察史和栽培植物发展史的研究，主要著作有《中国历史时期的人口变迁与环境保护》《中国科学技术史·生物学卷》《近代西方识华生物史》《中国栽培植物源流考》等。

* * *　前　言

植物谱录是中国古代很有特色的一类植物专著，而宋代是其大量涌现的繁荣时期。当时埃及、西亚以及欧洲虽然出现了如《柠檬论》《猎鹰之书》等动植物专著，但是这类动植物专著在13世纪以前的文献中并不多见。因此，全面系统地梳理和研究宋代及宋代以前的植物谱录，对更好地探讨中国古代植物知识的发展有着重要意义。自20世纪后半叶以来，已有一些学者对谱录类著作做了相关研究，大多研究的重点在于谱录类著作中的古代科技成就。虽然谱录类著作一般是短篇，内容说不上非常丰富，但却有不少其他书中鲜有的独特记载。

研究谱录类著作时，我们还可以更多关注它们的作者和时代背景，以及作者之间的人际关系和著作相互产生的影响，譬如考订各种谱录的成书时期、存世情况、记述内容；作者的出身、经历、人际关系、生卒年、所处年代，乃至他们编撰谱录的缘起、目的、背景等。有鉴于此，本书将宋代的植物谱录作为主要研究对象，通过文献学方法，加以墓志、书法作品等石刻史料，重新整理宋代各种植物谱录的相关信息，追溯编撰者的个人经历以及社会背景，考证谱录的版本流传，并甄别书籍的真伪，以期更加深入地厘清宋代植物谱录的发展脉络，阐明植物谱录的兴盛与当时社会的关系。

在考察植物谱录出现的背景时，我们可以发现植物谱录几乎没有与本草学发生关联，却与谱牒学密切相关。同时也不难看出宋代这些著作直接或间接地受到六朝时期的南方“异物志（方物志）”的影响。不过，宋代很多植物谱录的撰写重点不再是南方的“异物”，而是具有地方特色的植物类群。通过文献学调查得知，自上古至宋代的植物谱录数量至少有 101 部。为了更全面地了解植物谱录的特点，本书除了考察这些植物谱录，还对伪书等存疑书及收载植物的方物志、酒书等 20 种文献[1]同样进行了考证。本书所考证的书籍共有 121 部以上。101 部植物谱录中包括宋代以前戴凯之等撰著的 2 部《竹谱》、陆羽的《茶经》、毛文锡的《茶谱》和《平泉山居草木记》等 14 部植物谱录，以及宋代大约 320 年间涌现的至少 87 部植物谱录。植物谱录的出现是宋代科技史的一个突出特点。根据笔者调查，宋代的花谱中，至少有牡丹谱 15 部、芍药谱 4 部、菊花谱 8 部、梅花谱 4 部、兰花谱和海棠谱各 2 部、玉蕊花谱和琼花谱各 1 部，以及综合性花谱 4 部[2]；宋代的经济植物谱录则至少包括茶书 26 部（不含日本人著作）、荔枝谱 6 部、竹谱 5 部、桐谱 2 部、蔬菜谱 3 部，《禾谱》《糖霜谱》《橘录》《菌谱》各 1 部。北宋的植物谱录以竹谱、牡丹谱、芍药谱、荔枝谱为主；而南宋的则以菊花谱、梅花谱、兰花谱为主。与此相反，宋代动物谱录仅有 4 部。可见在宋代生物谱录中，以植物谱录居多。唐代的很多书籍没有保存下来，

[1]《南方草木状》《魏王花木志》《（赵孟坚）梅谱》《华光梅谱》《兰谱奥法》《兰易》《洛阳花品》《江都花品》《益部方物略记》《分门琐碎录》《全芳备祖》《吃茶养生记》《（窦苹）酒谱》《东坡酒经》《北山酒经》《酒名记》《酒小史》《酒尔雅》《（葛澧）酒谱》《曲本草》。

[2] 4 部综合性花谱分别为《花木录》《洛阳花木记》《花药草木谱》《四时栽接花果图》，不含《分门琐碎录》《全芳备祖》。

对比之下，宋代的文献数量显得尤其多，但从历代目录中也不难看出，宋代确有动植物谱录数量激增的局面。

宋代的植物谱录充分体现了许多作者注重实际的精神，也展示了他们所取得的多方面科技成就。像《洛阳花木记》的作者不但搜集了前人的相关文献，而且寻访各处花圃，亲自调查并记载了牡丹、芍药、梅、桃、兰、菊等众多花木，较详细地记载了嫁接等园艺技术。同样值得注意的是，南宋人以养兰、爱梅、种菊等行为来标榜自己的清高和优雅，却越来越不注重通过观察植物来理解自然现象。

久保輝章

浙江工商大学东亚研究院日本研究中心副教授

北京中医药大学中药学院《本草纲目》研究所客座研究员

目录

◎导　言　001

◎第一章　宋代及其以前主要植物文化概述　017

第一节　先秦至南北朝　020

第二节　隋唐至宋朝　042

◎第二章　谱录的出现和发展　061

第一节　与谱录相关的文献体裁　065

第二节　南北朝时期的植物谱录　079

第三节　隋唐至五代十国时期的植物谱录　090

◎第三章　宋代竹谱、桐谱　113

第一节　竹谱　118

第二节　桐谱　126

◎第四章　宋代花谱——牡丹、芍药　131

第一节　牡丹谱　134

第二节　芍药谱　161

◎第五章　宋代花谱——菊花、梅花、兰花　189

第一节　菊花谱　196

第二节　梅花谱　217

第三节　兰花谱　233

◎第六章　宋代花谱——其他花卉谱录　247

第一节　海棠、琼花、玉蕊谱录　249

第二节　综合性花卉谱录　257

◎第七章　宋代茶书　271

第一节　北宋茶书　276

第二节　南宋茶书　307

◎第八章　宋代食用植物谱录　317

第一节　荔枝谱　319
第二节　其他食用植物谱录　332
第三节　宋代酒书　344

◎第九章　宋代植物谱录的价值与意义　355

第一节　植物谱录中的园林技术成就　360
第二节　园林、花卉产业与植物谱录　368
第三节　宋画、插花与植物谱录　376
第四节　植物谱录中的思想　385
第五节　宋代植物谱录对后世的影响　392

◎附录 1　宋代及以前的植物谱录年表　410
◎附录 2　宋代各时间段植物谱录数量的统计比较　415
◎附录 3　欧阳修《洛阳牡丹记》善本影印　417

导　言

毫无疑问，人类自诞生起就利用植物服务于自己的生存和发展。植物为人类提供了生活所需的食材、药材、木材等。不仅如此，植物还是文学描述的题材或者鉴赏的对象。人类很早就将花卉植物作为审美对象。在追溯人类赏花的历程中，法国学者安德烈·勒儒瓦-高汉（André Leroi-Gourhan）的论文[1]曾经引起过世界的关注。该论文写道，处于伊朗高原的沙尼达尔（Shanidar）洞窟中有尼安德塔人的遗骨，考古学者还发现遗骨的周围至少有4种花的花粉，而且有的花粉集聚不散，花粉囊依然如故。安德烈认为，洞窟中不会长这些花卉植物，唯一的可能是原始人拿进来的，因此推断45000年前的原始人已有献花的习惯。但因为目前几乎没有类似的事例，所以安德烈的推断引起了不少学者的质疑。无论从这一发现可否得出献花行为的存在，献花、赏花的起源都可追溯到史前。在中国的考古调查中，大约7000~5000年前的河姆渡遗址（今杭州余杭）于1978年出土了“五叶纹”陶块（图1）、稻穗纹陶钵（图2）。在古河姆渡遗址中还发现了髹漆木碗（目前发现的最早的漆器）、大量的稻谷等。青铜器时代，在地中海东部，圣托里尼岛阿科罗提利遗址湿壁画上有少女采番红花的彩色绘画（图3），还有希腊克里特岛出土的壶的外表有番红花的图案[2]。古埃及尼巴蒙陵墓壁画（约公元前1400年）绘有园林、果树和池塘（图4）。

除了考古资料（甲骨文字）研究，与植物相关的汉字也是中国植物文化中的一个重要因素。这些汉字的构造反映了中国古代人对植物的分类细化。瓜类和葛藤类

[1] LEROI-GOURHAN A. Le Néanderthalien IV de Shanidar [J]. Bulletin de la Société Préhistorique Française, 1968, 67(03): 79-83.

[2] 今西英雄. 花卉園芸学[M]. 東京：川島書店, 2000: 15.

图 1　河姆渡遗址出土的“五叶纹”陶块　　图 2　河姆渡遗址出土的稻穗纹陶钵

注：图像源自王屹峰《史前双璧》，浙江古籍出版社 2009 年版，图 1 来自第 21 页，图 2 来自第 7-8 页。

图 3　少女采番红花。圣托里尼岛阿科罗提利遗址 Xeste 3 号房屋第 3 室的湿壁画（约公元前 1650 年）

注：图像源自锡拉基金会（Thera Foundation-Petros M. Nomikos）。

图 4　古埃及尼巴蒙陵墓壁画（约公元前 1400 年）描绘了古埃及的园林、果树和池塘。大英博物馆（The British Museum）藏

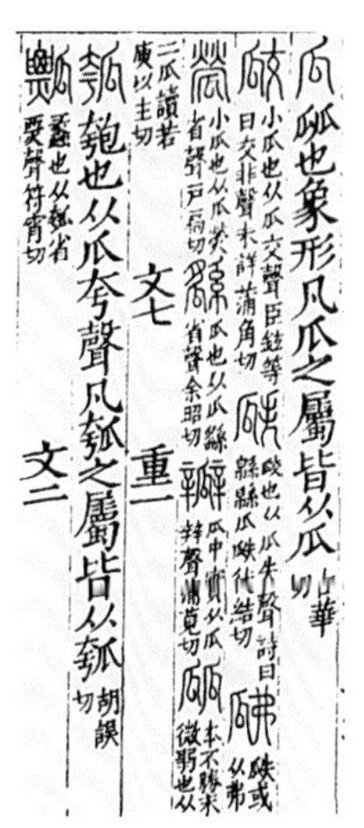
瓜 𦚾也象形凡瓜之屬皆从瓜 古華切
瓝 小瓜也从瓜交聲 臣鉉等曰交非聲未詳 蒲角切 瓞 㼊也从瓜失聲詩曰緜緜瓜瓞 徒結切 𤬪 瓞或从弗
𤬶 小瓜也从瓜熒省聲 戶扃切 䌛 瓜也从瓜繇省聲 余昭切 瓣 瓜中實从瓜辡聲 蒲莧切 㼌 本不勝末微弱也从二瓜讀若庾 以主切
文七 重一
瓠 匏也从瓜夸聲凡瓠之屬皆从瓠 胡誤切
瓢 蠡也从瓠省票聲 符宵切
文二

图5 《说文解字》瓜部、瓠部

注：图像源自许慎《说文解字》，商务印书馆1935年版，第239页。

都是蔓生植物，但瓜字没有草字头，是个瓜类的专用汉字。我们可以想象古代人没有将瓜类植物归于草本植物，而是另设一类。后来需要分类细化，开始以“票”“夸”等发音称之，随后造出“瓢”“瓠”等形声文字（图5）。形旁“瓜”是指归属，也是古代分类概念上的一个群体。随着时代的前进，大家普遍不再创造新的汉字，而是用两个汉字组合构成新的名称。例如南瓜、西瓜、胡瓜（黄瓜）等，它们都是基于传来的方向而命名的。

虽说当时文字已经诞生，但最初使用的场合非常有限。用来表达复杂情感的抽象词汇也还很少。人们依赖口头语进行表达。大概是由于这个原因，在古代流传着许多将寄托特殊意义的植物送给某个对象从而向其表达内心感情的诗词。

我们还可以从《诗经》中了解到，春秋时期人们所创作的诗句中多有植物名称。但诗中对植物本身的赞美并不多，诗中植物的存在主要是“以物托言”或“隐喻”。后来，孔子（公元前551—公元前479年）提到读《诗经》还可派生出另一个功用，即“多识于鸟兽草木之名”。但孔子只是主张博学，未提及可将植物作为审美对象，也未鼓励亲自到实地考察植物。一些经学家、训诂学家如郑玄、张揖等并不重视实物考察，只据文字记载理解植物，导致他们对植物的记载十分模糊，使后世人迷惑。一些注重实证的学者对此感到不满，开始把精力放在训诂学和实物的考证研究上。三国时期的陆玑[1]为了更好地解读《诗经》，对《诗经》中的动植物进行了实地考察，撰写了《毛诗草木鸟兽虫鱼疏》。

[1] 一作“陆机”，陆玑是何时人有争议。夏纬瑛．《毛诗草木鸟兽虫鱼疏》的作者——陆玑[J]．自然科学史研究，1982，1(02)：176-178.

在南北朝时期，虽然在本草学领域中，陶弘景等药物研究者已开始考察实物，但仍有不少文人对植物学的相关知识缺乏重视。譬如唐代著名学者韩愈（768—824年）就曾说：“《尔雅》注虫鱼，定非磊落人。”[1-2]韩愈认为，注释“虫”“鱼”等烦琐的名物和典章制度的考证功夫，不值得称道。这一看法对后代人的影响较大。很多中国的博物学家引用“多识于鸟兽草木之名”的同时，也以“注虫鱼”等博物学不是功名要务自嘲，如元代李衎在《竹谱详录》记载的“词赋为雕篆，必非壮夫。《尔雅》注虫鱼，安能磊落区区绘事之末，因应献笑大方之家”等。当然，李衎并不认为这种著作完全没有意义，否则也不会撰写著名的《竹谱详录》。但同时总会有韩愈那样的人，认为这些业余著作是玩物丧志，看不上研究草木鸟兽的文人。

重视生物观察的转变发生在宋代。一部分士大夫开始重视实际观察，从而探索自然的哲理，通过植物思考哲学性问题。在训诂学领域，学者开始以批判性的态度看待古人的注释，试着重新辨别早期古代的动植物。从而产生了一些卓越的、具有突破性的著作，如经学家陆佃的《埤雅》、吴仁杰的《离骚草木疏》等训诂学著作，还有史学家郑樵的《通志·草木昆虫略》等博物学著作。沈括著名的《梦溪笔谈》中对动植物的记载也很有特色。与此同时，宋代士大夫开始亲身考察并撰写谱录，也有些官员文人不怕手沾泥土，亲自栽培某些观赏植物。目前可以确定的宋代植物谱录的数量一共有 87 种。宋代植物谱录已成为一门不可忽视的学问。基于此，南宋著名

[1]彭定求，等．全唐诗：5[M]．中华书局编辑部，校点．北京：中华书局，1999：3830（卷 341）．

[2]韩愈《读皇甫湜公安园池诗书其后二首》其一有云：“晋人目二子，其犹吹一吷。区区自其下，顾肯挂牙舌。春秋书王法，不诛其人身。尔雅注虫鱼，定非磊落人……”其二又云：“我有一池水，蒲苇生其间。虫鱼沸相嚼，日夜不得闲。我初往观之，其后益不观。观之乱我意，不如不观完……”从中可见韩愈对“虫鱼”无好感。皇甫湜（777—835 年），唐代散文家，与韩愈有交往。

的书目学家尤袤在《遂初堂书目》（1194 年前）中创立了“谱录”[1]这一门类。[2]

宋代的植物谱录作为研究对象的价值，横向比较来说，在于宋代生物“谱录”对相关生物描述的详细程度为同时代其他领域的文献所不及；纵向比较而言，它比中国此前的同类文献内容丰富得多，因而具有深刻意义，从一个侧面很好地体现了当时的生物学相关知识的水平。

除了科学史方面的意义，植物谱录中还在“花卉文化史”“园林文化史”上有重要的意义。曾师从日本著名汉学家青木正儿（1887—1964 年）的中田勇次郎从艺术的角度对宋代花卉谱录评论道：

在宋代，人们颇费心思撰写的几本书问世。其中欧阳修的《洛阳牡丹记》、范成大的《梅谱》出类拔萃。他们的品评体察入微、精深细致，具备后人所不及的性情。将一枝花插于器皿而视之，亦是从宋人开始的艺术。一枝梅花插于缠裹碧锈的古铜器，以很多牡丹满满地插在一个雅致的汝窑青瓷瓶中，都是宋人创出的典型审美。详尽研究中国插花史时，我觉得我们应该铭记在心：其风流时尚比日本更古老，又处于更高的境界中。[3]（笔者中译）

另外，日本专家冈大路曾经简要概括了唐宋时期的植物谱录以及园林相关文献[4]。他从园林史的角度评论宋代植物谱录时提到：

花卉园艺在中国的发展，源自周代、汉代，以园木、果树加之，园林的数量也增加。不用说王宫内的园林，一般人的院落，他们都有很浓的兴趣并且喜爱。园林的发达

[1]当然其中也包括砚谱、墨谱等非生物类的谱录。

[2] SIEBERT M. From Bamboo to “Bamboology”: The Search for Scientific Disciplines in Traditional China[C]//江晓原，主编．多元文化中的科学史：第十届国际东亚科学史会议论文集．上海：上海交通大学出版社，2005: 313.

[3] 中田勇次郎．文房清玩：三[M]. 東京：二玄社，1962: 序.

[4] 冈大路．中国宫苑园林史考（第十二回）[M]. 满洲建筑协会杂志，1935，15（03）：143-153. 冈大路在《满洲建筑协会杂志》上介绍中国园艺史，这是连载 4 年，长达 28 篇的综述。80 年代由常瀛生翻译，农业出版社出版。译文稍微有删节的地方，例如“自唐、宋时代以来，出现了许多文献。如果详细介绍这些，涉及的范围将会很广，不是这本史考的篇所能容纳的。对于这些资料，必须进行专门研究。”在常瀛生的译文中被删去。

令人瞠目结舌，把它描绘成诗歌、绘画，特别是唐宋时代开始出现比较多的相关文献。要是详细论述这些文献，范围非常广泛，无法收容于本篇历史考论，另外需要专门进行研究。

花卉谱录的出现及发展，不仅与生物学知识的积累密切相关，而且与园林发展、花卉产业、栽培技术的发展及传统绘画等艺术领域均有较为密切的关系，是一个十分值得深入探讨的领域。

关于植物谱录的研究传播史，首先应该提及美国汉学家麦克·J. 哈格蒂（Michael J. Hagerty）的开辟性工作，他曾将韩彦直的《橘录》翻译成英文，于 1923 年发表，并将其介绍给东亚之外的世界，影响十分深远。可以说，迄今为止，世界上很多的学者都还不熟悉中国人在宋代植物谱录上的成就。正如已故著名中国科技史专家李约瑟（Joseph Needham）博士所指出的那样："国际上对这种精彩的文献几乎还不甚了解，对其评价也是极不恰当的。即使是西方最杰出的中国植物学家也忽略了它们。"[1]

自 20 世纪后半叶以来，中国农业史学家王毓瑚、日本学者天野元之助、德国汉学家玛蒂娜·斯柏特（Martina Siebert）博士等人也做过不少谱录研究。此外，罗桂环曾撰文介绍过古代训诂学及其相关学科传统在宋代的成就[2]；曾雄生也多以宋代谱录阐明宋代园艺及农业[3]。其他关于宋代植物谱录的研究，除詹小杰[4]、黄雯[5]及张文娟[6]撰写过学位论文，玛蒂娜·斯柏特博士也有过深入研究[7]。此外，最近几年涌现出的青年学者，如邱志诚[8-9]、吴雅婷[10]、

[1] 李约瑟. 中国科学技术史：第 6 卷：第 1 分册：植物学[M]. 北京：科学出版社，上海：上海古籍出版社，2006：302.

[2] 罗桂环. 宋代的"鸟兽草木之学"[J]. 自然科学史研究，2001，20(02)：151-162.

[3] 曾雄生. 宋代的城市与农业[C]// 李华瑞. 宋史研究论丛：第 6 辑. 保定：河北大学出版社，2005：358-359.

[4] 詹小杰. 宋代动植物谱录综合研究[D]. 合肥：中国科学技术大学，1993.

[5] 黄雯. 中国古代花卉文献研究[D]. 杨凌：西北农林科技大学，2003.

[6] 张文娟. 宋代花卉文献研究[D]. 武汉：华中师范大学，2012.

[7] SIEBERT M. Pulu 谱录 Abhandlungen und Auflistungen zu materieller Kultur und Naturkunde im traditionellen China[M]. Wiesbaden: Otto Harrassowitz Verlag, 2006.

[8] 邱志诚. 宋代农书考论[J]. 中国农史，2010，29(03)：20-34.

[9] 邱志诚. 宋代农书的时空分布及其传播方式[J]. 自然科学史研究，2011，30(01)：55-72.

[10] 吴雅婷. 南宋中叶の知识ネットワーク——「谱录」类目の成立か(南宋中叶知识网络——从谱录类目的成立谈起)[M]. 小二田章，译 // 宋代史研究会，编. 宋代史研究会研究报告(10)：中国传统社会への视角. 东京：汲古书院，2015：235-266.

王莹[1]、董岑仕[2-3]、张娟娜[4]、吴洋洋[5]、卢庆滨[6]等也对宋代植物谱录进行了研究。中田勇次郎等日本汉学者翻译过宋代植物谱录，并做过一些研究。魏露苓[7-8]、詹小杰[9]等也在学位论文中做了动植物谱录的研究。

这些年来，中国古代谱录的校点排印本陆续出版上市。甘肃人民出版社出版《宋代经济谱录》（2008）、上海古籍出版社在"中国古代科技名著译注丛书"中推出《茶经》（2009）、《酒经》（2011）等；中华书局出版了"中华生活经典"系列中的《洛阳牡丹记（外十三种）》（2010）等，上海书店出版社从2015年开始陆续出版"宋元谱录丛编"系列。

不少科学史著作也涉及这方面的研究内容。李约瑟在《中国科学与文明》中强调植物"谱录"的重要性，并做了较详细的论述[10]。华南农大已故教授梁家勉对中国古代的生物谱录曾做过一些探讨[11]。夏经林写过较详细的植物"谱录"介绍[12]。李约瑟在《中国科学技术史：生物学卷》（2006）和董恺忱、范楚玉主编的《中国科学技术史：农学卷》（2000）中也谈到一些植物"谱录"。对某种花谱的研究文章也见于一些农史或其他相关的期刊中。罗桂环的《中国栽培植物源流考》（2018）、曾雄生的《中国农学史》（2008）吸收了前人的研究成果，对宋代植物谱录有较详细的解说，对本书编写颇具借鉴意义。另一方面，从谱录发展的角度出发，穆侍简洁阐述了"谱录"类的产生原因[13]。

不过，上面的大多论述主要着眼于科技史中的成就，

[1] 王莹．宋代谱录的勃兴与名物审美的新境界[J]．郑州大学学报（哲学社会科学版），2014，47（05）：113-116.

[2] 董岑仕．论宋代谱录著述的历史变迁[M]//新宋学：第七辑．上海：复旦大学出版社，2018：39-66.

[3] 董岑仕．繁华事，修成谱，写成图——宋代谱录中的图谱[J]．文津学志，2018（01）：142-153.

[4] 张娟娜．《四库全书》中宋代谱录类文献研究[D]．吉林：东北师范大学，2017.

[5] 吴洋洋．知识、审美与生活——宋代花卉谱录新论[J]．中国美学研究，2017，9（01）：69-78.

[6] 卢庆滨．传统文人、帝王与菊花谱录[J]．铜仁学院学报，2015，17（06）：9-21.

[7] 魏露苓．明清动植物谱录综合研究[D]．合肥：中国科学技术大学，1995.

[8] 魏露苓．明清动植物谱录中的生物学知识[J]．文献，1999（02）：208-219.

[9] 詹小杰．宋代动植物谱录综合研究[D]．合肥：中国科学技术大学，1993.

[10] NEEDHAM J，LU G-D，HUANG H-T. Science and Civilisation in China: Volume 6，Biology and Biological Technology; Part 1，Botany[M]. Cambridge: Cambridge University Press，1986: 355-440.

[11] 梁家勉．我国动植物志的出现及其发展[C]//科技史文集：第4辑．上海：上海科学技术出版社，1980.

[12] 夏经林．中国古代科学技术史纲：生物卷[M]．沈阳：辽宁教育出版社，1996.

[13] 上海古籍出版社．生活与博物丛书[M]．上海：上海古籍出版社，1993：前言.

宋代士大夫关注的美学和精神享受的视角却明显被国内学界忽略。美国汉学家艾朗诺（Ronald Egan）教授注意到了这一点[1]，但他的研究以欧阳修为主，并未涉及北宋花卉谱录整体的美学。另外，近几年，日本学者市村导人在宋代植物谱录目录的归属问题上指出，以往的农书研究偏重于农学的科技发展，且缺少关于知识传播的观点[2]。

就涉及花谱的农书检索目录而言，2003年出版的《中国农业古籍目录》是目前最完整的目录。中华书局再版了王毓瑚的《中国农学书录》（2006）。王毓瑚在该书中偶尔介绍古农书的一些版本，但不全。与王毓瑚同时期的日本学者天野元之助也一直在收集中国古农书的相关资料。后来，他参考《中国农学书录》，删除了与其重复的内容，完成了《中国古农书考》。此书1975年在日本出版，1992年由华南农业大学的彭世奖等翻译成中文，在中国出版。天野元之助曾在大阪市立大学执教，与天野元之助曾在一个研究室的佐藤武敏将12部植物谱录翻译成日语，1997年在日本出版了《中国的花谱》。[3]此书中也收录了宋代植物谱录的解题，还收录了《洛阳牡丹记》《陈州牡丹记》《天彭牡丹谱》《扬州芍药谱》《范村梅谱》《范村菊谱》《金漳兰谱》《王氏兰谱》的日语翻译以及详细的注释。《中国的花谱》一书还包括明清花谱《瓶花谱》《瓶史》《学圃杂疏·花疏》《花经·课花十八法》，对中国国内学者也有一定的参考价值。

然而总体而言，对植物谱录的研究比对其他文献的研究薄弱。上述黄雯的学位论文《中国古代花卉文献研究》

[1] 王莹．艾朗诺的欧阳修与宋代文化研究之探析［J］．东岳论丛，2016，37（08）：8，25-32.

[2] 市村導人．中国農書と知識人［M］．東京：汲古書院，2019.

[3] 佐藤武敏．中国の花譜［M］．東京：平凡社，1997.

和类似的研究，未对宋代的植物学和植物“谱录”作系统深入的研究，还有许多探究的空间。再者，欧美学者以及日本学者的植物谱录研究开始得很早，中国最近也掀起了研究的热潮，但很多研究并没有参考外文资料。海外学者的切入点和观点不同于中国的众多研究，可以多参考他们的谱录研究。

此外，进入谱录研究之前，还得指出“谱录”“品种”“花卉”等术语的定义问题。首先，“谱录”是一个十分含糊的概念。按照四部分类法（尤其是《四库全书》的目录分类法），目录上设有“谱录类”。但是，谱录类是凭借一种编撰形式归类的分类群，所述的对象可为动植物、文房四宝、博古（古玩）等。而且，与类书、文集、画谱等图书关系密切，没有明显的界限。每位学者对谱录的范围有不同的看法。比如，有些学者因《全芳备祖》是“植物”专题著作，将其看作一部谱录，而有些学者则因其内容构成将其看作一部类书。实际上，《全芳备祖》与《竹谱》《茶经》《洛阳牡丹记》等著作相较，结构大相径庭，但与唐代的著名类书《艺文类聚》却很相似。

另一方面，谱录的内容也有一个问题。部分谱录往往被视为科技类著作，但实际上每个谱录撰者的关注点不一样，有些人不太重视植物本体，更关注加工方法或茶艺等技术技巧，因而这些谱录中较少见到植物知识。而且，谱录的撰者原本也不是科学家，他们的撰写目的并不是出版科学著作。我们现代人只能从这些著作中窥见当时人们的科学知识积累、科学性思考以及科学技术。所以，用现代科学的学术体系来划定、分析、评论谱录类著作，并不合适，如果将科学属性弱、没有技术性的谱录排除在外，我们就无法正确地把握谱录的历史发展。应将其置于中国的历史脉络进行划定、分析、评论，从而深入了解植物谱录这类古代著作。本书也将内容为文学的植物谱录同列进行研究。所以，在开始研究之前，确定本书所说的“谱录”所指的范围很重要。

宋代的植物谱录可以按照植物类型分为三类。第一类是以赏花植物为主题的谱录，如牡丹、芍药、梅花、菊花、兰花、海棠等。第二类是竹类、树木的谱录。第三类是食用植物的谱录，如荔枝、水稻、柑橘、蕈菌等。此外，本书还收录了综合性植物谱录，如周师厚的《洛阳花木记》等。本书也包括茶书。茶书的主题虽然不是植物本身，但同样是植物谱录发展脉络上不可忽略的一环。尤其是陆羽的《茶经》、蔡襄的《茶录》对后来的士大夫产生了很大的影响。另外，这些宋代植物谱录中含有以收录诗词为主的谱，如黄大舆的《梅苑》等。这种谱录在科学技术史方面虽说不上重要，但就谱录的发展而言，也不宜被忽略。因此，本书也收录了这种韵文类谱录。

宋代植物谱录中，还有《梅花喜神谱》等植物画谱。根据《四库全书》的分类，《梅花喜神谱》不属“谱录类”，而属“艺术类”。因此，有些学者不将《梅花喜神谱》等书视为谱录范围内的著作。但是，四部分类只是一种图书分类法，其划分不一定能够反映各自学术领域的发展脉络，也有将跨界性的书籍较勉强地归于某一类等弊病。《梅花喜神谱》可谓其中一例。《梅花喜神谱》可被视为艺术方面的著作，但并不是以历代名人画家、绘画作品目录等为主的“画谱”（如《历代名画记》《宣和画谱》等），也不是从其中衍生的著作。其实，欧阳修的《洛阳牡丹记》原附有《洛阳牡丹图》，刘攽的《芍药谱》也原有附图，而《梅花喜神谱》应被视为在这种植物谱录的传统上衍生的作品。《梅花喜神谱》的撰者宋伯仁在自序中强调《梅花喜神谱》与众谱录不同[1]，其意图是将“以文述之”的谱录变为“以图示之”，脱离一般以品种、品第为主的谱，更精心细致地探索一枝梅花之美，创作出一部新型的谱录。此类谱录后也衍生出元明时期的画竹谱、清代的《芥子园画传》。

[1] 宋伯仁自序：“余于是考其自甲而芳，自荣而卒。图写花之状貌，得二百余品，久而删其具体而微者，只留一百品。各其所肖并题以古律，以梅花谱目之，其实写梅之喜神耳。如牡丹竹菊有谱，则可谓之谱。今非其谱也。”

还有，“品种”的定义问题也需要考察。在西方生物学传入中国之前，中国人还没有明确的物种概念，古代和现在的中国人在生物的分类概念上存在很大的差异。一方面，宋人对植物已经有分类概念，比如对草和木作了区分，还将草类细分，设有“艾蒿”等植物群，但显然不可能根据今天的《国际植物命名法规》《国际栽培植物命名法规》等国际规则来要求他们达到现代的植物分类标准。宋人已经辨识出几十种兰花，这些兰花中包括不同的物种（species），甚至很可能包括不同属（genera）的物种。另一方面，宋人已经对野生牡丹进行驯化育种，栽培出众多栽培品种（cultivars），这些植物大多可归于一个物种。根据宋画中的各种菊花推测，宋人所认识的菊花中已含有大量的杂交品种（hybrid）。另外，因为宋人对牡丹、芍药和果树等植物进行嫁接，这些变异植物中还包括未基于遗传因子的变异（嫁接变异等）。他们甚至根据名称，将杨梅归于梅类，认为孩儿菊（石竹）

是菊花的一种等。所以，从现代分类学的角度而言，宋人在植物的归类上有时候混淆了很多不同类型的植物分类群。

如上所述，不能简单地用现代生物学术语概括宋代概念上的分类群。一些宋人经常提到的“花品”一词，实际上近于现代生物学上的栽培品种，但不能一概而论。严格地说，“花品”按照宋代的生物分类概念，可以归纳为一个最小的花卉[1]植物分类阶元。“花品”一词还有“品第”“名次”等内涵。因而，本书姑且用“品种”这种较模糊的词充当宋代概念上的“归纳一个最小单位集体的构成植物”。

为了正确分析各部宋代植物谱录的发展脉络，本书设有以下重点：

①对包括宋代已佚谱录在内的各种植物谱录进行文献学考察，并厘清谱录之间的关系。

②关注撰者的经历、相关的学术圈、思想背景，以便更深入了解谱录撰者的动机。

③调查撰者的事迹，考查谱录的撰写时间、地点等。

④追溯版本流传，寻求现存最可靠的版本。与此同时辨别伪书。

通过上述研究，本书不仅仅在于明确作者的社会地位、所操职业、著作环境和人际关系，更重要的是精确地考订各谱录的成书年代、发展源流，同时解析宋代的各种植物栽培情况的变化[2]。研究古代科技文献内容时，若非准确了解作者的身份、经历、成书时间等基本信息，就会导致内容误读，结论也容易出错。因此，本研究的

[1]“花卉”的词义范围在论者之间也有一些不同的看法。有一个看法是因为“卉”字主要指“草”，所以其词狭义仅限于草本植物。不过《汉语大词典》将“花卉”解释为“花草”，通常分木本花卉、草本花卉和观赏草类等。因此，广义的“花卉”可以包含梅花等木本植物，本书中的“花卉”也意指广义的“花卉”。

[2]也就是说，本书的重点是植物谱录的“外史”研究。关于“外史”一词，郑金生在《药林外史》解释道：“（中医药学的外史研究）侧重从中医药学术的外部环境（社会、文化、人文思想等）去探讨中医药学发展的历史与原因。”（郑金生．药林外史［M］．南宁：广西师范大学出版社，2007：序）

内容偏重于文献调研。对每部谱录作品进行文献学调查实际上需要大量的功夫和时间，有时候花费很大精力也找不到任何线索，笔者会尽量在书中引出自己所查到的资料。

与其他中国科学史著作不同，本书以文献学考证居多，有不少深度不足之处。但是，不仅针对科学史，凡是历史研究都需要精密的考证和文献批判，这是最初入手的必经工作。笔者一开始研究宋代谱录，就了解到《百川学海》是最重要的文献来源，于是首先着手对《百川学海》的版本进行整理研究[1]。不少植物谱录的文献研究仍然不充分，每一部谱录的成书时间和作者信息不明的话，也就不能全面细致地分析谱录成立的前后关系、时代背景、政治因素等，甚至有可能误导结论。通过这些文献研究，植物谱录的科学史研究可以更客观化。

本书虽然不敢自诩进行过全面的版本比较，但还是愿意不揣谫陋，向读者提及笔者所认为的善本。

受靖康之变、南宋末期的混乱、元朝禁书等影响，宋代刊刻质量良好的版本大多未流传到明代就散佚，所以明清时期的士大夫特别重视宋版，民间书肆也因此盛行覆宋版和假冒宋版的各种刊本。因此，明代出版的宋人著作往往是以当时保存下来的宋版刊刻为根据。要是那些宋版能流传至今，基本上不需要找明清版本了。另外，不少中国佚书在日本被保存了下来。在本书中，笔者尽量介绍这些宋版的所在。值得庆幸的是，中国国家图书馆推出《中华再造善本》等系列，使得今人找影宋版比以前方便多了。在十几年前，不用说宋版的影印本，

[1] 久保辉幸．日本宫内厅书陵部藏本《百川学海》的版本价值[C]//程焕文，沈津，王蕾，等．2016年中文古籍整理与版本目录学国际学术研讨会论文集．桂林：广西师范大学出版社，2018: 348-357.

连明清刊本的影印本都很难查找。当时给读者介绍明清刊本以及丛书的收录状况，也很有意义，如今，善本影印出版非常丰富了，读者只要知道善本的所在，就可以参考。所以，如存宋元版，本书就不再详细介绍明清刊本。比起明清刊本的情况，对现在的读者来说更重要的可能是校点本和白话文翻译的信息来源。现在通过网购很容易买到那些书。另外，本书还提到了各种植物谱录的日译本。在研究谱录的过程中，日译本对笔者大有裨益。虽然是外文翻译，但其间的注释和校勘对中国学者也有一定的参考价值。因此，本书也尽可能介绍日译本。本书对先行研究已经解决的内容，仅列举相关的研究文献，不再赘言，尽可能发掘、介绍新的史料。还有，古代文献中有同姓同名者，不一定是同一个人物，在时间、地点、官职等信息没有矛盾的前提下，原则上将他们看作同一人物。由于我们看到的记录信息往往不完整，新出资料也可能推翻笔者的判断。希望后人也不断关注谱录类著作，进一步完善谱录的真实面貌。本书讨论了100多种古代文献，难免出现失考、笔误之处，恳请各位同仁和广大读者见谅并批评指正。

第一章

宋代及其以前的主要植物文化概述

中国拥有西南高原、北方平原和南方水乡等广阔且多样的自然环境，并逐渐形成独特的地域文化。植物的分布受环境条件的影响，南北两地的植物文化自然也会有所不同。明代的江盈科记载的《北人啖菱》这个趣闻，正好体现了南北两地植物文化的差异。

楚人有生而不识姜者，曰："此从树上结成。"或曰："从土地生成。"其人固执己见，曰："请与子以十人为质，以所乘驴为赌。"已而遍问十人，皆曰："土里出也。"其人哑然失色，曰："驴则付汝，姜还树生。"

北人生而不识菱者，仕于南方。席上啖菱，并壳入口。或曰："啖菱须去壳。"其人自护所短，曰："我非不知，并壳者，欲以清热也。"问者曰："北土亦有此物否？"答曰："前山后山，何地不有。"

夫姜产于土，而曰树结；菱生于水，而曰土产。皆坐不知故也。[1]

南宋时期，在中原地区屡次遭到北方游牧民族入侵后，北方的一批文人士族最终移居到了常绿阔叶林带的南方。南方的气候和江河地势成了抵御游牧民族再次南下入侵的天然堡垒，将江南定为首都的王朝凭借其地区的富庶繁荣一时。但是，那样的王朝由于北方势力的吞并最终也宣告灭亡，与此同时，南北文化也经历了反复的交替融合。南北两地分割的局面在距今约七百年前的南宋时期落下了帷幕。

因此，难以一言概括中国文人的自然观。日本的著名汉学家青木正儿曾写过相关的论述考察的文章[2]。特别是关于宋代，研究中国古代文学的著名专家小川环树

[1] 江盈科．江盈科集［M］．增订版．黄仁生，辑校．长沙：岳麓书社，2008: 465-496.

[2] 青木正兒．中国人の自然観［M］//青木正兒．青木正兒全集：第2卷．東京：春秋社，1970: 552-591.

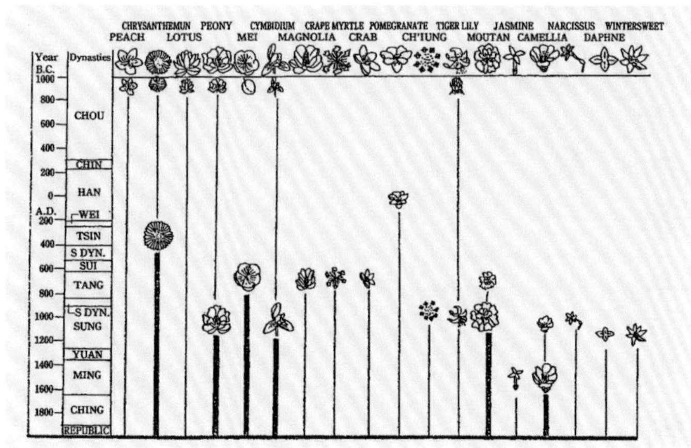

图 1-1　20 世纪 50 年代由李惠林所制作的中国花卉观赏历史年表

注：图像源自李惠林 *The garden flower of China*，Ronald Press 1959 年版，第 6 页。随其后研究的深入，应该有所修改。但我们还是能通过这张表大致了解观赏对象及其历史。

在文学解说中也有所提及[1]。艾朗诺的《美的焦虑》（*The Problem of Beauty*）（2006 年）、中尾佐助的《花和木的文化史》（花と木の文化史）（1986 年）、汉学家胡司德（Roel Sterckx）的《古代中国的动物与灵异》（*The Animal and the Daemon in Early China*）（2016 年）也可以作为参考。但是，集中于中国植物文化的研究在国内外都寥寥无几。李惠林的《中国园林花卉》（*The Garden Flower of China*）（图 1-1），李约瑟等人写过论述考察中国植物学知识的文章[2]、法国的梅泰里（Georges Métailié）也做过相关研究[3-5]。除此之外，还有罗桂环的《中国科学技术史：生物学卷》（2005 年）以及曾雄生的《中国农学史》（2008 年），这些都是对中国植物文化的系统整理。基于以上的研究，本节将着眼于南方文化对古代中国植物文化的贡献，探讨从先秦到宋朝灭亡期间，中国植物观的变迁。

[1] 小川環樹．宋代の詩人と作品の概説［C］// 風と雲—中国文学論集—．東京：朝日新聞社，1972: 203-262.

[2] NEEDHAM j, LUG-D, HUANG H-T. Science and Civilisation in China: Volume 6, Biology and Biological Technology; Part 1, Botany［M］. Cambridge: Cambridge University Press, 1986.

[3] MÉTAILIÉ G. Grafting as an Agricultural and Cultural Practice in Ancient China［C］// CONAN M, ed. Botanical Progress, Horticultural Innovations and Cultural Changes. Washington, D.C.: Dumbarton Oaks, 2007: 147-159.

[4] 梅泰里．探析中国传统植物学知识［J］．杨云峰译．风景园林，2010. 84（01）: 100-108.

[5] MÉTAILIÉ G. Science and Civilisation in China. Vol. 6, Biology and Biological Technology. Part 4: Traditional Botany: An Ethnobotanical Approach［M］. LLOYD J, Trans. Cambridge: Cambridge University Press, 2015.

第一节 先秦至南北朝

◆ 先秦（公元前 221 年以前）

中国最古老的诗歌总集《诗经》收录了周初至春秋中期的诗歌作品。其中有很多涉及动植物描写的诗篇，诗题中含有植物名称的作品也大有所在。例如，在《采葛》诗中，除了葛，还有萧、艾两种植物被提及（图 1–2）。

彼采葛兮，一日不见，如三月兮！

彼采萧兮，一日不见，如三秋兮！

彼采艾兮，一日不见，如三岁兮！

这种简单的平行诗歌结构，表达了从 3 个月到 3 年间日益强烈的恋慕之情。葛被认为暗含了诗人期许恋情能够有所结果的愿望，萧和艾被认为暗含了诗人对恋爱成功的期许以及相思的苦痛[1]。像这样与“采摘”相关的诗题散见于整本《诗经》中。

在《诗经》所收录的 305 篇诗歌中，有 250 篇以上提及了动植物，而其中的五六成是对于植物的引用，但是没有纯粹赞美植物的诗歌。各种各样的植物不仅丰富了诗歌的感情色彩，而且常被用作意象来表达诗人的内心情感。古人离别时，折柳枝相送。这也是托物象征，借象传意的习俗之一。比起抽象的语句，植物能够更加有力地表现诗人复杂的内心情感。

《诗经》收录的主要是西周时代中原周边的诗歌。孔子对这些诗歌作出了高度评价，并规劝弟子：

小子，何莫学夫诗？《诗》可以兴，可以观，可以群，

[1] 加纳喜光．詩経 I：恋愛詩と動植物のシンボリズム［M］．東京：汲古書院，2006: 127–129.

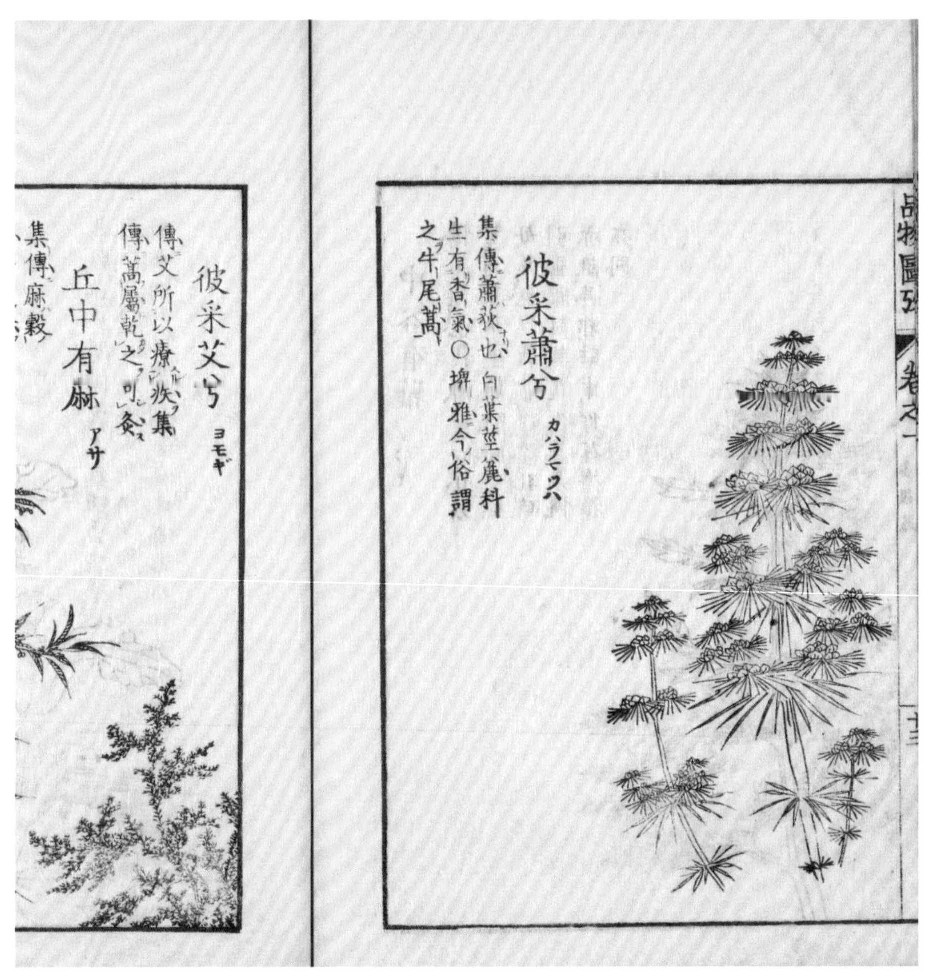

图 1-2 图中文字内容为《王风·采葛》“彼采萧兮”“彼采艾兮”

注：图像源自《毛诗品物考》第 1 册 13b-14a。早稻田大学图书馆藏，索书号 1202806。

可以怨。迩之事父，远之事君。多识于鸟兽草木之名。(《论语·阳货》)[1]

这随后成为尊崇儒者博学多识的标语，在博物书籍的序文中屡次被提及[2]。

孔子去世约140年后，屈原诞生于楚地。当时的楚国国力衰退，内部纠纷不断。受其影响，屈原饱尝贬斥之痛。屈原将内心的悲愤寄托于《楚辞》。他在《山鬼》(图1-3)中写道："若有人兮山之阿，被薜荔兮带女萝……乘赤豹兮从文狸，辛夷车兮结桂旗。被石兰兮带杜衡……"

《楚辞》有独特的音韵，尤以语气助词"兮"为特征。而且，桂、石兰、杜衡等常绿植物的频繁出现也引人注目。而在北方，为人们所尊敬并喜爱的常绿植物是松和柏等针叶树。

《楚辞》中收录的作品不仅是屈原的，还有一些为他人所作。比如其中的《橘颂》，作者不详，也有其为屈原所作之说。作品前半部分描述了橘的特征。其称橘之所以不适宜在北方生长，是因为其具有坚贞不移的高尚品格。《橘颂》描绘了在绿叶与白花美丽交织中，蜜橘溜圆高挂的景象。作为以植物为主题的中国最古老的咏物诗之一，它给后世留下了深远的影响。

东汉的王逸在《橘颂》的注解中提到了"南橘北枳"。"南橘北枳"作为楚国的谚语，在《周礼·考工记》《淮南子·原道训》中也有出现，在《列子·汤问》中，橘是替代柚出现的。《晏子春秋》中也出现了此语：

婴闻之，橘生淮南则为橘，生于淮北则为枳，叶徒相似，其实味不同。所以然者何？水土异也。今民生长

[1] 程树德. 论语集释[M]. 程俊英，蒋见元，校点. 北京：中华书局，1990：1212.

[2] 例如，李德裕《平泉山居草木记》曰："因感学《诗》者多识草木之名，为《(离)骚》者必尽荪荃之美，乃记所出山泽，庶资博闻。"；陆宰《埤雅序》："嘉祐前，《经义》之未作也。先公(即陆佃)独以说《诗》得名。其于鸟兽草木虫鱼，尤所多识。"

图 1-3 清初萧云从《离骚图·山鬼》

注：图像源自郑振铎《中国古代版画丛刊：二》，上海古籍出版社1988年版，第82页。

于齐不盗，入楚则盗，得无楚之水土使民善盗耶？[1]

这是齐国的晏子在会见楚王时，用于反驳对方观点的谚语。据竺可桢研究，战国时期各地气候变暖[2]，淮北大概可以种橘。中国自古以淮河为界，淮河两岸气候风土大不相同，因此，古人认为在淮河以北种植的橘变成了枳，这也象征着南方人的土著意识。其实橘和枳是两种不同的植物。同样的观点在《夏小正》里也有体现，其中有"九月……雀入于海为蛤""十月玄雉入于淮为蜃"[3]这样表述。此外《管子·地员篇》记载的生态学知识也反映了当时人们对自然环境的认识[4]。

安徽大学藏有101枚战国早中期的《诗经》竹简。其中，存诗为"国风"的有60篇，还有与《楚辞》同类型的韵文竹简，这对于植物文化史研究也是极为重要的史料。此外，上海博物馆藏战国楚竹书存有名为《李颂》《兰赋》的文学作品[5]。《李颂》的文体结构与《橘颂》的颇为相似，其吟诵的是梧桐和李子树等北方树木。日本富山大学的大野圭介对《李颂》作了日译，并且分析称《李颂》中提及的桐、榛、枣、李四种植物都是《诗经》中出现的北方植物，而不见于《楚辞》中[6]。

[1]谷中信一．晏子春秋：下[M]．東京：明治書院，2001：121.

[2]竺可桢．中国近五千年来气候变迁的初步研究[J]．考古学报，1972(01)：15-38.

[3]夏纬瑛．夏小正经文校释[M]．北京：农业出版社，1981：72.

[4]夏纬瑛．管子·地员篇校释[M]．北京：中华书局，1958.

[5]马承源．上海博物馆藏战国楚竹书八释文[M]．上海：上海古籍出版社，2001：228-267.

[6]大野圭介．『楚辞』における「南国」意識[J]．富山大学人文学部紀要，2012，56：395-418.

◆ 秦汉（公元前221年—220年）

英国汉学家胡司德对早期中国的园囿有较深入的研究，他认为早期中国的君王把各地的动物汇聚到皇宫园囿，并把这些园囿视为权力的纪念品和标志[1]。秦始皇也很重视建造园囿[2]。在完成一统天下的大业后，秦始皇修建了“上林苑”。这种园囿可以作为狩猎场，将水引入大片的土地中，又在其中放养兽类。这些园囿不仅是供安稳度日的场地，更是兼有军事演习功能的游乐场（图1-4）。

后来，秦始皇下令焚书，但“所不去者，医药、卜筮、种树之书”。不过，这里所说的“种树之书”是指农业种植技术书籍。园囿中种有果树，但大部分保留了原始森林景观，因而花木种植应该极少。当时似乎未有植物专著，但在动物方面，从《汉书·艺文志》中得知有人编撰过《相六畜》三十八卷。“相”是观察外貌之意，也是观察动物外貌判断某些特征的标准。此书主要介绍辨别每一种禽兽的方法。湖南马王堆汉墓出土的帛书中有一部相马的书，其涵盖了马的头、眼、鼻、嘴、蹄等各个部位的观察方法。从所述内容，可以推测出其大约成书于战国时代晚期。不难看出，这种动物的相书因为有军事上的需求颇受统治者的重视。《列仙传》亦收载黄帝时期的马医马师皇给一条龙治病的故事[3]。

医书之所以没有沦为焚书的对象，首先是由于其本身具有实用性，此外，秦始皇对于长生不老的渴望也是

[1] 胡司德. 古代中国的动物与灵界[M]. 蓝旭，译. 南京：江苏人民出版社，2016: 142-157.

[2] 或许可以将“园”概括为以植物为主的园林，“囿”是以动物为主的园林。（周维权. 中国古典园林史[M]. 北京：清华大学出版社，1999: 41-46.）

[3] 王叔岷. 列仙传校笺[M]. 北京：中华书局，2007: 6.

图 1-4　五代后梁时期赵喦所绘的《八达春游图》。台北故宫博物院藏

其中一个主要原因。据《素问》的开篇“天真论篇”记载，黄帝曾问岐伯：“余闻上古之人，春秋皆度百岁，而动作不衰；今时之人，年半百而动作皆衰者，时世异耶？人将失之耶？”[1]

公元前 206 年，秦朝灭亡。西汉建立后，继承并发展了前代的园林文化。据《西京杂记》[2-3]，当时群臣进献奇木于皇家园林上林苑，包括梨 10 种、枣 7 种、栗 4 种、桃 10 种、李 15 种、柰 3 种、棠 4 种、椑 3 种等。

在汉代出土文献中，如武威汉墓、马王堆汉墓、老官山汉墓等有不少医药文献，但未见农业、花卉园艺相关的文献。但在马王堆汉墓出土的陪葬品中有不少植物，如稻、小麦、大麦、黍、粟、大豆、赤豆等谷物和豆类，以及甜瓜、枣、梨、梅、杨梅等水果，葵、芥菜、姜、藕等蔬菜[4]。

汉代，《诗经》作为“五经”之一备受重视。汉武帝采纳董仲舒的提议设立了“五经博士”这一官职，其职责便是专门讲授《诗经》。当时《诗经》有 4 种版本，如鲁人申培公家传本的《鲁诗》、齐人辕固生（公元前194—前 104 年）的《齐诗》、燕人韩婴的《韩诗》以及鲁人毛亨、赵人毛苌两人整理的《毛诗》。东汉郑玄以《毛诗》为底本加注，其后其他三家诗逐渐失传。大多古代学者虽然对于诗中的植物名称有一定的关注，但主要的着眼点还在阐明植物的隐喻。他们的关心仅仅止于如孔子所言的“多识于鸟兽草木之名”，而没有深入到植物本身。

因为汉朝是楚人刘邦所建，所以屈原的作品在这一

[1] 人民卫生出版社．黄帝内经素问［M］．北京：人民卫生出版社，1963：1-2.

[2] 西野貞治．西京雜記の伝本について［J］．人文研究，1952，3(07)：101-118.《西京杂记》是何时、何许人撰未详。只是在唐代的传本有过这种记载，很难说以那些名称命名的植物到底是不是指汉代实际上存在的品种。所举的物种多为具有经济价值且可以在北方生长的果树，当时草本类植物或没有经济价值的观赏植物还不受重视。

[3] 葛洪．西京杂记［M］．北京：中华书局，1985：6-8.

[4] 小曽戸洋，長谷部英一，町泉寿郎．馬王堆出土文献訳注叢書：五十二病方［M］．東京：東方書店，2007.

时期也得到了高度评价。随后，屈原等楚人的文学作品经刘向和王逸收集整理，作为《楚辞》流传至今。2 世纪前叶，东汉王逸再作其注本——《楚辞章句》，流传至今。王逸亦作《荔枝赋》。《荔枝赋》在唐宋间失传，现在散见于唐宋类书以及《文选注》等文献。观其佚文，如“缘叶蓁蓁”“朱实丛生”[1]“乃睹荔枝之树。其形也，暧若朝云之兴，森如横天之慧……角亢兴而灵华敷，大火中而朱实繁。灼灼若朝霞之吐日，离离如繁星之著天”[2]等，与《橘颂》在表达上有类似的地方。王逸大概仿照《橘颂》创作了这部作品，不过内容不仅包含荔枝，还包含栗子、白柰等植物。《荔枝赋》也是中国早期的咏物诗歌之一。

西汉时期的王褒还作《洞箫赋》吟诵名为“洞箫”的管乐器。该赋开篇写道：“原夫箫干之所生兮，于江南之丘墟。洞条畅而罕节兮，标敷纷以扶疏……”[3]《洞箫赋》描述了竹的生长环境及其性状。诗人认为正是由于竹本身的特点，洞萧的音色才清脆悠扬，对竹大加赞扬[4]。此外，司马相如在《上林赋》《凡将篇》中提到许多植物名称，如“卢橘夏熟，黄甘橙楱，枇杷橪柿，亭奈厚朴，梬枣杨梅，樱桃蒲陶，隐夫薁棣，荅沓离支”[5]以及“乌啄桔梗芫华，款冬贝母木蘗蒌，芩草芍药桂漏芦，蜚廉雚菌荈诧，白敛白芷菖蒲，芒消莞椒茱萸”[6]。杨雄和班固也分别在《蜀都赋》《两都赋》中罗列了各种植物。

汉朝幅员辽阔，地理知识得到人们的重视，一部古老的地理书籍《山海经》被西汉末期的刘歆等人再次整理编撰。书中，生长在各地的植物名称也被一一列举，所载植物约 160 种，还有 2~3 种菌类，动物约有 300 种[7]。此外，

[1] 萧统．六臣注文选[M]．李善，等，注．北京：中华书局，1987: 92-94.

[2] 李昉，等．太平御览[M]．北京：中华书局，1960: 4307.

[3] 上原尉暢．王褒『洞簫賦』における自然描写をめぐって[J]．東北大学中国語学文学論集，2011, 16: 23-40.

[4] 同[3].

[5]司马相如．上林赋[M]//萧统．文选．北京：中华书局，1977: 123-130.《凡将篇》今失传。佚文除了《茶经》外，还有《艺文类聚·箜篌》中的“钟磬竽笙筑坎侯”。

[6]陆羽．茶经：卷下[M].//左圭．百川学海．官内厅书陵部藏本．1273: 4a-b.

[7] 郭郛．山海经注证[M]．北京：中国社会科学出版社，2004: 985-993.

杨孚等在《异物志》中记载了榕树、木蜜、槟榔、扶留、椰树、荔枝、枸橼、橘树、橄榄、桂、益智、甘薯等植物；《南裔异物志》《交趾（交州）异物志》等书也记载了生长在相当于今天的越南地区的动植物。在汉代，亚热带和热带的动植物也引起了人们的兴趣。一说《水经》是汉朝桑钦编著的，因而该书至少在汉代成书的说法是令人信服的，可看出当时人们对地理知识的重视。而《神农本草经》收载药材的出处和产地几乎覆盖汉朝版图，还包括一些境外的药材。此外，《神农本草经》的记载方法有很强的系统性。笔者认为，单凭医药行业内的组织或团队收集这样全面的信息也有很大的困难，因此它更有可能像后世的《新修本草》那样，作为一项国家课题，由宫廷医官收集医方书编撰而成。正如著名科学史专家山田庆儿所指出的，《汉书·平帝纪》所载的元始五年的敕令跟《神农本草经》的成书有密切关系[1]。

日本文献学者真柳诚在对《神农本草经》进行多方面考证后，赞同山田庆儿的这一观点[2]。山田庆儿在研究《吴普本草》时，也注意到药材的产地范围很广——以太山、冤句、邯郸、嵩山四地为中心，西到西藏，南至越南，可见三国时期已经形成了广阔的药材交易网。仙人传记集《列仙传》（东汉成书）所记载的仙药中有不少也出现在药物书籍《神农本草经》中[3]。比起治疗疾病，人们更加向往长生不老，如此一来，能使人延年益寿的药物便自然而然地被视为最佳药材。

在同一时期的古罗马，迪奥斯科里德斯（Dioscorides）编著的《药物志》（*De Materia Medica*，公元 68 年）（图

[1] 山田慶兒．本草の起源［M］//中国医学の起源．東京：岩波書店，1999: 127-228.

[2] 真柳誠．『神農本草経』の問題［J］．斯文，2010, 119: 92-117.

[3] 大形徹．『列仙伝』にみえる仙薬について：『神農本草経』の薬物との比較を通して［J］．人文学論集（大阪府立大学人文学会），1988, 6: 61-79.

1-5）[1]和老普林尼（Gaius Plinius Secundus）的《博物志》（*Naturalis Historia*，公元 77 年）等医药书和博物书也没有这么系统的记载，对植物的介绍略有一种路上随记的色彩。

[1] 比狄奥斯科里德斯早3世纪，古希腊学者狄奥夫拉斯图斯（Θεόφραστος）撰写了《植物志（*Περὶ φυτῶν ἱστορία*）》《植物的本原（Περὶ Φυτῶν Αἰτιῶν）》等植物专著。同一个时期，亚里士多德在动物学方面做出不少成果，狄奥夫拉斯图斯是他的好友。

而《神农本草经》的编著，可能利用本草专家集聚的机会，收集了各地药材的情况，共选出药材 365 种，数目与一年的平均总天数一样，从这一点也可以看出《神农本草经》的编者很重视记载内容的系统性。这可能就是公元 5 年或之后形成的《神农本草经》的前身，经东汉人不断增补修订而成书。

图 1-5　维也纳抄本《药物志》中的蔷薇（*Rosa centifolia*）

注：维也纳抄本是 512 年为西罗马帝国朱丽安娜公主而作的现存最早的《药物志》。当时还没有造纸技术，因而这是用兽皮纸制作的抄本。

◆ 魏晋南北朝（220—581 年）

汉朝是一个长期统一的王朝，但最终在 220 年灭亡，在频繁的内乱中逐渐过渡到三国鼎立的时代。南方形成了吴、蜀分割统治的局面。263 年，北方的魏军征服了蜀国，三国鼎立的时代自此落下了帷幕。《菊花赋》便是当时魏军的将领——钟会之作。大约这个时候，因为《毛诗·郑玄注》中有描述动植物不合乎其真实面貌之处，于是陆玑亲自观察动植物，撰写了《毛诗草木鸟兽虫鱼疏》（又称《陆疏》）。陆玑的动植物训诂研究问世，或许与东汉人对南方动植物的关心不无关系。有了这种植物知识的积累，陆玑最终才能发现汉代经学者注文中的问题。

随后，魏国的重臣司马懿发起政变，在推翻魏国的基础上建立了晋朝。280 年，吴国投降后，司马炎建立了汉朝之后的第一个统一王朝。在此期间，逃避战乱的人们聚集到相对平静的江南，六朝文化也由此逐渐形成。随后，由于北方游牧民族的进攻，晋朝被迫舍弃中原地区，于 318 年移都江南建业。

386 年，鲜卑族的拓跋氏一统北方，建立了北魏（386—534 年）。420 年，南方的东晋灭亡后，刘裕建立了南朝宋（420—479 年）。北魏政权相对安定，北魏孝文帝（在位时间为 471—499 年）实施汉化政策，这种汉化政策引起了鲜卑族的反感，特别是鲜卑族出身的军人对此大为不满，加之发生了大饥荒，导致 523 年发生了六镇之乱。

汉化政策和大饥荒在某种程度上促使鲜卑族向中原的遗民学习定居和农耕方式。由于北方寒冷干燥，人们不得不因地制宜发展农业。大约在530年，北魏的贾思勰汇集了汉族的农耕技术，并编撰了《齐民要术》。《齐民要术》第十卷“非中国物产者”中引用大量的书籍，介绍了南方的各种植物。其中除引用《南方草物状》等南朝书籍，还有作者不详的《魏王花木志》。从书名上看，《魏王花木志》记载的似乎是北朝的花卉植物，但从《太平御览》等书残留下来的佚文看，会发现其记载的基本都是牡桂、卢橘、茶等南方植物。魏王是谁，著述的目的又是什么等一系列问题，还有待今后的研究解答。同一个时代，郦道元（？—527年）还用大量的典籍为《水经》作注，并自成书，名为《水经注》。《水经注》中出现了大量植物名称。当时北朝的学术气氛浓厚，也有条件利用大量文献。

关于北魏（包括东魏、西魏）及其后的北齐时期所出现的佛教壁画以及雕刻艺术，也应在此提及。根据中田勇次郎的研究，在龙门石窟的浮雕中，有着容器中插着类似于莲花的植物这样的题材（图1-6）。佛前献花的习俗是由印度传来的，这一习俗也体现在壁画中[1]。像这样，农业相关书籍和佛教艺术可以作为北朝特征被列举出来。

[1] 中田勇次郎．文房清玩：三[M]．東京：二玄社，1962: 139-185.

北朝的植物资源相对较少，相关资料也不多，其植物文化主要集中在贾思勰撰写的《齐民要术》和佛教文化的献花习俗之中。《齐民要术》体现了北朝人对农学知识的注重，并成为中国官修农书的范本，对后人产生

图 1-6　龙门石窟的浮雕。雕刻的容器中插着类似于莲花的植物

注：图像源自大村西崖《中国美术史雕塑》，佛像刊行会图像部1915年版，第206页。

了很大的影响。佛教文化中的献花习俗是中国花卉文化一个很重要的文化源流。南朝的植物资源较为丰富，植物文化也更加丰富多样。

汉朝末期，百姓饱尝时代的动乱之苦，厌世之感在南朝文人中广泛传开。与此同时，养生的思想也开始深入浸透到文人之中，服用寒食散等药材的风气自此兴起。寒食散主要是由五种矿物混合而成的药剂，但其伴随有强烈的副作用，会对身体造成伤害。当时研究炼丹之术的葛洪认为，植物会凋零衰亡，燃烧之后便化为灰烬，虽然服用植物药材可以延年益寿，长生不老之说却是无稽之谈。这也是他在《抱朴子》中推荐矿物类药材的理由[1]。无论如何，因为植物有延年益寿的功效，不少文人开始对药用植物产生了兴趣。比如撰写《伤寒杂病论》的张仲景、撰写《肘后方》的葛洪等。496—500年[2]，南朝梁的陶弘景撰写《本草集注》[3]（图 1-7），对植物的形态等进行了较为详细的记载。陶弘景本来在刘宋、南齐做官，后辞官。当时陶弘景的名气很大，萧衍建立南朝梁后，多次邀请其出仕，但他拒绝了。

南朝梁时期，徐之才侍奉萧衍的次子豫章王萧综，525年被北魏抓捕。时值北朝实施汉化政策，徐之才等南南朝人士受重用。徐之才撰写了《雷公药对》。徐之才等归降北朝的南朝人士不仅对北朝的医药发展起了重大作用，还在政治上做了重大贡献。日本敦煌学专家岩本笃志深入研究了徐之才及其著作《雷公药对》，发表了不乏新意的研究成果[4]。这些重要医药著作的作者不是宫廷医生，也不是江湖郎中，而是在文学、道教等领域

[1] 本田濟．抱朴子内篇[M]．東京：平凡社，1990: 73-74.

[2] 麥谷邦夫．陶弘景年譜考略：上[J]. 東方宗教，1976, 47: 30-61.

[3] 真柳誠．『神農本草経』の問題[J]．斯文，2010, 119: 92-117.

[4] 岩本篤志．唐代の医薬書と敦煌献[M]．東京：角川書店，2015: 24-92

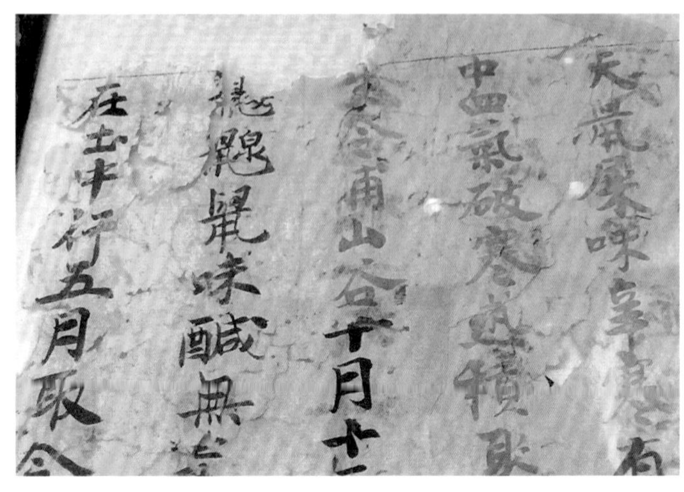

图 1-7　柏林图书馆藏吐鲁番出土《本草（经）集注》（局部）

注：图像由新加坡南洋理工大学副教授徐源（Michael Stanley-Baker）2016 年 7 月 12 日摄于德国柏林图书馆。

闻名的官员，往往在政治上有着较高的地位。当时与医学相关的知识在士大夫之间很普及，尤其因为服食丹药之风盛行，本草知识很受重视。

陶渊明（又名陶潜，约 365—427 年）在自己的诗中频繁以菊这种植物为意象，例如“采菊东篱下，悠然见南山”这一句，即使在日本也是脍炙人口的名句。但是，采菊这一行为并不仅是为了观赏。屈原的《离骚》中提到“朝饮木兰之坠露兮，夕餐秋菊之落英”[1]。汉代时已有在重阳节喝菊花酒的习俗。《神农本草经》中也提到菊可以“轻身延年”，赞扬菊花具有延年益寿的功效。前文提到的《抱朴子》，记载着汉代后期与菊相关的故事：在南阳郦县的一个山村里，村民都可以活到一百二十多

[1] 星川清孝．新釈漢文大系 34：楚辞［M］．東京：明治書院，1970：234-237.

岁，相传是因为其上游生长着野菊，喝了那甘甜的山涧之水，人们便可长命百岁[1]。陶渊明采菊大概也和养生有一定的关联。另外，谢灵运游历各地名山，在《游名山志》中记录了多种药材植物，这也可以看作六朝士大夫关注医药、养生的一个表现。

[1] 本田濟．抱朴子内篇［M］．東京：平凡社，1990: 230-231.

[2] 沈约，等．宋书［M］．新校本．北京：中华书局，1974: 1754-1779.

西晋及六朝文人写作了大量叙事的赋，比如西晋左思咏作《魏都赋》《吴都赋》《蜀都赋》三部作品。像司马相如曾经描述宫苑那样，谢灵运晚年为自己的私园咏作《山居赋》，此赋有序和自注。他罗列各种植物名称，其中特别提到药用植物："……《本草》所载，山泽不一。雷桐是别，和缓是悉。参核六根，五华九实。二冬并称而殊性，三建异形而同出……"[2]从中可以看出谢灵运对本草植物很有兴趣，并且在园子里种植药材。谢灵运的自注充分反映了他丰富的药用植物知识积累，并表明他曾看过《神农本草经》。从中可知，六朝不少文人身边都有《神农本草书》和《列仙传》等书。

六朝时期，《百合诗》《菊花赋》《芍药赋》《蜀葵赋》《蔷薇诗》《木兰赋》《竹赋》等以植物之美为主题的辞赋作品陆续出现。作者赞赏了当时人们观赏的植物。但是，这其中没有牡丹。牡丹仅见于《游名山志》的佚文中。

353年，王羲之等文人雅士在兰亭举行了一次别开生面的流觞曲水之宴，优雅的贵族文化在茂林修竹之中展现得淋漓尽致。北方园林经常因战乱而毁，但当和平时代来临的时候，社会各阶层人士又开始重建园林。类似于兰亭、顾辟疆园等著名园林不胜枚举。王羲之的"流觞曲水”、陶渊明的“采菊东篱下”也表现了中国园林的某种风韵或美感。

王羲之作为书法家声名远扬，他的文学作品也广为流传。例如，其所作的《柬书堂帖》曾描述观赏荷花的情景：

荷花想已残，处此过四夏，到彼亦屡，而独不见其盛时，是亦可讶，岂亦有缘耶？敝宇今岁植得千叶者数盆，亦便发花，相继不绝，今已开二十余枝矣，颇有可观，恨不与长者同赏。相望虽不远，披对邈未可期，伏缺可胜怅惘耶！

可见当时的荷花是用盆栽培的。另外，王羲之的《奉橘帖》中记载有“奉橘三百枚，霜未降，未可多得”，从中可以一窥其将橘赠予友人的文人场景。

王羲之的第七子王献之也是有名的书法家，他的《送梨帖》《地黄汤帖》《鸭头丸帖》等有关植物和药物的书法作品也广为流传。后文所述的《笋谱》，引用了王子敬编撰的《竹谱》中的一段短文的文献。提到的王子敬，通常指的就是王献之，或许《竹谱》就是王献之所作。

在南朝宋，戴凯之（466年任南康太守）编撰了同名作品《竹谱》。《竹谱》的正文由以四字短句为基调的骈体文构成，继承了辞赋的特征。自注采取了谢灵运在《山居赋》中的做法，且兼有谱牒的特征。前人作辞赋时注重文学性，但戴凯之在《竹谱》中更加重视的是记录性。可以说脱离咏物文学、带有专题研究色彩的植物相关书籍正是这个时候出现的。在三国时期人们依旧对南方保持着好奇心，“方物志”便是在这一时期问世的。孙吴的万震在当时撰写出《南州异物志》，对甘蕉

（香蕉）等进行了记载[1]。此外，沈莹撰写了《临海异物志》。但是这两部作品都有所遗失，得以流传的只是其中零碎的一部分。《南方草物状》（或称《南方记》）是六朝时期的作品，其就甘薯、椰（子）、槟榔等进行了记载。在这些书籍中，大多都是与植物相关的记载，也有一小部分是关于动物与矿物的记载。除了“方物志”，作为记录当时一年中各种仪式活动的书籍，宗懔（约502—565年）所撰的《荆楚岁时记》中也有人们在仪式中用到植物的种种风俗习惯的记载。六朝时期（以及唐代）的人物画大多都包含植物。许多人物画的构图是以所谓的“树下美人”为背景绘成的，日本的早期绘画构图也受其影响（图1-8、图1-9）。

[1] 小林清市. 中国博物学の世界［M］. 東京：農山漁村文化協会，2003: 5.

图 1-8 《东大寺戒坛院厨子扉绘图》第 1-2 纸。日本奈良国立博物馆藏

图 1-9 《东大寺戒坛院厨子扉绘图》第 8 纸。日本奈良国立博物馆藏

◎ 第二节 隋唐至宋朝

◆ 隋唐以及五代十国（581—960 年）

589 年，统治北方的隋朝打败南朝陈，结束了持续约 270 年的南北割据局面。隋炀帝（604—618 年在位）拥有西苑，大业六年（610 年）三月，他于阜涧营显仁宫“采海内奇禽异兽草木之类，以实园苑。徙天下富商大贾数万家于东京”[1]。

隋朝的诸葛颖（536—612 年）完成了长达 77 卷、名为《种植法》的巨作，还编成了 60 卷的《相马经》。从书籍的规模来看，这两部可能是诸葛颖奉敕编撰的官修书[2]。唐代段成式曾查阅《种植书》是否有牡丹的相关记载，曰：“成式检隋朝《种植法》七十卷余中，初不记说牡丹，则知隋朝花药中所无也。”据此，《种植书》又名《种植法》，所载内容主要是观赏植物和药用植物的栽培技术，可能还涉及一些相关文学作品的汇集。然而，除了《旧唐志》和《新唐志》，其他书目中未提及此书名。《艺文类聚》等唐宋类书中亦未收录此书的资料。它可能只存在于隋唐时期，而且似乎一直藏在宫廷秘阁中，并未受到重视。后来唐代末期动乱导致其失传[3]。

到了唐朝初期，朝廷非常重视医学和农学，命令官员撰写本草书和农书。

南北朝的分裂对本草学产生了一定的影响。因为陶弘景只能证实江南周边的药物，所以他的记载中有很多难以得到唐朝医者认同的错误。因此，在 657 年，苏敬

[1] 魏徵，等．隋书[M]．新校本．北京：中华书局，1973: 63.

[2] 大概由于书籍规模过于庞大，不幸在唐朝失传。

[3] 王毓瑚曾较为详细地考查过此书。

上奏唐高宗，唐朝由此开始大规模编撰本草书籍《新修本草》（成书于 659 年）[1]。在这次的编撰中，苏敬等人搜集各地的天然药物并辨别真假，另撰《药图》及《图经》，足有 32 卷。通过各种植物的相互比对，药用植物的形态及花期等也得到了系统性的记载。这意味着此次编修也包含了对植物分布、形态等的调查。此时，孙思邈相继写就《千金要方》（652 年）、《千金翼方》（682 年）等著作。

《新修本草》成书后不久，唐朝在农学方面继承了北朝重视农书的传统。武则天令周思茂等编撰新的官撰农书《兆人本业》（686 年）[2]。此时唐高宗已逝世，唐高宗的第二子李贤被其母武则天逼迫退位，第三子唐中宗李显、第四子唐睿宗李旦陆续继位。《兆人本业》成书后，武则天于 690 年改国号为周，自立为皇帝，定都洛阳。武则天于 705 年病逝，与唐高宗合葬于乾陵（在今陕西省），同年唐中宗复位，并将国号改回唐。

随后，《兆人本业》颁行全国各地。《旧唐书·文宗纪》载："大和二年（828 年）二月，敕李绛所进则天太后删定《兆人本业》三卷，宜令所在州县写本散配乡村。"[3]

大概这个时候，日本遣唐使将《兆人本业》带到日本，但仅见于日本图书目录中，今失传。

唐末五代又出现了一部农书《四时纂要》[4]。有学者考证，认为其成书于五代后期（945—960 年）[5]。另外，唐代的方物志有段公路的《北户录》3 卷和刘恂的《岭表录异》，均记载了广州的动植物。

唐朝是继汉朝之后得以拥有长期政权的朝代，文

[1] 王溥．唐会要［M］．上海：上海古籍出版社，2006: 1803-1808(卷 82).

[2] 王毓瑚．中国农学书录［M］．第二版．北京：中华书局，2006: 37.

[3] 刘昫，等．旧唐书［M］．新校本．北京：中华书局，1975: 528．日本图书目录《日本国见在书目·农家类》（891）中著录有《兆民本叶》。业（業）与叶（葉）形声近似，大概纯属讹字。但众所周知，因为唐高宗之父唐太宗的真名是李世民，一般避讳"世、民"两字。也许，当初缺笔避讳用"民"字，后人才改成"人"字。

[4] 作者是否为"韩谔"、成书年等还不明确。《宋志》有著录。1961 年在日本发现朝鲜本，2017 年 6 月又在韩国发现了 15 世纪初的版本。王毓瑚、万国鼎、天野元之助、守屋美都雄等人都对该书开展过研究。

[5] 曾雄生．中国农学史［M］．修订版．福州：福建人民出版社，2012: 297-307.

化的中心回到了长安。唐中宗的第七女（武则天的孙女）——永泰公主17岁那年（701年）夭折，埋葬于乾陵。1960—1962年考古发掘其坟墓，其中有壁画，石椁内外有线刻画（图1-10、图1-11）。武则天在其次子李贤被迫退位自尽后，曾为李贤恢复爵位。武则天病逝后，李贤亦葬于乾陵的陪葬陵中，即章怀太子墓。1971年发掘坟墓时，壁画上发现了有端着花盆的女官（图1-12、图1-13）。从这些考古资料中可以窥见当时宫廷里的赏花之风流行。

唐睿宗将皇位禅让给第三子李隆基，即唐玄宗，唐玄宗在位时期（712—756年）是唐朝的鼎盛时期。禁内有官修方剂书《开元广济方》、本草书《天宝单方药图》[1]等，禁外有王焘撰的《外台秘要》（752年）等。同时期的人们也开始对牡丹进行栽培与观赏[2]。

755年，安史之乱爆发，虽然叛乱在7年之后被平定，但是唐朝的中央政府已经衰败，并随着节度使的权势不断增大，陷入了实质上的割据状态。中央政权的弱化，给居住在长安城里的平民百姓带来了一定的自由，民间经济反而得到了急速的发展，富裕的商人也在此时出现。同时，种植牡丹的习俗迅速传播到民间，不仅贵族高官有赏花习惯，众多长安民众每年春天也会出行观赏牡丹花。不少唐诗描写了当时人们在春天竞相外出赏花的场面，比如白居易《牡丹芳》中的“花开花落二十日，一城之人皆若狂”，刘禹锡《赏牡丹》中的“唯有牡丹真国色，花开时节动京城”等。

在当时的长安，出现了几座被视为牡丹圣地的寺院，

[1] 郑金生．《天宝单方药图》考略［J］．中华医史杂志，1993，23(03): 158-161.

[2] KUBO T. The Problem of Identifying Mudan and the Tree Peony in Early China［J］. Asian Medicine, 2009, 5(01): 108-145.

图 1-10　永泰公主墓石椁线刻画（局部一）

图 1-11　永泰公主墓石椁线刻画（局部二）

注：图像源自《永泰公主墓石椁线刻画》，陕西省博物馆编，陕西人民美术出版社 1981 年版。图 1-10、图 1-11 分别来自该书第 2、17 页。

图 1-12　章怀太子墓壁画。前甬道东壁侍女图（局部一）

图 1-13　章怀太子墓壁画。前甬道东壁侍女图(局部二)

注：图像源自《章怀太子墓壁画》，周天游主编，文物出版社 2002 年版。图 1-12、图 1-13 分别来自该书第 55、52 页。

吸引了大量外出赏花的人。石田干之助的《长安之春》生动描写了当时的情景[1]。这股赏花潮流使牡丹被迅速地商品化，一部分的牡丹甚至开始被作为交易的对象高价出售。鱼玄机在《卖残牡丹》中记载："临风兴叹落花频，芳意潜消又一春。应为价高人不问，却缘香甚蝶难亲。"[2]白居易在《买花》中对此也有记载：

帝城春欲暮，喧喧车马度。共道牡丹时，相随买花去。贵贱无常价，酬值看花数。灼灼百朵红，戋戋五束素。上张幄幕庇，旁织笆篱护。水洒复泥封，移来色如故。家家习为俗，人人迷不悟。有一田舍翁，偶来买花处。低头独长叹，此叹无人喻。一丛深色花，十户中人赋。

据说当时还出现了相当于平民户缴纳的税额10倍价钱的牡丹。柳浑的诗中有"近来无奈牡丹何，数十千钱买一窠"这样一句，从中也可以看出当时一株牡丹的具体价格[3]。按2010年北京的物价换算，折合数万元[4]。唐朝中晚期人们高价买卖牡丹的接穗，出现了类似荷兰"郁金香泡沫"（1634—1637年）的现象。

《开元天宝遗事》载有不少有关牡丹的故事。此书内容是五代王仁裕所记录的传闻，所载内容不一定是盛唐时的史实。然而，作为五代时期的传闻，它有一定的史料价值，特别是所载的赏花风俗值得参考：

长安春时，盛于游赏，园林树木无间地；长安士女游春野步，遇名花则设席藉草，以红裙递相插挂，以为宴幄。其奢逸如此也；长安贵家子弟每至春时，游宴供帐于园圃中，随行载以油幕，或遇阴雨以幕覆之，尽欢而归；〔斗花〕长安士女于春时斗花戴插，以奇花多者为胜。皆用千金市

[1] 石田幹之助．長安の春［M］．東京：講談社，1979: 11-33.

[2]鱼玄机．卖残牡丹[M]//唐女郎鱼玄机诗．临安府（杭州）：棚北睦亲坊南陈宅书籍铺：2ab.

[3] 長澤規矩也．和刻本漢籍随筆集：6[M]．東京：汲古書院，1973: 239.

[4] 唐代的1斗大概是现在的5千克，大米的市场价按8元/千克计算。前文提到牡丹1株约10000钱，若大米50钱/斗，则1株牡丹相当于200斗大米，即现在的1000千克，折合人民币约8000元；若大米3~5钱1斗，则1株牡丹相当于2000~3333斗大米，即10000~16665千克，折合人民币80000~133320元。

名花，植于庭苑中，以备春时之斗也。[1]

在以往的赏花文献中，这种生动的描述并不多。此外，王綝撰写了《庭园草木疏》（已失传），书中大略介绍了园林中的草木。唐末隐士陈陶（约807—879年）[2]种兰观赏，也作了《种兰》《竹十一首》《泉州刺桐花咏兼呈赵使君》《双桂咏》《蜀葵咏》等咏物诗词。敦煌千佛洞有许多纸花、刺绣画，这也是唐朝花卉文化繁荣发展的体现（图1-14、图1-15）。

907年，唐朝灭亡，在中原地区，后梁与后唐兴亡交替，战火连绵不绝。此时，文化中心转移到了南方。

后梁封钱镠为吴越王，定杭州为国都。钱镠在位期间，"（钱镠的）造园活动……推动了皇家园林融入更多的私家园林风格和情趣"[3]，另外，吴越国钱氏一族很是庇护领土内的天台宗，和那里的僧侣交流往来十分密切，构建了一个文艺组织。在此期间，僧人仲休写出了《越中牡丹花品》。从书名可以判断，这是一本罗列江南特产牡丹品种的书籍，不难想象其中包含了各种各样的牡丹品种。此外，王族的钱昱著有《竹谱》3卷，僧人赞宁著有《笋谱》。自此，丰富的竹文化在吴越国形成。

此外，吴越国历史上有一个特别值得一提的人物，即钱惟演。钱惟演是西昆体的主创人员之一，在当时的文人中颇具影响力。中国学者王水照和日本学者池泽滋子指出，钱惟演在洛阳任使相之时很重视园林。园林成为钱惟演与其他文人的一个重要文学活动场所。这种文化形式原本是中唐白居易等文人所展现的"江南文化"的象征[4]。很显然，钱惟演在洛阳传承并发展了江南文化，

[1] 王仁裕．开元天宝遗事［M］．北京：中华书局，2006: 49.

[2] 陶敏．陈陶考［M］// 朱东润，主编．中华文史论丛第36辑．上海：上海古籍出版社，1986, 36: 217-278.

[3] 王毅．中国园林文化史［M］．上海：上海人民出版社，2004: 130.

[4] 池泽滋子．吴越钱氏文人群体研究［M］．上海：上海人民出版社，2006: 156.

图 1-14　敦煌千佛洞的唐代纸花。英国大英博物馆藏

图 1-15　花鸟纹绣敦煌千佛洞（9—10 世纪）。英国大英博物馆藏

他主宰的文人组织给后来的宋代文化带来不小的影响。因此，宋代牡丹文化发展史受到钱惟演等吴越国出身人士的影响是显而易见的。从欧阳修的作品中也不难看出这一点。

在蜀地，唐朝时期似乎没有著名园林。到王氏前蜀（907—925年）时，高祖王建及其岳父徐延琼、养子王宗裕等开始栽培牡丹[1-2]。后唐攻陷前蜀后，应顺元年（934年）正月成都西川节度使孟知祥独立建后蜀。但他在当年六月猝亡，其子孟昶继位。孟昶也很喜欢赏花，于是，牡丹、海棠等植物在蜀地的栽种开始逐渐增多。孟昶在成都城中栽培了大量木芙蓉，因此成都城也被称为“蓉城（芙蓉城）”。在本草方面，孟昶命韩保升等审校《新修本草》以及《图经》，撰写《重广英公本草》20卷[3]。五代十国时期，花蕊夫人的诗词中也有不少牡丹等花卉相关的内容[4-5]。只是前蜀、后蜀都有叫花蕊夫人的女性，诗词作者是哪一个并不清楚[6]。现在主流的看法仍认为诗词作者是后蜀人[7]。日本专家增田清秀对此进行了考证，也认为是后蜀人[8]。然而，浦江青注意到《宫词》中提到“宣华苑”，而这是前蜀后主王衍修建的，因此指出作者是前蜀的花蕊夫人（徐耕的次女）[9]。无论如何，花蕊夫人的《宫词》可以看作五代十国时期的重要资料。

陆羽的《茶经》无疑是唐代重要的植物谱录。比陆羽还早的杜育曾有一篇以茶为主题的《荈赋》。但从六朝时期直到陆羽所在的时代，有关茶的文献中并不多见。陆羽撰写《茶经》后，很快赢得了声誉。于是唐代后期涌现出了很多茶书，如皎然的《茶诀》、陆龟蒙的《品

[1]黄休復．茅亭客话[M]//全宋笔记：第二编（一）．郑州：大象出版社，2006：58-59.

[2]张唐英．蜀梼杌[M]//全宋笔记：第一编（八）．郑州：大象出版社，2003：55.

[3]《重广英公本草》又称《蜀本草》，孟昶作序。“英公”是中国古代爵位之一，也就是李勣（594—669年）。《新修本草》为苏敬、孔志约、许敬宗、于志宁等所修，最终显庆四年（659年）由李勣上呈唐高宗。

[4]毛晋．三家宫词//丛书集成[M]．上海：商务印书馆，1936：56-61.

[5]文莹．湘山野录续集：玉壶清话．郑世刚，杨立扬，点校．北京：中华书局，1984：81-87.

[6]花蕊夫人的《宫词》，是1072年王安国受敕，负责在宋朝皇宫整理其藏书时，在其中的废纸上发现的。这些废纸不久被别人丢弃，但一名叫郭祥的人抄写过32首。后来，文莹在《湘山野录续集》中转载该32首，才得以保存。王安国当时认为这些诗词作者为后蜀的花蕊夫人。

[7]马良春，李福田．中国文学大辞典[M]．天津：天津人民出版社，1991：2648.

[8]增田清秀．後蜀の花蕊夫人の『宮詞』[J]．日本中國學會報，1979，31：151-167.

[9]浦江青．中国文学研究丛编第1辑：花蕊夫人宫词考证[M]．香港：龙门书店，1969.

第书》、裴汶的《茶述》、温庭筠的《采茶录》、张又新的《煎茶水记》、苏廙的《十六汤品》等。五代十国有后蜀毛文锡的《茶谱》。布目潮沨指出，唐代大中十年(856年)六月成书的一部食谱《膳夫经手录》(杨晔撰)记载了许多植物食品。《膳夫经手录》的今传本似乎不全，恐是后人的辑佚本。但幸得其中有30多种茶叶的介绍，比其他饮食品记载更为详尽地记录了茶叶及其产地[1]。如今有方健校点本[2]。另外，水野正明指出《四时纂要》中有较详细的茶书栽培的方法[3]。

从谱录的发展史来看，随着丝绸之路商贸繁荣，丝绸生产量显得更加重要，随之也出现了《蚕经》等书。五代时期又出现蜀人孙光宪的《蚕书》2卷[4]。此外，五代十国时期，后蜀的滕昌祐及黄筌、黄居寀等人留下了大量被视为名作的花鸟图(图1-16)。而且，在以金陵(今南京)为都城的南唐时代，徐熙等人留下的花鸟图也被奉为佳作名品(图1-17)，亦有张翊所作的《花经》。在战乱不休的五代十国时期，一种新的文化模式就这样在南方丰富的植物背景下诞生了。

[1] 布目潮渢．唐代の名茶とその流通[C]//布目潮渢中国史論集．東京：汲古書院，2004: 171-200.

[2] 方健．中国茶书全书校证[M]．郑州：中州古籍出版社，2015, 208-215.

[3] 水野正明．五代十国時代における茶業と茶文化[J]．東洋学報，2005, 87(03), 289-319.

[4] 王毓瑚．中国农学书录[M]．第二版．北京：中华书局，2006: 52.

图 1-16 滕昌祐所绘《牡丹图》。台北故宫博物院藏

图 1-17 徐熙所绘《玉堂富贵图》。台北故宫博物院藏

◆ 宋代（960 年—1279 年）

960 年，掌控北方的赵匡胤建立了宋朝，征服了后蜀。此外，南唐后主李煜和吴越后主钱俶（原名钱弘俶）相继归顺于宋，宋由此合并了南方。于是在文治政策的基础之下，南方文化流入了重建中的中原，副都洛阳更因牡丹成为风雅之都，在此背景下，来自吴越的钱惟演对江南文化的推广所做的贡献也不容忽视[1]。

在宋朝建不久立后的 973 年，宋太祖在位，刘翰等奉敕修订《新修本草》和《蜀本草》，编撰并出版了《开宝（新详定）本草》[2]。唐真宗在位时，《齐民要术》和唐末五代的《四时纂要》得到了翻刻。宋仁宗在位的嘉祐年间（约 1060 年），掌禹锡、林亿等编撰增订版《嘉祐（补注神农）本草》[3]出版发行，与此同时，掌禹锡等收集整理了各地的天然药物及与之相对应的绘图，最后由苏颂汇总，编成了《图经本草》。宋朝每一代皇帝都效仿唐太宗、武则天重视本草书和农书的修订与刊刻。大约在元祐年间（约 1090 年），蜀地出现了两位出色的民间医生，一位是陈承，他将《嘉祐本草》和《图经本草》合并，并加以自说，编出了《重广补注神农本草并图经》；另一位是唐慎微，他同样合并了《嘉祐本草》和《图经本草》，并且搜集各种本草书进行重编，撰写了《经史证类备急本草》。值得注意的是，当时民间医生都可以拿到《嘉祐本草》《图经本草》等官刻雕版本草书。因

[1] 池泽滋子．吴越钱氏文人群体研究［M］．上海：上海人民出版社，2006: 156.

[2] 次年补修成《开宝重定本草》。

[3] 刘翰、马志等在开宝六年（973 年）撰《开宝新详定本草》21 卷，次年重修，改名为《开宝重定本草》21 卷。

此药用植物的生物学知识得到了普及推广，同时也体现了印刷的普及和书籍的流通程度。

1100年，“风流天子”宋徽宗赵佶登基。他对修建园林、绘画以及茶道文化等兴趣甚浓，从全国各地征收奇花异木，并集齐到宋朝的都城开封。宋徽宗的这一喜好催生了一种名为“花石纲”的纲运，四处征收索取花石给南方百姓带来了极大的痛苦，民心也由此失散。另一方面，宋徽宗在位期间，艾晟等人以唐慎微的《经史证类备急本草》为基础，奉敕编撰出《（经史证类）大观本草》（1108年）。政和年间，由曹孝忠等修订的《政和新修经史证类备用本草》的刊行准备工作也有所进展[1]。

在本草文化盛行的这一时期，女真族建立的金国不断南侵，于1127年俘获了宋徽宗等皇族成员，而且还掠夺了《政和（新修经史证类备用）本草》的雕版。一部分的皇族为了逃难移居临安（今杭州），重建了宋朝——南宋。就这样历史上再次出现了南北分割的局面。南宋政府也不断修订本草书，1211年刘甲在知潼州时翻刻了《经史证类大观本草》[2]；王继先等于1159年撰出《校订大观证类本草》，于1161年刊刻《绍兴校定经史证类备急本草》。后来传至日本，现有江户时期的抄本20多种[3]。

在北方，《大观本草》和《政和本草》并行，1214年夏氏书籍铺（位于嵩州福昌县，今洛阳市宜阳县）将《大观本草》与《本草衍义》合刻，刊行《经史证类大全本草》。1234年，蒙古与南宋一起夹击金国，使其灭亡。从此蒙古统治北方。1249年，张存惠（又名晦明轩）在《政和本草》的每一条药物条文中插入寇宗奭的《本草

[1] EBREY P B. Emperor Huizong [M]. Cambridge, MA: Harvard University Press, 2014: 190-194.

[2] 现藏于北京国家图书馆，民国时期由柯逢时校对并作为《武昌医馆丛书》之一刊刻）。

[3] 真柳誠.『紹興本草』の新知見[J]. 日本醫史学雜誌, 1998, 44(02): 224-225.

衍义》条文，并刊刻《重修政和经史证类备用本草》（现藏于北京国家图书馆等多处图书馆）。这种南北分割局面一直持续到1279年，最终南宋被元军攻陷并遭到灭亡。南北得到统一后，1301年崇文书院翻刻《大观本草》等，本草书也被反复出版。

在北宋前期的洛阳一带，欧阳修等年轻官员在钱惟演的带领下开始了对文学的钻研。欧阳修在离开洛阳之际，提笔写下了《洛阳牡丹记》（约1034年），其中记载的牡丹有30多种。文章开头部分记载的是“姚黄”，它是一种黄色品种的牡丹。关于排名第九位的“叶底紫”，欧阳修这样描写：

叶底紫者，千叶紫花。其色如墨，亦谓之墨紫。花在丛中旁必生一大枝，引叶覆其上，其开也比它花可延十日之久。噫！造物者亦惜之耶？此花之出，比它花最远。[1]

像这样，欧阳修就各个品种的特征以及由来进行了比较详细的记载。

随后，南宋的陆游留下了《天彭牡丹谱》等作品。在牡丹的引领下，宋朝开始了对各种观赏植物的栽培，众多记载其品种的花谱也在这一时期问世。这些宋代的散佚谱录收录于陈振孙[2]的《直斋书录解题》[3]、晁公武的《郡斋读书志》[4]等私家目录中。可见当时书坊刊刻的这些植物谱录广为流传。

北宋时期，理学兴起。宋代理学探究的是自然的原理，其目的是理解人类的本性（格物致知）。植物的变种以及植物本身的美也成为理学观察的对象。理学开创者周敦颐对出自淤泥的莲花那种不蔓不枝、洁白美丽的姿态

[1] 周必大．欧阳文忠公文集[M]．周纶，重修．天理图书馆藏．1196：卷72.

[2] 武秀成．晁公武陈振孙评传[M]．南京：南京大学出版社，2006.

[3] 该书是在本研究中最重要的参考书之一。如今流传的大型丛书，如清代《武英殿聚珍版丛书》《四库全书》皆收此书。不过，据潘景郑的《直斋书录解题·前言》，这些版本不可靠。因此，本书根据的是徐小蛮、顾美华校点本《直斋书录解题》。该书的成书年份亦不清楚。笔者将《直斋书录解题》成书时间暂定为其书中所提的最后年份到其撰者陈振孙辞世之时，即约1245—1262年。

[4] 牛继清．《郡斋读书志》版本源流——兼论“宋淳祐袁州刊本”的真伪[J]. 安徽文献研究集刊，2011，4(01)：1-15.《郡斋读书志》的版本流传较复杂，今有牛继清的详细考证，在此不再赘言。《郡斋读书志》是晁公武（约1104—约1183年，晁补之的堂弟的儿子）的私家图书目录。当初，由门人杜鹏举出版。这是四卷本。在南宋末期，游钧在淳祐九年（1249）所刊的衢州本20卷。此外，《郡斋读书志》还有袁州本（又有两种系统）。这是宋皇室宗亲的赵希弁得到的原刊四卷本，发现衢州本著录图书数量比原刊本多。在翻刻原刊四卷本时，赵希弁列举了只有衢州本著录的图书，编成《后志》2卷。

深有感触，写下了《爱莲说》，对莲花大加赞赏。他认为如果不仅仅局限于植物外观，而是去深入理解其内在本质的话，即使与牡丹相比，莲花也毫不逊色。

曾有这样一则趣闻：作为周敦颐的弟子，程颐曾在拜访邵雍的时候，受邀一同外出赏花。在程颐表示自己对花并无兴趣后，邵雍说："庸何伤乎物？物皆有至理，吾侪看花异于常人，自可以观造化之妙。"程颐最终被说服，陪同友人前去赏了花[1]。

苏轼曾在《次荆公韵》中表示，造物主本来并没有什么刻意的期盼，即便如此，江南的花一到春天便会自然盛开[2]。这本是苏轼送给王安石（又名荆公）的诗，恰巧王安石也十分欣赏梅花在初春时节不畏严寒、凛然盛开的姿态，其当时所作的绝句《梅花》极其有名，诗云"凌寒独自开"[3]。梅花弯曲的枝干象征着其坚韧不拔的精神，不畏寒风的微小花朵象征着其谦虚谨慎的态度。

王安石在宋神宗登基后，任宰相并推动新法。在训诂学方面，他撰写了《字说》。陆佃（1042—1102年）曾经求学于王安石。他虽然反对新法，但在学术上参考王安石的学说，旁征博引，并进行实地观察，撰写了《物性门类》，后改名为《埤雅》（图1-18），陆宰于1125年为此书作序。南宋时期，朱熹（1130—1200年）研究《楚辞》，撰写了《楚辞集注》；曾求学于朱熹的吴仁杰撰写了《离骚草木疏》（1197年）。另有罗愿作《尔雅翼》（1174年成书）。随着宋学的发展，训诂考证也受到宋代士大夫的重视。从陆佃、吴仁杰等人的治学态度上也可以看到格物致知等宋代的学术风气的影响。

[1] 池生春，诸星杓．伊川先生年谱［M］．北京国家图书馆藏．1855：卷2.

[2] 山本和義．詩人と造物：蘇軾論考［M］．東京：研文出版，2002：72-74.

[3] 王安石．王荆文公诗笺注［M］．李壁，笺注，高克勤，注校．上海：上海古籍出版社，1958：1023.

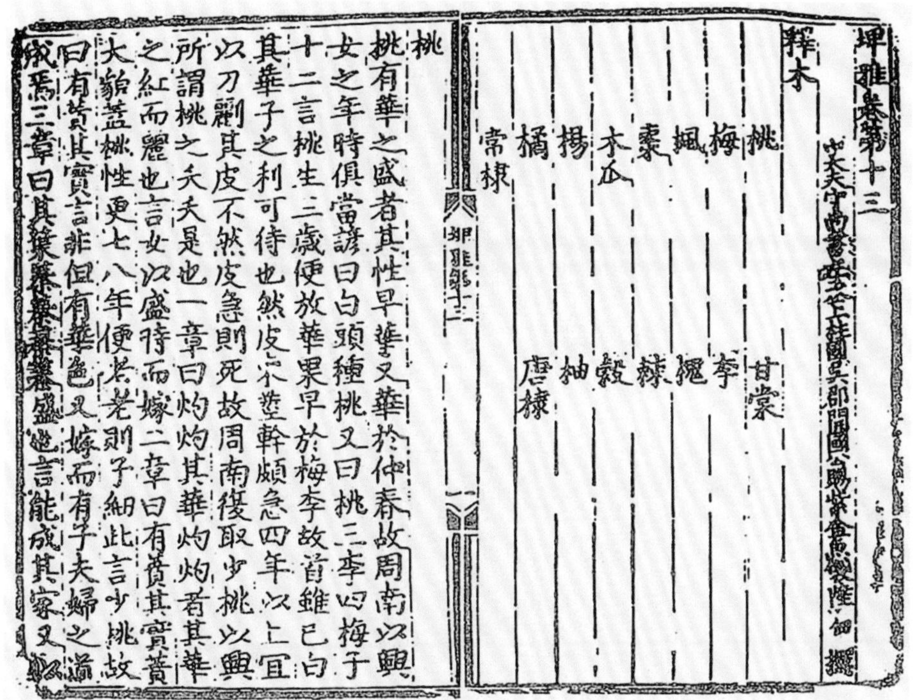

埤雅卷第十三

釋木

桃　甘棠
梅　李
楓　櫰
棗　棘
木瓜　穀
楊　柚
橘　唐棣
常棣

桃

桃有華之盛者其性早華又華於仲春故周南以興女之年時俱當諺曰白頭種桃又曰桃三李四梅子十二言桃生三歲便放華果早於梅李故首雖已白其華子之利可待也然皮不蹔幹頗急四年以上宜以刀劚其皮不然皮急則死故周南復取少桃以興所謂桃之夭夭是也一章曰灼灼其華灼灼者其華之紅而麗也言女以盛時而嫁二章曰有蕡其實蕡大貌蓋桃性更七八年便老老則子細此言少桃故曰有蕡其實言非但有華色又嫁而有子夫婦之道成焉三章曰其葉蓁蓁……盛也言能成其家又以

图 1-18　明成化十五年（1479 年）刘廷吉刻。嘉靖二年（1523 年）王倖重修本《埤雅・释木》

注：图像源自陆佃《北京图书馆古籍珍本丛刊与埤雅》，书目文献出版社 1998 年版，第 374 页。

宋代的方物志有《益部方物略记》（成都一带）1卷、范成大《桂海虞衡志》1卷、周去非《岭外代答》10卷。宋代出版行业发达，随着各个地方政府开始编撰地方志，原来在方物志中记载的内容也被吸收到地方志里。

北宋初期的林逋曾隐居于杭州西湖的孤山，终日与梅和鹤相伴。林逋清正廉洁的生存姿态对日本江户时代的文化也产生了一定的影响，日本的冈仓天心（即冈仓觉三）也曾提到过林逋，称其为真正的爱花之人[1]。

到了南宋时期，栽培花卉被认为是清廉高洁的象征，因此当时的人们越来越向往隐居的生活。赵时庚和王贵学曾亲自栽培兰花并将其经验分别汇集到《金漳兰谱》《兰谱》里使其得以流传[2]。《兰谱》一书表达了要以屈原为榜样，追求高洁的生存方式的强烈愿望。关于《楚辞》中的"兰"，自古以来就有人怀疑其与当今的兰花只是名字相同，而并非是同一植物。朱熹和李时珍等也认为兰花（Orchid）与上古的"兰"是不同的植物[3-4]。但也有人认为将上古的"兰"视为兰花比较妥当[5-6]。

在宋代，除了以北宋的画院为中心而发展的写实性较高的花鸟图，还出现了以士大夫为中心的文人画。即使是关于植物的绘画，人们也不再重视写生是否精致细腻，而是将重点转移到了描绘对象的内涵及本质上，"写意"便是其中的一个代表。在描绘的对象里寄托画者自身心理活动的表现方式也成了当时的一种新兴艺术。宋伯仁著有《梅花喜神谱》（1261年刻），它是类似于画集的植物谱录，在随后的元朝还出现了李衎的《竹谱详录》及吴太素的《松斋梅谱》。这些文人留下的众多描绘梅

[1] 岡倉覚三，村岡博．茶の本［M］．東京：岩波書店，1961: 78.

[2] 佐藤武敏．中国の花譜［M］．東京：平凡社，1997: 145-194.

[3] 李时珍．本草纲目［M］．金陵本．上海：上海科学技术出版社，1993: 1480-1484.

[4] 朱熹．楚辞集注：第4冊［M］．東京：読売新聞社，1973: 18a+b.

[5] 胡秀英．Orchids in the Life and Culture of the Chinese People［J］．崇基学报，1971, 10(01, 02): 1-25.

[6] 寺井泰明．花と木の漢字学 あじあブックス: 022［M］．東京：大修館書店，2000: 186-205.

和竹的作品，反映了在元朝动荡不安的时代背景下人们依然不屈不挠的精神。

第二章

谱录的出现和发展

中国古代生物学史的研究有着一个与其他学科不同的困难，即因为古代没有生物学的学科概念，也没有经典性著作，所以对中国生物学史的追溯相当困难。在医学、本草、农学等领域，古代中国早就建立了相应的专业学科。《史记》描述秦始皇焚书时，专门提到"医药"和"种树"两类，其后的古代图书目录中也可以看到医药和农学是独立的学科。医学领域有《素问》《难经》以及张仲景的医学著作等中医经典，本草学有《神农本草经》等所谓的"正统本草书"系统，农书有《氾胜之书》《齐民要术》等。后人将这些书籍视为经典，同时以其为基础编出新的著作。所以，我们现在可以较为容易地追溯这些学科的源头，追溯其历史也相对容易些。而关于生物学史，只能从医学、本草、农学等书籍中找出现代科学中的生物学知识的记载，重新构成中国古代的生物学知识的发展历程。可是，这样的历史描述难免缺乏连贯性，导致所记内容零乱。因此，我们可以尝试换个角度，从传统学科的其他方面来看中国古代生物学知识的演变。在传统学科中，动植物的"谱录类"可谓是能较好地反映古代生物学知识的一门学科。据玛蒂娜·斯柏特的粗略统计，古代中国的谱录类著作可统计出1000部以上。其中，以"谱"名之者大概有300部，"录"大概有100部（见表2-1）[1]。

谱录类著作很早就引起了西方学者的注意。英国传教士伟烈亚力（Alexander Wylie，1815—1887年）是一位很早关注中国谱录类著作并向西方介绍的学者。他在与李善兰合译《代数学》《几何原本》等西方数学书

[1] SIEBERT M. Pulu 谱录 Abhandlungen und Aufl istungen zu materieller Kultur und Naturkunde im traditionellen China [D]. Wiesbaden: Otto Harrassowitz Verlag, 2006: 309.

表 2-1　根据主题分类的谱录数量[1]

物品			谱录数量	备注
文化用品	古董	刀剑	5	包括刀剑与马的合谱 1 种
		玉	5	
		硬币	34	
	文房四宝	砚台	77	包括 1 种古鼎
		墨	59	
		毛笔	6	
		纸张	8	
	物品	贵重物品	7	
		日用品	9	
		瓷器	16	
		刺绣	7	
		衣服、布料	14	包括 4 种各种植物为重者
		扇子	5	
		漆器	3	
消费品		食谱	31	一部分为食疗
		野菜	10	此处表示谱录相关著作的主题。野菜主题的著作虽然与谱录有着密切的亲属关系，然而传统图书目录分类上从未算入谱录类中
		人参	3	
		甘薯	3	
		芋	3	
		其他食用植物	14	
		酒	46	包括酒杯 1 种、醋 1 种。相关著作主题有赏政 / 酒令 4 种
		茶	81	包括 7 种沏茶用水
		香	29	
		烟草	5	
		鼻烟	5	
自然学	石		29	包括宝石 2 种
	植物志和动物志		1	
	植物（花卉）	菊花	41	
		兰、蕙	33	
		牡丹	32	
		芍药	5	包括与牡丹合并者 1 种
		梅	＞14	与竹合并者 2 种
		琼花	5	
		海棠	3	
		凤仙	3	
		其他花卉	4	
	竹		27	包括与梅合并者 2 种
	荔枝		20	
	蘑菇		3	
	柑橘		6	
	其他植物		5	
	哺乳动物 / 四足动物	马	20	包括与牛合并者 2 种以及与刀剑合并者 1 种
		牛	8	与马合并者 2 种
		骆驼	3	
		老虎	3	
		猫	4	
	其他动物		>6	“组合”的解释 3 种：三灵，即从马到蜜蜂等家畜类
	鸟类	鹌鹑	8	
		鸽子	2	
		猛禽	8	
	其他鸟类		12	
	海错		14	
	鱼类（包括涉及钓具 1 种）	金鱼	8	包括与蟋蟀合并者 1 种
	蟹		5	
	蛇		2	
	双壳类		2	
	昆虫类	蟋蟀	26	包括与金鱼合并者 1 种
		蜜蜂	3	
		蚕	5	
		蝴蝶	1	

[1] 转自玛蒂娜·斯柏持，原文为英文，笔者中译。（SIEBERT M. From Bamboo to “Bamboology”: The Search for Scientific Disciplines in Traditional China [C] // 多元文化中的科学史：第十届国际东亚科学史会议论文集．上海：上海交通大学出版社，2005: 313.）

的同时，还出版了一部中国古代文献的综述——《中国文献记略》，其中在“科学文献”（Repertories of Science）一章中专门介绍了谱录类著作，如《南方草木状》，陈淏子的《花镜》，欧阳修的《洛阳牡丹记》，史正志的《菊谱》，蔡襄的《荔枝谱》、韩彦直的《橘录》、赞宁的《笋谱》、陈仁玉的《菌谱》等。[1]北美学者那葭（Carla Nappi）从中国古代自然史学的角度提出对谱录类著作的看法：“这些著作（在英语中）译为‘scientific treatises’（科学专著），这是一种不合时宜的特性描述,可能译为‘treatises for natural objects’(自然客体的专著）更为适当。”[2]中国谱录类型多样，随时代转移嬗变，难以用英语等西方语言译出来。只是在译词上不应该强调它的“科学性”。所有的谱录作者并没有撰写“中国古代科学”著作的意图，虽然谱录著作的内容包含宋代理学及格物致知相关的思考，但还是不能将其称作科学著作。美国学者艾朗诺（Ronald Egan）也在《美的焦虑》中以《洛阳牡丹记》为重点谈及花卉谱录[3]。他更注重牡丹谱中所体现的宋代士大夫的审美观。

本章分为两个部分。第一部分首先从“谱”“谱录”等词语的词史着手，说明宋代植物谱录的产生背景，其次简单分析以“记”“志”“经”“史”“品”等命名的作品；第二部分通过宋代以前的《竹谱》《南方草物状》《茶经》等与植物相关的著作，探索宋代植物谱录涌现的时代背景。

[1] WYLIE A. Notes on Chinese Literature: With Introductory Remarks on the Progressive Advancement of the Art; And a List of Translations From the Chinese Into Various European Languages [M]. Shanghai: American Presbyterian Mission Press, London: Trübner & Co., 1867: 119-124.

[2] NAPPI C. The Monkey and the Inkpot: Natural History and Its Transformations in China [M]. Cambridge, MA: Harvard University Press, 2009: 25-26, 169.

[3] EGAN R. The Problem of Beauty: Aesthetic Thought and Pursuits in Northern Song Dynasty China [M]. Cambridge, MA: Harvard University Press, 2006.

◎ 第一节　与谱录相关的文献体裁

德国汉学家玛蒂娜·斯柏特对谱录类著作在目录学上的历史演变、发展过程做了深入整理研究。她清晰地阐述了中国各家目录中的谱录的定义等。

本节以她的研究为基础，进一步研究宋代以前的谱录著作，将从“辞赋”“谱牒”以及“方物志”三个方面分析谱录类著作的历史，并试着阐明“谱”的字义及其内涵。

◆ 辞赋

如前章所述，早期辞赋作品中罗列了许多植物名称，如司马相如的《上林赋》、扬雄的《蜀都赋》、班固的《两都赋》等。西晋文人左思（约250—305年）所作的《魏都赋》《吴都赋》《蜀都赋》中，也有许多当地特产植物的名称。谢灵运晚年对自己的私园咏作《山居赋》作序并自注（424年）。谢灵运像前人作赋一样，首先列举了各种植物名称，其中包括药用植物。

谢灵运在自注中充分利用了他的本草知识。《山居赋》的一个重要特点就是自注，钱锺书从文学史的角度关注了这一点[1]；日本专家橘英范对《山居赋》的自注进行了阐述，并总结了前人的研究[2]。笔者认为，在早期辞赋的作者单纯罗列植物名称时，一方面很重视其形式、音韵，另一方面却不详细描述植物，仅用多种植物名称使作品变得丰富多彩。到了六朝，不少文人对仙药（又

[1]钱锺书．管锥编[M]．北京：中华书局，1979：1285-1292．

[2]橘英範．謝霊運『山居賦』の自注について[C]//中国中世文学研究森野繁夫博士追悼特集．2014，63+64：46-61．

名“上药”）、本草学产生了浓厚的兴趣，从而开始关注每种植物的特点。因此，谢灵运不满足传统的名称列举方式，“自注”中出现了对植物的详细注释。

早期的辞赋中出现了咏物的文学作品，如《橘颂》《李颂》《兰赋》等。三国时期，钟会作《菊花赋》，到六朝时期，《百合诗》《菊花赋》《芍药花颂》《蜀葵赋》《蔷薇诗》《木兰赋》《竹赋》《荈赋（茶赋）》等咏物文学作品广为吟诵。这些作品以植物之美为主题，赞赏了当时人们观赏的植物。

《芍药花颂》为晋代辛萧所作。这篇颂可谓《诗经》出现以来最早的芍药观赏记录。据《隋志》记载，辛萧是晋散骑常侍傅伉（或称傅统）之妻，曾撰《辛萧集》一卷，但未见于隋朝藏书中[1]。初唐《艺文类聚》中引用了她的《芍药花颂》《菊花颂》《燕颂》三篇颂歌[2]。《旧唐志》及《新唐志》均未收录《辛萧集》。除了上述三种，她的作品都散佚了。从仅存的几篇作品来看，辛萧似乎擅长作咏物诗。在《芍药花颂》中，她生动地描述了芍药的繁茂之状以及叶绿花艳的婉媚娇容之态，这些均符合现今芍药的特征。与汉代文献记载不同，这篇颂明确地描述了芍药的形态特征，从中可知晋人将芍药作为观赏花卉种于房前屋后。

除了辛萧，还有不少晋代文人都颇重视自然之美，如谢灵运的山水诗，陶渊明的田园诗等。晋代文人的观点与汉代文人的不同，因而也出现了不少针对某一种植物的“赋”。例如梁王筠（481—549年）曾作《芍药赋》（已佚）[3]。遗憾的是，大量颂赋已经失传，我们无法得知文人如何

[1]魏徵，等．隋书：4[M]．修订本．北京：中华书局，2019: 1216.

[2]欧阳询．艺文类聚（附索引）[M]．汪绍楹，校．上海：上海古籍出版社，1985: 1383（芍药花颂），1392（菊花颂），1599（燕颂）.

[3]姚思廉，等．梁书[M]．北京：中华书局，1973: 484.

描述芍药，只能从题名得知芍药是当时被重视的观赏植物。

南北朝时期，戴凯之编撰了《竹谱》（图 2-1）。他对竹的性质进行了详细的记载：

植类之中，有物曰竹。不刚不柔，非草非木。小异空实，大同节目。或茂沙水，或挺岩陆。条畅纷敷，青翠森肃。质虽冬蒨，性忌殊寒。九河鲜育，五岭实繁。[1]

[1] 戴凯之．竹谱［M］//左圭，辑．百川学海．日本宫内厅书陵部藏本．1273：乙集．

《竹谱》的主要部分由以四字短句为基调的骈体文构成，继承了辞赋的特征。戴凯之对每八个字句以自注形式进行解释，这种做法正如谢灵运在《山居赋》中的自注方法。比如，对“小异空实，大同节目”一句，其

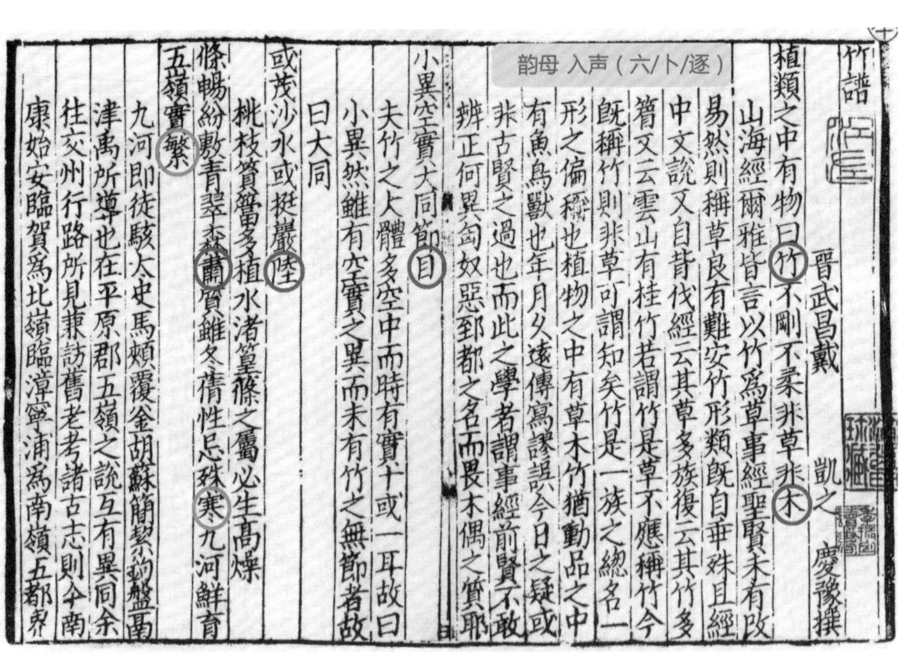

竹譜

晉武昌戴　凱之　慶豫撰

植類之中有物曰竹不剛不柔非草非木

山海經爾雅皆言以竹爲草事經聖賢未有改易然則稱草良有難安竹形類既自乖殊且經中文說又自背伐經云其草多族復云其竹多箭又云雲山有桂竹若謂竹是草不應稱竹今既稱竹則非草可謂知矣竹是一族之總名一形之偏稱也植物之中有草木竹猶動品之中有魚鳥獸也年月久遠傳寫謬誤今日之疑或非古賢之過也而此之學者謂事經前賢不敢辨正何異匈奴惡郅都之名而畏木偶之質耶

小異空實大同節目

夫竹之大體多空中而時有實十或一耳故曰小異然雖有空實之異而未有竹之無節者故曰大同

或茂沙水或挺巖陸

桃枝篔簹多植水渚篁篠之屬必生高燥

條暢紛敷青翠森肅質雖冬蒨性忌殊寒九河鮮育五嶺實繁

九河即徒駭太史馬頰覆釜胡蘇簡絜鉤盤鬲津禹所導也在平原郡五嶺之說互有異同余往交州行路所見兼訪舊老考諸古志則今南康始安臨賀爲北嶺臨漳寧浦爲南嶺五都界

图 2-1　戴凯之《竹谱》第 1 页。《中华再造善本·百川学海》所收本

注：图像源自《百川学海》，左圭辑，北京图书馆出版社 2004 年版，第 57 册，第 1 页。

自注为“夫竹之大体多空中，而时有实，十或一耳。故曰小异，然虽有空实之异，而未有竹之无节者。故曰大同。”从这一点来看，戴凯之在《竹谱》中运用了辞赋的技法。

到了唐代，很多诗人也仍然创作以植物为主题的赋[1]。其中多为初唐、盛唐时期的作品，反映了六朝遗风，也可以说处于《楚辞·橘颂》的咏物辞赋的脉络上。

宋代除了许多植物谱录，还出现了欧阳修的《荷花赋》（欧阳修另作以昆虫为主题的《鸣蝉赋》），范成大的《荔枝赋》等辞赋作品。虽然范成大的《荔枝赋》内容不得而知，但至少可以知道文人为荔枝作赋的传统持续到南宋。

[1] 例如，舒元舆的《牡丹赋》、许敬宗的《竹赋》、王勔的《百合花赋》、王勃的《采莲赋》《青苔赋》、崔融的《瓦松赋》、杨炯的《幽兰赋》《庭菊赋》《青苔赋》、宋之问的《秋莲赋》、苏颋的《长乐花赋》、张九龄的《荔枝赋》、李华的《木兰赋》、萧颖士的《莲蕊散赋》、吴筠的《竹赋》、独孤授的《蟠桃赋》等。

◆ 谱牒

戴凯之的《竹谱》虽有着辞赋的性质，但不称作“赋”而称作“谱”。比起文学性，《竹谱》更加重视的是记录性。

“谱录”一词原来是指谱牒。谱牒是明示家系、血缘，列举祖先主要业绩的档案式文书。曹魏实施九品中正制（也称九品官人法）后，家世门第开始对官职的录用产生至关重要的影响。因此，各种各样的谱牒开始被肆意滥造，在当时甚至还出现了专门研究整理这种混乱的谱学。在随后的图书目录《隋志·谱系》中，混杂着 38 种谱牒，收《钱谱》《钱图》（顾烜撰）及《竹谱》等各 1 卷，共有 3 种谱录。

在谱牒的撰著方面，东汉有郑玄撰《毛诗谱》《丧服谱》、三国时期有张揖撰《古今字诂》、南北朝时期有沈约撰《四声谱》、简文帝萧纲撰《马槊谱》《弹棋谱》、萧吉撰《乐谱》等。《汉书·艺文志》著录历谱18部，共606卷：

历谱者，序四时之位，正分至之节，会日月五星之辰，以考寒暑杀生之实。故圣王必正历数，以定三统服色之制，又以探知五星日月之会。凶阨之患，吉隆之喜，其术皆出焉。此圣人知命之术也……[1]

但这些著作只因著述方式而称“谱”，其主题却互不相关。《隋志》中称“谱”之书大多为谱牒，归于“谱系”。而其他的谱按照各自主题归类。另有《竹谱》等3本书，因无法归类，姑且置于“谱系”。结果，“谱系”中，除此3部书外，其他38种书都是谱牒。另外，《隋志·五行类》著录有王良的《相牛经》《相鸭经》《相鸡经》《相鹅经》等动物专著，还有《隋志·医方类》著录有《疗马方》《治马经》《治马经图》《杂撰马经》《马经孔穴图》等兽医书。从中可知，当时相书归于杂占、术数类，马医书归于医方类。《唐志》将《竹谱》等书自“谱系”移到农家类；将《茶经》《煎茶水记》归于“小说类”。可见，至《唐书》编撰的时候，在目录上谱录类著作尚未形成专门目录。

通过追溯“谱”的字义，可以探知“谱录”的变迁过程。据考，“谱”字在春秋战国时期的书籍中还未见，西汉司马迁所著的《史记》中始见此字，如“臣迁谨记高祖以来至太初诸侯，谱其下益损之时，令时世得览”[2]。应劭集解《汉书》，将“谱”字注为“谱，音补”，《汉

[1] 班固，颜师古．汉书[M]．北京：中华书局，1962: 1767.

[2] 司马迁．史记[M]．裴骃，集解．修订本．北京：中华书局，2013: 964.

书》如淳注亦将之注为“补”，解释为“世统谱谍也”。由此推知“谱”字大约西汉时才出现，所以当时需要特地添加注音。虽然东汉初许慎在《说文解字》（约100年）中未收“谱”字，但东汉中期的刘熙在其《释名》中解释道：“谱，布也。布列见其事也。”[1]（图2-2），这里已经出现“谱”的字义。三国时期魏人张揖撰的《广雅》提道：“谱，牒也。”[2]南唐高官徐铉（916—991年）随李煜投降于宋朝后，受诏令主持校订《说文解字》时收“谱”字，解释为“籍录也”，即做记录的意思[3]（图2-3）。“谱”字在《史记》中除了“做记录”的用法外，又见“谱牒”等名词，“谱”指依照事物类别系统记述的表册。考虑到字的古音以及解释，笔者认为，“谱”字含有“系统对某一对象的记事”之意。

东汉末年，由于九品中正制的实施，官员多选自贵族，形成了所谓“上品无寒门，下品无士族”的一种特殊身份门第观念。门第（出身）等级不仅影响官位，还影响婚姻等社会人际关系[4]。贵族们自己修编谱牒以便确定自家的等级高下，这就使得当时涌现出了很多真假混杂的谱牒。“谱学”这一新的学科开始出现。“谱学”就是为了方便了解更多精确且更客观的谱牒间脉络关系而整理研究谱牒的学科。此时的谱系不包含《竹谱》等植物谱录。

在南北朝高谅的《亲表谱录》、唐代李林甫的《唐新定诸家谱录》等书名中亦看到“谱录”一词。由此可见，自南北朝至唐朝，谱字主要指“谱牒”（即家谱）[5-6]。至宋初仍然有一些贵族阶层的人物注重编纂自家的谱牒。

[1] 刘熙. 释名[M]. 江南图书馆藏嘉靖翻宋本影印//四部丛刊初编: 0021. 上海: 商务印书馆, 1922: 卷5a（卷6）.

[2] 张揖, 王念孙. 广雅疏证[M]. 北京: 中华书局, 1983: 162.

[3] 许慎, 徐铉, 等. 说文解字[M]//四部丛刊初编: 0066. 上海: 商务印书馆, 1922: 一七a(说三上).

[4] 内藤湖南(虎次郎). 中国史通论[M]//夏应元, 选译. 内藤湖南博士中国史学著作选译. 北京: 社会科学文献出版社, 2004: 305.

[5] 魏收, 等. 魏书[M]. 北京: 中华书局, 1974: 1263（卷57）.

[6] 欧阳修, 等. 新唐书[M]. 北京: 中华书局, 1975: 1500（卷58）.

图2-2　唐抄本《玉篇·谱》(543年)，顾野王撰。日本早稻田大学图书馆藏

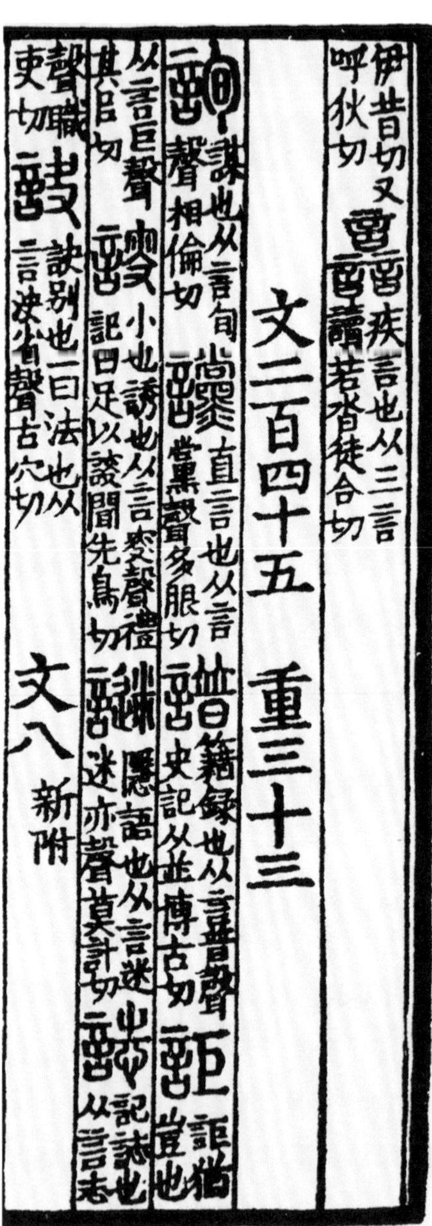
伊昔切又呼狄切
譶 疾言也从三言讀若沓徒合切
文二百四十五　重三十三
詢 謀也从言旬聲相倫切
讜 直言也从言黨聲多朗切
譜 籍録也从言普聲史記从並博古切
詎 詎猶豈也从言巨聲其呂切
諺 小也誘也从言叜聲禮記曰足以諺聞先鳥切
謎 隱語也从言迷迷亦聲莫計切
誌 記誌也从言志聲職吏切
訣 訣别也一曰法也从言決省聲古穴切
文八　新附

图2-3　静嘉堂本北宋版《说文解字·言部·新附》

注：图像源自《四部丛刊初编0066：说文解字》，许慎，徐铉，等，上海书店出版社1922年版，说三上一七a。

谱牒在史学方面有其重要性，可为后人提供很多有价值的史料。以五代十国时期吴越国后人钱惟演为例，其父是吴越国君钱俶，吴越降于宋朝时钱惟演仅 12 岁，后来与宋朝皇室建立姻亲关系，在宋朝享受贵族的厚遇。可以说，对钱惟演而言，谱牒是记录其出身和发迹之地的重要工具。钱惟演颇重视谱牒，后来以钱镠撰写的《大宗谱》为基础，修成了《钱氏庆系谱》。

不过，在北宋时期，社会阶层结构正逐渐发生变化，科举及第的士大夫逐渐取代衰微没落的贵族阶层而登上历史舞台。此阶层结构的转型，使得诸多北宋人漠视谱牒，以致几乎无人修补谱牒，谱学近乎跌入绝学的深渊。欧阳修目睹谱学衰退不禁感慨：

唐世谱牒尤备，士大夫务以世家相高。至其弊也，或陷轻薄，婚姻附托，邀求货赂，君子患之。然而士子修饬，喜自树立，兢兢惟恐坠其世业，亦以有谱牒而能知其世也。今之谱学亡矣，虽名臣巨族，未尝有家谱者。然而俗习苟简，废失者非一，岂止家谱而已哉！[1]

欧阳修强调谱牒的重要性，提倡修谱，并亲自调查、修撰了《欧阳氏谱图》。欧阳修修谱的意图显然与钱惟演不同，其曾参与过唐朝史书的重修、《五代史》的编撰等工作，切身体会到谱牒的史料价值及其所具有的教育价值，但欧阳修无法阻止谱学的衰退。于是，“谱录”一词的主要含义从“谱牒”逐渐转变为“专明一事一物者，皆别为谱录”[2]。北宋周师厚在《洛阳花木记》一书中写道：“博求谱录，得唐李卫公《平泉花木记》、范尚书、欧阳参政二谱。”[3]此处，“谱录”已用于指花卉书籍。

[1] 欧阳修．欧阳修全集［M］．李逸安，校点．北京：中华书局，2001: 2146

[2] SIEBERT M. Pulu 谱录 Abhandlungen und Auflistungen zu materieller Kultur und Naturkunde im traditionellen China［M］. Wiesbaden: Otto Harrassowitz Verlag, 2006: 27.

[3] 陶宗仪．说郛［M］．涵芬楼本．张宗祥，辑．北京：中国书店，1986: 卷 26.

随着谱学的衰落，新兴的志物专著逐渐取代了原来的谱牒，成了谱录类著作中的主流。

◆ 方物志

如上所述早在汉代就有杨孚的《异物志》等记载南方产物的方物志出现。魏晋南北朝时期出现了徐衷的《南方草物状》（该书内容不限于植物，还包括动物和矿物）等。尤为瞩目的是南康太守戴凯之的《竹谱》，该著作内容专注于竹子，记录了他在江西等地任职时辨识的各种竹子。这样具有很强专题性的著作史无前例。所以，可以说《竹谱》有着方物志的一面，但它的专题性强，脱离了方物志的范畴。到宋代，涌现出不少植物谱录类著作。与方物志相比，这些谱录类著作专题性更强，内容常仅限于某一种（或一类）植物。

《南方草物状》这一类方物志后来依然有延续，出现了宋祁的《益部方物略记》（1057 年）、范成大的《桂海虞衡志》（约 1175 年）、周去非的《岭外代答》（1178 年）等著作。不过，如郑樵的《通志》等，内容已不限于当地的产物，逐渐演变为一部体量庞大的书。随着宋代出版业的繁荣，各个地方的政府都会编撰地方志。地方志不是宋代才出现，唐代已有李吉甫编的《元和郡县图志》（成书于 813 年）。翻看现存的各地地方志，宋代的地方志已经有详细的产物记载。于是，以往的方物志逐渐被地方志吸收。明清时编撰地方志的风气日益盛行的同时，方物志不断衰落，已不多见。

◆ 常见谱录文献题名

古代植物谱录的书名不止以“谱”命名，还有“经”“品”“记”“录”等。例如，“志”如方物志（“志”通“记”）记录某些地方的产物，“史”记载某些主题的历史、事迹，“经”这种命名多见于动物专著。宋代对后接词区分并不严格，但还是有不同的倾向。早期的植物专著多不以“谱”命名，除了赞宁撰的《笋谱》之外。下面对谱录书名的各种后缀进行分析。

【经】 宋代以前有不少关于通过外貌特征鉴定禽兽的动物专著。马王堆汉墓出土的汉简中有《相马经》。《隋志·五行类》著录有王良的《相牛经》《相鸭经》《相鸡经》《相鹅经》等动物专著，还录有《鹰经》《蚕经》《养鱼经》等动物专著[1]。动物专著多以“经”字为名，含有经典之意。除此类以外，以“经”为名的还有《道德经》《山海经》等文献，《汉志》中也有《周髀算经》《黄帝内经》等。药物书则有《神农本草经》，本草学是以它为基础发展起来的。汉代的医书《素问》《灵枢》被后世人戴上了“黄帝内经”的帽子[2]。为强调其权威性[3]，以“经”为名的著作撰者多为未详或假托传说之人，隐匿了实际撰者，以神秘性和权威性促进流通。

[1] STERCKX R. The Animal and the Daemon in Early China [M]. Albany: State University of New York Press, 2002:21-29.

[2] 真柳誠. 黄帝医籍研究 [M]. 東京：汲古書院，2014.

[3] 如洪兴祖所说：“古人引《离骚》未有言经者，盖后世之士祖述其词，尊之为经耳。”

这一点与“谱”之性质大相径庭。但后来这种命名法失去了这种效果。在唐代，陆羽的《茶经》、陆龟蒙的《耒耜经》等已经不隐藏实际作者的身份了。宋代朱肱的《北山酒经》、南宋末贾似道的《促织经》也是如此。

东京学艺大学的高桥忠彦教授在其一篇《茶经》研究论文中，通过《新唐志》所载的各种书名来分析含“经”字书名的特点和“经”字的含义。他认为：

大约陆羽生活的时代，“经”一般是指技术科学（当然包括像“五行类”这样的拟似科学）的文献。而且，像《茶经》那样，“经”字前面仅有一个字的书名较多；卷数较少、1~3卷的著作多。从各种角度来看，《茶经》是典型的。[1]（笔者中译）

[1] 高橋忠彦．中国喫茶文化と茶書の系譜［M］．東京学芸大学紀要：人文社会科学系，2006，57：209-221.

另外，宋代以前的学者怀有较强的“疏不破注”的传统学术思想，所以对于典籍更寻求其权威性。而宋代“疑经”“理学”等学术思想的变化，使得宋代文人比前人更注重“实事求是”的治学态度。这是宋人避忌“经”字的一个因素。所以，宋代的动植物专著中比较少见以“经”为名的书，而多以“记”“谱”“录”给书命名。

【品】　在植物谱录中，少数有以“品”名之者，如《越中牡丹花品》《冀王宫花品》《吴中花品》（又名《庆历花品》）等。钱惟演曾对欧阳修说过“欲作花品”。这类著作的内容往往包含“品级”“品第”的意思。这些作品的撰者对各种植物（主要是牡丹的各品种）划分等级。因不知书的真面目、结构等，这些著作均不存于后世。但其他谱录著作中往往有品第的篇章，因而可以推测大概是以列举品第为主的文献。

【录】 “录”的字义含有“辨别而记”“仔细选定、采用”等意思，犹如“录用”。《橘录》《茶录》等可为此类。或许可以说，这种著作的内容较强地反映撰者个人的主观看法。

【记】 在陆续出现“花品”的情况下，也出现了如欧阳修的《洛阳牡丹记》、沈立的《海棠记》、周师厚的《洛阳花木记》等许多以“记”为名的书。“记”是一时的短篇记录，往往是石刻碑文。陶渊明撰写过一篇“记”，即《桃花源记》，全文仅有321字。白居易亦作《养竹记》。欧阳修在洛阳待了4年撰写《洛阳牡丹记》后，未再写牡丹谱；沈立在蜀地做官时写下了《海棠记》。这些著作都是撰者在驻留异地时完成的。今天我们所说的“游记”，较明确地表明了这种“记”的特点。

【谱】 正如上述的谱牒一样，谱类作品一般会不断地补充内容。如苏易简的《文房四谱》（986年）、欧阳修的《砚谱》及蔡襄的《墨谱》等，作者时常收集文房四宝的珍品，所以书中内容不断增多。赞宁的《笋谱》、蔡襄长期搜集各种荔枝撰写而成的《荔枝谱》也是如此。

因此，撰者作自序的时间并不代表其谱的成书年份。例如《桐谱》自序写于皇祐元年（1049年），书中内容却主要是其后的事情。也有撰者作自序后再添加内容，进行修改等。所以，不能简单把作序时间看作成书的时间。

大约北宋中后期，私营书坊擅自将欧阳修的《洛阳牡丹记》改名为《洛阳牡丹谱》出售，此版本于士大夫之间流传极广。后代的士大夫们似乎受到这个版本的影响，将“记”类的著作也称作“谱”。比如，南宋陆游曾仿效欧阳修作一部谱录，但书名却是《天彭牡丹谱》。以后的谱录著作多以“谱”字命名。“谱”的字义逐渐扩大，包含了“记”类著作。

◎ 第二节 南北朝时期的植物谱录

南北朝时期戴凯之的《竹谱》一般被视为最早的植物谱录。然而，赞宁在《笋谱》中曾转引了王献之的《竹谱》。此书成书比戴凯之的早约一百年。早期植物和农书专著中，《南方草木状》《齐民要术》受到学界高度重视。《南方草木状》是一部长期存在争议而其真实性至今未得到公认的文献，因而本书暂且不深入分析《南方草木状》。《齐民要术》中虽然有水稻、种梅、种竹相关的记载，但几乎没有对花卉等植物的记载[1-2]。下面简要介绍《竹谱》《南方草物状》《园庭草木疏》《平泉山居草木记》等相关作品。

[1]贾思勰在《齐民要术》的序文中写道："花草之流，可以悦目，徒有春花，而无秋实，匹诸浮伪，盖不足存。"因此可知他未采录花卉植物。

[2]李翱（772—841年）的《五木经》有"樗蒲古戏，其投有五，故白呼为五木。以木为之，因谓之木"等语，显然不是植物专著，而是一部记载游戏玩法的书。

◆ 王献之《竹谱》

如前所述，宋初的赞宁在《笋谱》中转引王献之的《竹谱》，云："会稽箭竹，钱塘扶竹。葢此双竹即扶竹也。譬犹东之地产桑，两两并生，谓之扶桑矣。（今详……）。"在古代文献中，普遍出现引文末尾不清楚的情况。但在其他条文中也出现"今详"，"今详"以下似乎是赞宁的自注部分。那么，王献之的《竹谱》大概也跟戴凯之的作品一样，主文是四言对句，间有撰者自注。

晋代著名书法家王献之（344—386年），字子敬，是王羲之之子。王献之去世60年后，戴凯之才赴任南康相。若如赞宁所看到的，《竹谱》确是王献之笔下的作品，则"第一部《竹谱》"的称号需要改戴到王献之的"《竹谱》”的头上。

王羲之一家生活在会稽（绍兴），著名的《兰亭集序》所记即在“会稽山阴之兰亭”，其中也有“茂林修竹”一句。著名的竹林七贤传说也在江南地区，因而可知江南自古以来就有着浓厚的竹文化积淀。《世说新语·简傲篇》中也载有王献之听闻顾辟疆家有名园，便前往观看的故事[1]。《简傲篇》还载有另外一则有趣的故事：王献之之兄王徽之经过吴中时，获知某士大夫家里有极好的竹林，即前往拜访。主人知道王徽之来访就清扫庭院，准备迎客。可是，王徽之看完竹林后就打算径直离开，最后还是主人命人关上门，这才留住了他。又据《任诞篇》，王徽之暂居时令人种竹。有人就问他居住一时为何还要种竹。王徽之说了很多，最后指着竹子说：“何可一日无此君？”

不过，《世说新语》的内容不能全部看作是史实，不一定反映历史人物的真貌。再者，戴凯之《竹谱》《艺文类聚》《四时纂要》等书籍，及《隋志》等图书目录均未著录王献之的《竹谱》。王献之是否著有《竹谱》尚不确定。此书原来或许作为书法作品流传，但《宣和书谱》等书法作品目录中也没有记录。除了赞宁以外，没有人提到此书。目前，王献之撰写《竹谱》一说缺少充分而确凿的根据，但笔者认为不排除“王子敬”另有其人的可能性，俟后人详察。

[1] 刘义庆．世说新语校笺[M]．徐震堮，校．北京：中华书局，1984：416-417.

◆ 戴凯之《竹谱》

《竹谱》为南北朝时期戴凯之撰。在《百川学海》中，原题为“晋戴凯之”撰。麦克·J.哈格蒂在1948年发表《竹谱》英译本时，也引用王谟（1731—1817年）的《竹谱跋》等前人的研究成果，判断戴凯之为南朝宋人[1]。据《宋书·邓琬传》所载，泰始二年（466年）戴凯之担任南康相。

戴凯之书中对竹的性质进行了详细的记载。比如他在“植类之中，有物曰竹。不刚不柔，非草非木”的自注中写道：

《山海经》《尔雅》皆言以竹为草，事经圣贤，未有改易。然竟称草，良有难。安竹形类既自乖殊，且经中文说又自背讹，经云：“其草多族。”复云：“其竹多篃。”又云：“云山有桂竹。”若谓竹是草，不应称竹。今既称竹，则非草可知矣。竹是一族之总名，一形之偏称也。植物之中有草木竹，犹动品之中有鱼鸟兽也。年月久远，传写谬误，今日之疑或非古贤之过也。而比之学者谓：“事经前贤，不敢辨正。何异匈奴恶郅都之名，而畏木偶之质耶。”[2]

《山海经》《尔雅》等古籍一直将竹归为草类，但戴凯之认为这不符合竹子的性质，说竹子不是草本，也不是木本，是第三类植物。哈格蒂曾经提到过，戴凯之的《竹谱》是最早关于竹子利用的论著，同时很可能是中国首部以某一类植物为对象的专著。但是，因未查明王献之是否撰出《竹谱》，笔者并没有否定哈格蒂的说法。戴凯之的

[1] HAGERTY M J. Tai K 'ai-chih Chu-p' u[J]. Harvard Journal of Asiatic Studies, 1948, 11(03,04): 372-440.

[2] 戴凯之. 竹谱[M]// 左圭, 辑. 百川学海. 日本宫内厅书陵部藏本. 1273: 乙集.

《竹谱》其实与当时南方的方物志、异物志等著作有相似的性质，借以“谱牒”的方式，记录了南方各地各种竹类植物。但与方物志、异物志不同，他专门记载竹子。可见，戴凯之的《竹谱》具有专门化、细分化的特点，是一部开拓性的著作。有人对其成书年代进行过探讨，推测《竹谱》大约成书于 470—490 年[1]。版本以《百川学海》为善。如今有杨林坤等的白话文翻译[2]。

◆【附】《南方草物状》（《南方记》《南方草木状》）

《南方草物状》为徐衷[3]撰，成书时间尚未清楚，但是可以确定早于《齐民要术》。从书中内容来看，与其将之视为一部“谱录”，不如将其视为一部方物志[4]。不过，方物志与植物谱录的关系很密切。

《百川学海》收载《南方草木状》，题为“晋永兴元年十一月丙子振威将军襄阳太守嵇含撰” ，共收载 80 种[5]。而《齐民要术》中多处引用《南方草物状》，却不见《南方草木状》。

胡立初早就在《齐鲁大学国学汇编》中发表了《〈齐民要术〉引用书目考证》，其中对《南方记》和《南方草物状》进行了详细的考证。

他首先指出历代目录无著录《南方草物状》，《太平御览》各部所引，或称《南方草物状》《南方草木状》，

[1] 芶萃华．戴凯之《竹谱》探析[J]．自然科学史研究，1991，10(04): 342-348.

[2] 杨林坤，等．梅兰竹菊谱[M]. 北京：中华书局，2010：113-196.

[3] “衷”各书引文有所不同，又一作“徐哀”。此外，还有“衷、衰、衮、裒”等可能。本书暂时统一为“徐衷”。

[4]《南方草木状》在《四库全书总目提要》中归于《史部·地理类·杂记之属》。

[5] 景印文渊阁四库全书：589[M]．台北：台湾商务印书馆，1983: 1.

似乎有两种原书。胡立初推测，嵇含写的书叫作《南方草木状》，徐衷的书叫《南方草物状》。《南方记》或为《南方草木状》，《齐民要术》所引的《南方草物状》应为徐衷所作的一卷书。今本嵇含《南方草木状》乃后人摄辑类书以成之，间或误入徐衷所记的文字，宜其不与《齐民要术》所引者相应矣[1]。如此，胡立初认为徐衷、嵇含分别撰写了方物志。

茍萃华编嵇含年谱[2]，吴万春根据吴德邻和李惠林两人的研究，整理《南方草木状》的植物名称和对应的拉丁名[3]。据罗桂环等学者考察，可以判断今本《南方草木状》是成书于南宋的辑佚本[4]。

《南方草物（木）状》的来历尚不明确。这里不根据现行本的《南方草木状》，而主要以《齐民要术》《艺文类聚》《太平御览》等文献中的《南方草物状》佚文为主进行分析。根据那些佚文[5]，《南方草物状》实际上是一种方物志[6]，其内容不限于植物，还包括鱼类、鸟类、哺乳类等动物，甚至还有“珠”“铁”“赤土”等非生物物质。

《太平御览·经史图书纲目》中分别载有“徐衷《南方草物状》”及“徐衷《南方记》”，而未提及嵇含的《南方草木状》。今本《南方草木状》的内容只有植物的记载，并且撰者署名为“嵇含”。《太平御览》卷九六〇载（图2-4）：

徐衷《南方记》曰：“都桶树，二月花仍连实七月熟如卵。”

《魏王花木志》曰：“《南方草物状》都桶树，野生

[1]胡立初.《齐民要术》引用书目考证[J].国学汇编，1934，2: 90ab.

[2]华南农业大学农业历史遗产研究室.南方草木状国际学术讨论会论文集[C].北京：农业出版社，1990: 258-271.

[3]同[2]248-257.

[4]罗桂环.关于今本《南方草木状》的思考[J].自然科学史研究，1990，9(02): 165-170.

[5]《齐民要术》卷十：刘树、甘薯、椰、宾郎、鬼目树、橄榄树、益智子、桶子、豆蔻树、优殿、由梧竹、沈藤、都桷树、都咸树、夫编树、都昆树。《初学记》：珠(27)、水猪鱼(30)；
《艺文类聚》：浮瑷藤(82)、益智子(87)、蕉树子(87)、枫香树(89)、果然兽(95)、狌狌(95)；
《太平御览》：黄屑(766)、珠(766)、铁(813)、猩猩(908)、番鸠(924)、短头细黄鱼(924)、越王鸟(928)、孔贵(928)、金吉鸟(928)、羽鸟毛(928)、白鳣(937)、水猪鱼(939)、短头细黄鱼(940)、水马(950)、文木树(960)、都桷树(960)、宾郎树(971)、漏荣树(971)、益智(972)、桶子木(972)、刘(973)、甘薯(974)、蕉树子(975)、优殿(980)、藿香(982)、栈香(982)、栟香(982)、赤土(988)、浮沉藤(995)。还有《全芳备祖》有1则《南方草木记》的引文。（以上括号内的数字表示所载卷次）

[6]缪启愉也已经指出《南方草物状》有这种特点。

常不爲之瑞木　夫漏
徐衷南方記曰夫漏樹野生三月華五六月成子如朮有
莢着猪肉雜鴨羮中好可食亦中監藏
都桶
徐衷南方記曰都桶樹二月花仍連實七月熟如卵
魏王花木志曰南方草物狀都桶樹野生二月花色仍連
着實八九月熟子如鴨卵民取食之其皮核滋味酢出九
眞交趾
都咸
徐衷南方記曰都咸樹子大如指取子及樹皮曝乾作飲
芳香
千歲
御覽九百六十　九　任宏
袁山松宜都山川記曰佷山有異木人無見其朽者其名
曰千歲蓁似棗色似桑冬夏青貞強少節目
愼火
南越志曰廣州有大樹可以御火山北謂之愼火或謂戒
火多種屋上以防火
勝火
伏琛齊地記曰東武城東南有勝火木方俗音曰挺子其
木經野火燒炭不滅故東方朔謂爲不灰之木
左思齊都賦曰勝火之木衡水之草
播移
林邑記曰播移樹柯節發根下垂虛中森羅望之以懸髪
太平御覽卷第九百六十

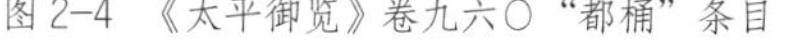

图 2-4　《太平御览》卷九六〇“都桶”条目

注：图像源自《太平御览》，李昉，等，台湾商务印书馆 1980 年版，第 4263 页。

二月花色仍连着实八九月熟子如鸭卵，民取食之。其皮核滋味酢出九真、交趾。”[1-2]

通过比较可以看出，徐衷《南方记》和《南方草物状》两书对“都桶树”的记载颇为相似。《齐民要术》卷十中也有《南方记》的引文七则[3]。由此推之，徐衷的原书好像在抄写传世的过程中，内容被后人篡改，部分内容被摘录出来，由此而成另一本书。《南方草物状》《南方草木状》好像皆为此类。至少我们可以知道，徐衷原书的成书早于《魏王花木志》《齐民要术》等，内容为地方物产。《本草拾遗》中见徐衷《南方记》的引文[4]，

[1]《太平御览》卷九六一载：“《魏王花木志》曰《南方记》石南树……”

[2] 李昉，等．太平御览［M］．台北：商务印书馆，1980：4263.

[3]《齐民要术》卷十：乙树、州树、前树、石南、国树、楮、榁。

[4] 陈藏器．本草拾遗辑释［M］．尚书钧，辑释．合肥：安徽科学技术出版社，2002：281.

《海药本草》中见徐衷《南方记》的引文（通草、风延母、荜茇、白附子、海蚕沙、都角子）[1]。这些引文估计也源自徐衷的原书。

对《南方草木状》的早期研究，上海图书馆收藏有一部无名氏所作《南方草木状图》的清稿本（上海历史文献图书馆旧藏，图 2-5、图 2-6），每页几乎都有彩色植物绘图，共有 30 页 60 种植物，缺少水莲、水蕉、草麹等绘图。每页都有“平斋考藏金石文字印”“吴平斋五十岁小景”等清朝书画家吴云（1811—1883 年）的藏印。商务印书馆于 1955 年出版的《南方草木状》排印本转载《南方草木状图》的黑白图。此外，上海图书馆还收藏了清人谢思纶著的《南方草木状集证》一册四卷，谢思纶详细考证了《南方草木状》所载植物[2]。

在日本，随着江户时期本草博物学的发展，《南方草木状》也受到本草家的重视。20 世纪末，日本学者小林清市也曾研究了《南方草木状》。他的遗稿《中国博物学的世界》中包含《南方草木状》的译注，由樱井谦介对《南方草木状》作了解题[3]。广州的中医专家靳士英也对《南方草木状》作了大量考证，在由学苑出版社出版的《南方草木状释析》（2017 年）中发表了许多新观点[4]。虽然该书的底本选用了商务印书馆的排印本，但也很好地概括了前人对《南方草木状》的研究，详细地考证了所载植物。谢思纶、小林清市、靳士英的研究并没有互相借鉴。《南方草木状》还有深入研究的余地。

[1] 唐慎微．重修政和经史证类备用本草[M]．艾晟，张存惠，校刊．北京：人民卫生出版社，1957: 201, 215, 229, 279, 436, 479.

[2] 上海图书馆索书号：线普 464726。有名为“时壬辰秋八月朔旦静此庐主谨书”的序。谢思纶为嘉庆元年（1796 年）进士，因而可以推测壬辰为 1832 年。每卷题为“南方草木状集证卷第□ / 晋谯国嵇含悦道原本　瀓东布衣谢思纶子颖甫饔”。卷二末又署名为“瀓东布衣谢子颖校栞”。第四卷题为“补遗类 瀓东布衣子颖谢思纶撰”，收录梧桐子、文木、沈藤、筒子藤、野聚藤、科藤、鬼目自、都桷子、优殿、由梧竹等十种。

[3] 小林清市．中国博物学の世界［M］．東京：農山漁村文化協会，2003.

[4]《南方草木状释析》写道：“百本无‘南方草木状目录终’八字。”然而中国国家图书馆藏本、日本宫内厅藏本、陶子麟刻本均有此八字。

图 2-5 《南方草木状图》封面。上海图书馆藏

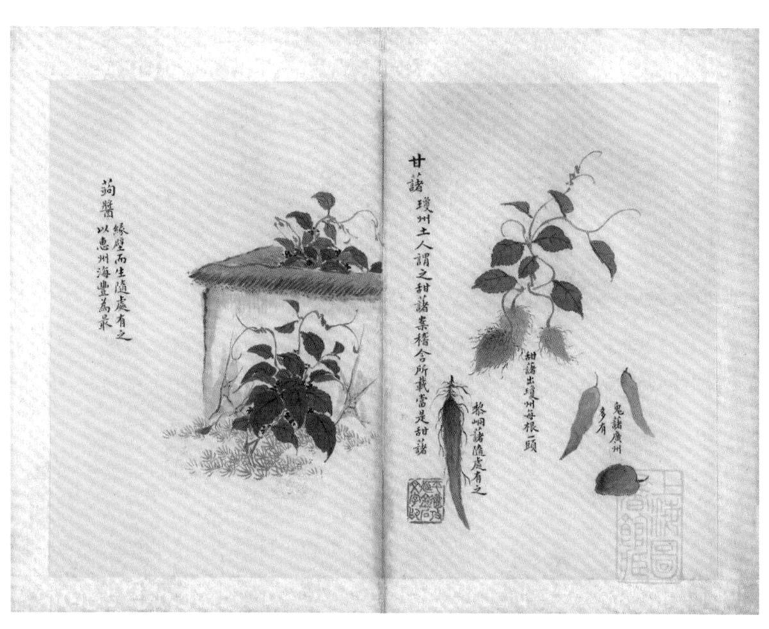

图 2-6 《南方草木状图》甘薯、蒟酱。上海图书馆藏

◆【附】《魏王花木志》

《魏王花木志》撰者佚名，一作“后魏元欣”[1]。此书初见于《齐民要术》（约530年）卷十的“君迁树”[2]一则中。可知，在贾思勰撰写《齐民要术》前已有此书。北魏第七位皇帝孝文帝（471—499年在位）大力推动汉化政策，施行均田制，将国姓“拓跋”改为“元”，孝文帝的原名“拓跋宏”也随之变为“元宏”。元欣的父亲是元羽（470—501年），为孝文帝元宏异母弟，太和九年（485年）被封为广陵王。中兴二年（532年），元欣继其父被封为广陵王。此时正处六镇之乱，北魏动乱。胡立初认为魏王即元欣：

> 案《北史·广陵王王羽传》云：“恭兄欣，孝武时复封广陵王。欣好营产业，多所树艺。京师名果，皆出其园。”考欣卒于恭帝世，时当南朝梁室末年。则所谓魏王者，殆即欣欤。[3]

不过，笔者认为，以《魏王花木志》为元欣所撰的判断存在几处问题。《说郛》称该著作撰者不详，当时已经彻底散佚了，清朝的《香艳丛书》却称其为元欣所撰，依据不足；如果《齐民要术》第十卷的完成时间是530年前，元欣当时尚未被封为广陵王；即使完成于532年之后，也正如王毓瑚所指出的[4]，广陵王似乎不能称“魏王”；从佚文来判断，书中的主要内容不是北方生长的果树等。潘法连根据《庄子·逍遥游》及《四时纂要》

[1] 虫天子．香艳丛书［M］．北京：人民文学出版社，1992：第5集，第2卷．

[2] “君迁树细似甘焦，子如马乳。”

[3] 胡立初．《齐民要术》引用书目考证［J］．国学汇编，1934, 2: 93b.

[4] 王毓瑚．中国农学书录［M］．第二版．北京：中华书局，2006: 25.

的记载，推测魏王是指战国时期有大瓠之种的魏惠王，并认为《魏王花木志》是一本假托书[1]。不过，《魏王花木志》并不专门记载葫芦类植物，据此笔者认为魏王未必是魏惠王。《魏王花木志》的真实撰者尚待考证。

《太平御览》中收录该书记载的 12 种植物[2]，《重较说郛》所收本载 16 种植物[3]，两书所载植物共 23 种（有 5 种重复），多为南方植物。《魏王花木志》《齐民要术》两书同样引《交州记》、徐衷的《南方记》《广记》，载“木豆”“楮子”“石南树”“木蜜树”等佚文。虽然《魏王花木志》的书名容易让人认为这是一部园林、花卉园艺方面的著作，但从上述那些零星佚文来看，未必如此，甚至有与《南方草物状》同属南方方物志的可能性。

[1] 潘法连．读《中国农学书录》札记五则［J］. 中国农史,1984(01): 93-96.

[2]《齐民要术》中未见而《太平御览》中可见的《魏王花木书》所载植物名——“木豆”“杭榔”“石南树”“娑罗树”“燕薁”“木蜜”“椭树”。

[3]《重较说郛》本《魏王花木志》应是辑佚本，可靠性较低。“黄辛夷”条中的：“卫公平泉庄有黄辛夷、紫丁香。”抄自《酉阳杂俎》。卫公（李德裕）平泉庄是唐代的庄园，《魏王花木志》成书早于此。只是《魏王花木志》佚文十分少见，还有《重较说郛》中的佚文有可能是从现在失传的文献中抄过来的，暂且参考《重较说郛》本。

◎ 第三节 隋唐至五代十国时期的植物谱录

隋朝灭了南朝陈后，南北分割的局面自此结束。文化的中心也转移到中原地区。隋朝的诸葛颖之所以编写《种植书》77 卷，可能就是为了隋炀帝（604—618 年在位）在东都洛阳建西苑做准备[1]。正如北宋李格非所述“天下之治乱候于洛阳之盛衰，洛阳之盛衰候于园圃之废兴”[2]，洛阳的园林象征着国家的盛衰。隋朝短暂，没有隋朝人写过植物谱录的记录。唐朝取代隋朝后，唐朝的园林也不断发展。于是，私家园林的主人列举了私家园林所种植的植物，进而编为植物谱录。另外，饮茶文化比以往更为流行，陆羽的《茶经》等茶书也随之出现。在唐代，饮茶习俗普及民间。当时的朝廷开始重视茶叶的管理，同时也开始征收茶税。根据《中国的茶书》[3]、布目潮沨的《中国名茶纪行》[4]、美国威廉·乌克斯（William H.Ukers）的《茶叶全书》[5]等前人研究，唐德宗建中元年（730 年）实行了茶税。安史之乱爆发，张巡与许远在睢阳城被叛军包围时（757 年），在粮食里掺入茶、纸、树皮充饥。这则故事告诉我们，人们固守城池时还在储备茶叶。可知，茶叶已经成为不可缺少的饮品。长庆元年（821 年），盐铁使王播上奏增收茶税。李珏表示反对并上疏，其曰：“茶为食物，无异米盐，于人所资，远近同俗，既祛渴乏，难舍斯须，田闾之间，嗜好尤切。”从中可以看出，当时饮茶习惯已经渗透到百姓的日常生活当中。大和九年（835 年）唐文宗将茶叶交易改为专卖制，实行了榷茶制。为此，还设了“榷茶使”的官职。大中十年（856 年），杨晔撰写了一部《膳夫经手录》（856 年 6 月成书），记载以植物食品居多。今传本似乎不全，

[1] 魏徵，等. 隋书[M]. 新校本. 北京：中华书局，1973: 63.

[2] 李格非. 洛阳名园记[M]// 王云五，编. 丛书集成初编：长物志及其他二种. 上海：商务印书馆，1936: 19.

[3] 布目潮沨，中村乔. 中国の茶書[M]. 東京：平凡社，1976: 21.

[4] 布目潮沨. 中国名茶紀行[M]. 東京：新潮社，1991.

[5] 威廉·乌克斯. 茶叶全书[M]. 依佳，刘涛，姜海蒂，译. 北京：东方出版社，2011.

恐是后人的辑佚本。但其中却有30多种茶叶的介绍，比起其他饮食品的记载，此书更为详尽地记录了茶叶及其产地[1]。

[1] 布目潮渢．唐代の名茶とその流通［M］// 布目潮渢．布目潮渢中国史論集．東京：汲古書院，2004: 171-200.

[2] 张固也.《园林草木疏》辨伪[J]. 中国典籍与文化，2009, 68（01）: 51-54.

[3] 欧阳修，等．新唐书［M］．北京：中华书局，1975: 1500.

◆《园庭草木疏》

《园庭草木疏》约成书于7世纪末，王綝撰，已佚。《新唐书》著录“王方庆《园庭草木疏》二十一卷”。王綝，字方庆（702年卒）。李德裕（787—850年）所撰的《平泉山居草木记》自序中提到《园庭草木疏》：“予尝览贤相石泉公（王褒）家藏书目有《园庭草木疏》，则知先哲所尚，必有意焉。”

李德裕虽然知道曾经有《园庭草木疏》，但没看到它。该书虽收于《重较说郛》，但是该版本应是伪书。今人张固也认为，该版本是从《酉阳杂俎》摘出条文而成的[2]。涵芬楼本《说郛》不收此书。从书名推测，《园庭草木疏》大概记载了园林中种植的植物。无论如何，李德裕在目录上看到过《园庭草木疏》，当时有这本书是可以肯定的。只是《重较说郛》确实有伪书混杂，不能轻易相信其中所谓的《园庭草木疏》。

王綝亦曾任朝廷要职，《新唐志》著录“王方庆《王氏家牒》十五卷，又家谱二十卷”[3]。他曾经修编过王氏家谱。除此之外，他还著有《新本草》41卷、《药性要诀》5卷。他的家谱、本草书均已失传。

◆《百花谱》（存疑）

《百花谱》旧题贾耽（730—805年）撰。沈立在《海棠记》中引过此书[1]。从书名及一则佚文来看，书中主要介绍各种观赏植物。王毓瑚介绍，明人王路《花史左编》又引《百花谱》，却为王禹偁（954—1001年）所撰[2]。潘法连也表示难以判定孰是孰非[3]。因为历代图书目录中不见《百花谱》，也不见贾耽撰出这一类著作的记录，笔者怀疑唐代是否真有此书。俟后考。

◆《茶经》（附：《顾渚山记》《茶记》）

《茶经》，盛唐时期（758—760年）（780年后可能有修补）[4-5]，陆羽撰。陆羽（733—803年），字鸿渐，复州竟陵人（今湖北省天门市）。陆羽儿时被遗弃，盛唐开元年间为西塔寺智积禅师所收养，不识父母、原姓。陆姓是智积禅师的俗姓。陆羽的卒年通常依《新唐书·陆羽传》的“贞元末卒”断为804年，然而近几年日本学者岩间真知子发现，石室祖琇的《隆兴佛教编年通论》（1164年）卷二十明确记载：“（贞元）十九年（803年），隐士陆羽卒。”[6]该书也有他书没有记述的陆羽交友轶事。北宋宋祁、欧阳修在重编唐朝史，增补《陆羽传》时，也未收录此故事（《旧唐书》未收《陆羽传》）。天宝

[1]《海棠记》已失传，但在陈思《海棠谱》、曾慥《类说》的引文中可见到。

[2]王毓瑚．中国农学书录［M］．第二版．北京：中华书局，2006: 42-43.

[3]潘法连．读《中国农学书录》札记五则［J］．中国农史，1984(01): 93-96.

[4]780年的可能有修补。布目潮沨核查《茶经》中出现的产地，确认了一些州县名在758—761年有所更改。笔者认为未必如此。陆羽在《自传》中列举的著作颇多，但驻湖州与皎然等交友时候的著作却所见无几，疑是陆羽本人或后世人的补写。《茶经》也如此。

[5]布目潮渢．茶経著作年代考［C］//布目潮渢．中国史論集：下．東京：汲古書院，2003: 121-133.

[6]岩间真知子．关于日本对《茶经》的吸收——记录陆羽的卒年与交友的资料等［C］．梁旭璋，译//中国国际茶文化研究会．茶惠天下——第十五届国际茶文化研讨会论文集萃．杭州：浙江人民出版社，2018: 361-371.

十四年（755年）安史之乱爆发，陆羽离开竟陵，先到巴山峡川认识当地的茶，后到了苕溪（今浙江省湖州市），与皎然（730—799年）、张志和（732—774年）相识。此间陆羽与当地文人清谈钻研文章，同时撰写了《陆文学自传》（761年跋）。据《陆文学自传》（被收于《文苑英华》）所记，当时也有不少著作，如《谑谈》3篇、《四悲诗》《天之未明赋》《君臣契》3卷、《源解》30卷、《江表四姓谱》8卷、《南北人物志》10卷、《吴兴历官记》3卷、《湖州刺史记》1卷、《茶经》3卷、《占梦》上中下3卷，并藏于褐布囊中[1]。大历七年（772年），颜真卿（709—784年）任湖州刺史，翌年为陆羽在妙喜寺旁建了三癸亭。陆羽又参加了颜真卿等所编的一部类书——《韵海镜源》共360卷的编撰工程。当时湖州出现了一种文学沙龙。

[1] 陆羽上元辛丑岁撰写《陆文学自传》的真伪存在争议。

陆羽将《茶经》3卷的内容分为10章。上卷包括“一之源”（起源）、“二之具”（工具）、“三之造”（饼茶制法），谈论采茶、加工方法及其工具、储存方法；中卷仅含“四之器”（茶具），介绍饮茶时需要准备的茶具；下卷是“五之煮”（烹煮的方法）、“六之饮”（饮茶的方法）、“七之事”（典故）、“八之出”（产地）、“九之略”（制造茶器的方法）、“十之图”（挂图示意）。《茶经》从烹煮方法谈起，讲究饮茶的方法。

陆羽记载了许多茶叶的产地及其等级。例如，山道（今湖北及其周围地区）产的茶分为四等，峡州产为上等，襄州、荆州产为次等，衡州产为下等，金州、梁州产为又下等。陆羽还介绍了淮南、浙西、剑南、黔中、江南、岭南等地的茶叶，但并未提及这些茶叶的高下。陆羽并未提及茶叶品种的不同，更多关注茶具、黄茶等，在他看来，与茶叶的品第和质量相比，烹煮的程序、器具对茶的香、味和口感的影响似乎更大。

《茶经》记录了许多茶叶产地，有“谱”“录”的特点，但不叫“茶谱”，而为“茶经”。首先要注意的是陆羽的出身，他是由西塔寺智积禅师抚养的，所以，要探讨他把自己的茶书命名为一部“经”的原因时[1-2]，首先要考虑的是其与《般若经》等佛经的关系。其次从《茶经》的结构、内容来看，其并非一部典型的“经”。他介绍了从采茶到饮茶的方法、品评以及自己的观点，这一点略带“相马经”那样的性质。从这个角度来说，这篇也可以叫作一部“经”。

[1]《陆文学自传》、南宋《百川学海》等文献将其题为《茶经》。但《崇文总目》《宋志》等图书目录作《茶记》。王毓瑚引周中孚《郑堂读书记》，认为《崇文总目》写错成《茶记》，其他目录沿袭。

[2] 王毓瑚．中国农学书录[M]．第二版．北京：中华书局，2006: 41.

另外陆羽在《陆文学自传》中称：

上元初，结庐于苕溪之湄，闭关对书，不杂非类，名僧高士，谈宴永日。常扁舟往山寺，随身惟纱巾、藤鞋、短褐、犊鼻。往往独行野中，诵佛经，吟古诗，杖击林木，手弄流水，夷犹徘徊，自曙达暮，至日黑兴尽，号泣而归。故楚人相谓，陆羽盖今之接舆也。

从他的描述来看，陆羽非常仰慕狂士接舆，毫无忌惮自称“今之接舆”。据《论语》记载，接舆与陆羽一样，也是楚人。《列仙传》记载接舆的姓名是陆通，与陆羽同姓。陆羽的姓氏取自于养父的俗姓，但在大乘佛教思想下，人有生死轮回，血缘关系不太重要。陆羽离开竟陵后，闯荡江湖，有时加入戏班子里扮演丑角，同时也编写剧本。陆羽的日子过得如此放浪形骸，与他的两种意识有关：

一是他内心充满了对接舆的憧憬，二是异地生活促进了他作为楚人的觉醒，怀有楚人的自觉性。

日本学者西胁常记指出，陆羽作自传序时间为上元二年（762 年，陆羽时年 29 岁）[1]。从其自传中的陈述可以知道他到苕溪的第二年就写了此自传。所以，自传表达了他的理想境界，他希望以后也能这么生活下去。

[1] 西脇常記. 唐代の思想と文化［M］. 東京：創文社，1999: 113-140.

五代十国时期，后晋官修《唐书》（即《旧唐书》）的刘昫等人在列传中没有收录陆羽。到宋朝并吞南方后，南方文化传入北方，饮茶变得更流行，陆羽被茶商推崇为“茶神”。北宋士大夫欧阳修收集金石时，得到了石刻本《陆文学自传》（他拿到的很可能是拓本），并且为其写跋尾。南宋本《欧阳文忠公文集》中所收的《集古录》中可以看到他的跋尾。有趣的是，跋尾文稿流传至今，现藏于台北故宫博物院，但该文稿的文字比南宋本多些。文稿中可以看到：“题云‘自传’，而曰：‘名羽，字鸿渐。’或云：‘名鸿渐，字羽。未知孰是。’然则岂其自传也。”“自传”中连作者自己都不知道姓和名，一般来说是不可能的。我们可以将其理解为一种修辞，从题名来看，明明是陆羽自己写的人物传，内容上虽然假装是别人写的，但还是主观性内容居多。欧阳修当初可能觉得奇怪，在文稿中写了“然则岂其自传也”，后来删去了此句。

欧阳修敬爱陆羽和《茶经》，他主持重修唐朝史书时，在“隐逸”中增添陆羽的传记。其曰：

羽嗜茶，著经三篇，言茶之源、之法、之具尤备，天下益知饮茶矣。时鬻茶者，至陶羽形置炀突间，祀为茶神。有常伯熊者，因羽论复广著茶之功。御史大夫李季卿宣慰江南，次临淮，知伯熊善煮茶，召之，伯熊执器前，季卿为再举杯。至江南，又有荐羽者，召之。羽衣野服，挈具而入，季卿不为礼。羽愧之，更著《毁茶论》。其后尚茶成风，时回纥入朝，始驱马市茶。

这又是怪事一件，陆羽还写过《毁茶论》。这是因为“羽衣野服，挈具而入，季卿不为礼。羽愧之”，不过，崇拜狂士接舆并且仿效他的陆羽，与季卿见面时难免惹其不高兴。《毁茶论》或许也是陆羽妄自菲薄的作品。

据皮日休的描述“又获其《顾渚山记》二篇，其中多茶事”（皮日休《茶中杂咏·序》），可知陆羽还撰写了《顾渚山记》。日本学者水野正明从《太平广记》《苏轼诗集·注》等书辑佚，找出6则佚文，其中5则是团黄、甘露等与茶有关的记事[1]。

[1] 水野正明．唐代の茶書三種（輯逸）[J]．文明21（愛知大学国際コミュニケーション学会紀要），2003，11：172-182.

[2] 陆羽．茶经·酒经[M]．朱肱，撰，孙显斌，解题．北京：国家图书馆出版社，2019：1-40.

版本和校勘

《茶经》现存各版本的祖本可以视为古刊本《百川学海》所收本（图2-7）。《百川学海》的古刊本分别被收藏于中国国家图书馆和日本的东京宫内厅书陵部，沈冬梅对两个版本进行对比研究发现，中国国家图书馆藏本的《茶经》有印字不清晰且为后人所补写之处，结果导致部分文字与书陵部藏本不一致，因而以书陵部藏本为最善。另外，四川省图书馆藏古刊本《百川学海》中的残本《茶经》[2]，印字清晰，亦为善。故此，《茶经》以书陵部本或四川省图书馆本为善本。但《茶经》在陆羽定稿后，经多人抄写，才被收入《百川学海》。书陵部藏本的《茶经》显然包含不少讹字。对此，布目潮沨在

茶經卷上

竟陵陸　撰

一之源　二之具　三之造

一之源

茶者南方之嘉木也一尺二尺迺至數十尺其巴山峽川有兩人合抱者伐而掇之其樹如瓜蘆葉如梔子花如白薔薇實如栟櫚葉如丁香根如胡桃（瓜蘆木出廣州似茶至苦澀栟櫚蒲葵之屬其子似茶胡桃與茶根皆下孕兆至瓦礫苗木上抽）其字或從草或從木或草木并（從草當作茶其字出開元文字音義從木當作㮋其字出本草草木并作荼其字出爾雅）其名一曰茶二曰檟三曰蔎四曰茗五曰荈（周公云檟苦茶揚執戟云蜀西南人謂茶曰蔎郭弘農云早取為茶晚取為茗或一曰荈耳）

其地上者生爛石中者生櫟壤下者生黃土凡藝而不實植而罕茂法如種瓜三歲可採野者上園者次陽崖陰林紫者上綠者次筍者上牙者次葉卷上葉舒次陰山坡谷者不堪採掇性凝滯結瘕疾茶之為用味至寒為飲最宜精行儉德之人若熱渴凝悶腦疼目澀四支煩百節不舒聊四五啜與醍醐甘露抗衡也採不時造不精雜以卉莽飲之成疾茶為累也亦猶人參上者生上黨中者生百濟新羅下者生高麗有生澤州易州幽州檀州者為藥無效況非此者設服薺苨使六疾不瘳知人參為累則茶累盡矣

二之具

籯（加追反）一曰籃一曰籠一曰筥以竹織之受五升或一斗二斗三斗者茶人負以採茶也（籯漢書音盈所謂黃金滿籯不）

图 2-7　《茶经》首页。四川省图书馆藏本

注：图像源自陆羽《茶经·酒经》，陆羽、朱肱撰，孙显斌解题，国家图书馆出版社 2019 年版，第 3-4 页。

《茶经详解》[1]、沈冬梅在《茶经注释》检讨讹字[2]。高桥忠彦吸收了前人研究，于 2010 年发表了《〈茶经〉本文的再检讨》[3]。他以汉字的草写体（敦煌出土文献等）为线索，勘校《茶经》文本，试图追溯《茶经》文本的原貌。例如，他指出“蒲”讹为“藏”、“比”讹为“至”等可能性。湖北省天门市陆羽研究会的童正祥先生也分析各种版本《茶经》，介绍后印版以讹传讹的情况[4]。还有《茶经》中的一些错别字可以理解为常用字的讹误。从草写到草写，从草写改为楷体时，会产生文本的讹误。如《说郛》明抄本[5]、竟陵本、陶湘景刻宋本等后印本有合理的文字修订，有一定参考价值。宋史专家方健也对《茶经》作了详细的注释[6]。

[1] 布目潮渢．茶经詳解：原文，校異，訳文，注解［M］．京都：淡交社，2001.

[2] 沈冬梅．宋刻百川学海本《茶经》考论［J］．农业考古，2005(02):159-162.

[3] 高橋忠彦．『茶経』本文の再検討：字形類似による文字の混乱を中心にして［J］．東京学芸大学紀要（人文社会科学），2010, 61: 199-216.

[4] 童正祥．《茶经》翻刻与校注过程中的刊误现象——以“酢颜望楫”和“疆埸擢翘”为例［J］．中国茶叶，2018, 40(10): 66-68.

[5] 美国印第安纳大学的艾骛德（Christopher P. Atwood）以《圣武亲征录》为例，重审《说郛》的刊本和抄本。艾骛德．《说郛》版本史——《圣武亲征录》版本谱系研究的初步成果[A]. 马晓林，译 // 北京大学国际汉学家研修基地，编．国际汉学研究通讯：第 9 期．北京：北京大学出版社，2014:397-438.

[6] 方健．中国茶书全集校证：第 1 册［M］．郑州：中州古籍出版社，2015: 1-179.

在江户时期前期，18 世纪已有和刻本《茶经》行世，大典禅师撰写了日译本《茶经详说》（1774 年），其中包含了较详细的注释，不仅用训读法将《茶经》翻译为日文，还利用大量的汉籍，对注释进行了详细的增补。前后有不同的书肆多次翻刻出版，如 1692 年的售书目录《广益书籍目录》中可见“陆羽《茶经》二卷”，还有 1758 年及 1844 年翻刻出版的版本。底本或为“明晋安郑熜校本”。

20 世纪 40 年代，诸冈存分别出版了《茶经评释》（1941 年）以及《茶经评释外篇》（1943 年）。1957 年，《茶道古典全集》由日本淡交社出版，其中布目潮沨负责了《茶经》等茶书的校对。1987 年，又有汲古书院出版了善本茶书影印的汇集《中国茶书全集》，由布目潮沨负责再编辑。1958 年，安部卓尔发表了《关于〈茶经〉中出现的植物》[1]，熊仓功夫和程启坤出版了《茶经》研究的论文集[2]。

1962 年，青木正儿出版《中华茶书》，其中包含《茶经》部分翻译。在 20 世纪 70 年代，陆续出现新的日译本，很多日本的学者参与《茶经》的研究，取得了很大进展。福田宗位在 1974 年出版《茶经》的日译本[3]。次年，林左马卫等同样出版《茶经》的日译本[4]。1976 年，布目潮沨和中村乔（即青木正儿之子）出版了《中国的茶书》，其中包括《茶经》的日语译文[5]。高桥忠彦在《茶道学大系：七》（2000 年）、《吃茶养生记·茶录·茶具图赞》（2013 年）整理了《茶经》的日译本。日本有研究《茶经》的学术传统。如上所述，日本对《茶经》的研究和翻译颇多。

[1] 安部卓爾. 茶経に出てくる植物について[J]. 茶業研究報告, 1958(12): 109-114.

[2] 熊倉功夫, 程啓坤. 陸羽『茶経』の研究[M]. 京都: 宮帯出版社, 2012.

[3] 福田宗位. 中国の茶書[M]. 東京: 東京堂出版, 1974: 3-60.

[4] 林左馬衛, 安居香山. 茶経: 喫茶養生記[M]. 東京: 明徳出版社, 1975.

[5] 布目潮渢, 中村喬. 中国の茶書[M]. 東京: 平凡社, 1976.

◆《茶诀》

《茶诀》为皎然（730—799年）撰，已佚。毛文锡《茶谱》佚文载有：“甫里先生陆龟蒙……自为品第书一篇，继《茶经》《茶诀》之后。”可知当时《茶诀》可与《茶经》相媲美，唐末间备受文人重视。从书名来看，这是一种口诀。

皎然俗名谢清昼，湖州长城卞山人，自称谢灵运的十世孙，但一说他是谢朓的子孙[1]。颜真卿（709—784年）任湖州刺史之时，翌年为陆羽在皎然住持的妙喜寺旁边建了三癸亭，当时皎然与陆羽、韦应物（737—792年）等一起在湖州形成了一种类似文学沙龙的组织。除诗集《杼山集》外，皎然还写了《诗式》5卷，引用并分析大量的诗词。其中，他对齐梁（六朝）诗评论道：“夫五言之道，惟工惟精。论者虽欲降杀齐梁，未知其旨。”[2]可知，齐梁诗的普遍不佳。皎然举了几个例子，认为“若据时代，道丧几之矣。诗人不用此论……格虽弱，气犹正。远比建安，可言体变，不可言道丧”。他也对唐代大历年间的一批诗人进行了严厉的批评：

大历中词人窃占青山、白云、春风、芳草等以为己有，吾知诗道初丧，正在于此，何得推过齐梁作者。迄今余波尚寖，后生相效，没溺者多。大历末年，诸公改辙，盖知前非也。[3-4]

虽然《茶诀》失传，但皎然所作与茶有关的《顾渚行寄裴方舟》等文学作品传世至今。比如《九日与陆处士羽饮茶》：“九日山僧院，东篱菊也黄。俗人多泛酒，

[1] 贾晋华．皎然年谱［M］．厦门：厦门大学出版社，1992.

[2] 皎然．诗式校注［M］．李壮鹰，校注．北京：人民文学出版社，2003: 273.

[3] 同［2］273-274.

[4] 许连军．论皎然《诗式》的诗人批评［J］．武汉大学学报(人文科学版)，2008，61(02): 186-191.

谁解助茶香。”此诗显然以陶渊明《饮酒》为典故，感慨世俗的人多数喜好喝酒，有谁真正了解茶香？佛道五戒之一为“不饮酒戒”，僧人自然以茶代酒，并在茶中添菊花。

◆《茶述》

《茶述》为裴汶撰。据日本专家水野正明研究，元和六年（811年）裴汶从澧州刺史调为湖州刺史，元和八年（813年）再调任常州刺史。在《茶述》中，裴汶在称赞饮茶的同时，明确地否定神仙术中的仙药，反驳饮茶过量有害身体的说法。水野正明指出，裴汶和陆羽对茶叶产地的评价不同。裴汶对蕲阳、蒙山产茶叶评价较高，但陆羽对蕲阳、蒙山的评价则相反。

水野正明收集《续茶经·一之源》中的《茶述》佚文，加注并翻译为日文。

◆《栽植经》

《栽植经》撰者佚名，共3卷，撰于834年以前。《旧唐志》《新唐志》未著录。王毓瑚在《中国农学书录》中著录此书[1]。此书名见于段成式（803—863年）的《庐陵官下记》：“世传《栽植经》三卷。云：‘木多病酢心，其候皮液俱酸。’”[2]

[1] 王毓瑚．中国农学书录[M]．第二版．北京：中华书局，2006: 32.

[2] 类说[M]//北京图书馆古籍出版编辑组．北京图书馆古籍珍本丛刊:62．北京：书目文献出版社，1988: 32.

《酉阳杂俎续集·卷十》亦有记载：

醋心树。杜师仁常赁居，庭有巨杏树。邻居老人每担水至树侧，必叹曰：“此树可惜。”杜诘之。老人云：“某善知树病，此树有疾，某请治。”乃诊树一处，曰：“树病醋心。”杜染指于蠹处，尝之，味若薄醋。老人持小钩披蠹，再三钩之，得一白虫，如蝠（蝮）。乃傅药于疮中。复戒曰：“有实自青皮时，必摽之。十去八九，则树活。”如其言，树益茂盛矣。又云：“尝见《栽植经》三卷，言：‘木有病醋心者。’”[1]

据此，段成式先从杜师仁那听到过《栽植经》。目前从内容来看，其可能是有关树木的医治。潘法连认为，杜师仁见到的“邻居老人”看见过《栽植经》[2]。

但据笔者考察，杜师仁大概是杜佑（735—812年）、杜牧（803—约852年）等名人的族人。据《宝刻类编·五》“太子宾客杜信碑：（杜）信自撰，男（杜）师古书，侄（杜）师仁篆额。元和十四年（819年），京兆”[3]，可知杜师仁是杜佑长兄杜信的侄子且与杜牧同族。杜信、杜佑编撰《通典》（成书于801年）时，杜师仁也接触了唐朝廷秘阁藏书、私人藏书等大量的珍稀文献。“又云：尝见《栽植经》三卷”一句可能是指杜师仁后来目睹了《栽植经》中的记载。还有，据《旧唐书·文宗本纪》唐太和八年（834年）记载：

己未（九月十一日）……随州刺史杜师仁前刺吉州，坐赃计绢三万匹，赐死于家。故江西观察使裴谊乖于廉察，削所赠工部尚书。[4]

可知杜师仁因贪污被判死罪，卒于834年。而《栽植经》的成书早于834年。

[1] 段成式．酉阳杂俎续集[M]．北京：中华书局，1981: 250.

[2] 潘法连．读《中国农学书录》札记五则[J]．中国农史，1984(01): 93-96.

[3] 无名氏．宝刻类编[M]．北京：中华书局，1985: 157.

[4] 刘昫，等．旧唐书[M]．新校本．北京：中华书局，1975: 555.

◆《平泉山居草木记》

李德裕（787—850 年）撰，全文 463 字。文中提到的最后纪年是庚申岁，即开成五年（840 年）。因此可知，李德裕在 840 年或之后撰写此文。《旧唐书》载：

（李德裕）出将入相，三十年不复重游，而题寄歌诗，皆铭之于石。今有《花木记》《歌诗篇录》二石存焉。有《文集》二十卷。

《平泉山居草木记》收录于《李卫公别集·卷九》《重较说郛》[1]等，还有《五朝小说》等丛书也收此文。现存常熟翁氏所藏南宋淳熙年间浙江刊本《会昌一品制集》残本卷一至十[2]。《会昌一品制集》的后印本卷二十有与平泉山居相关的诗文，可供参考。如今有傅璇琮、周建国的《平泉山居草木记》校本[3]。日本滋贺大学的二宫美那子对李德裕和平泉山居（平泉庄）有较深入的研究[4]。

《平泉山居草木记》记载了李德裕将从各地收集的各种草木，如海棠（稽山产）、杨梅（钟山产）、杜鹃（金陵产）、山樱（宜春产）、山茶（番禺产）等果树和花木，以及山姜、碧百合等少数草本植物移植至山居，并记录下来。值得瞩目的是其中有会稽产的百叶木芙蓉、百叶蔷薇两种重瓣观赏植物。北宋时期尚存，据《洛阳名录》记载，当时牡丹芍药为"至百余种"。

北宋的欧阳修收集金石拓本的《集古录》中有此记（图 2-8）。因此可以推测，《平泉山居草木记》存在石刻版本。

[1] 陶宗．重较说郛［M］//说郛三种．上海：上海古籍出版社，1988：1006-1007（卷 67）.

[2] 李德裕．会昌一品制集［M］. 北京：文物出版社，1996.

[3] 李德裕．李德裕文集校笺［M］. 傅璇琮，周建国，校笺．北京：中华书局，2018：684-686.

[4] 二宫美那子．李德裕の平泉山荘［J］．中国文学報，2004，67：1-39.

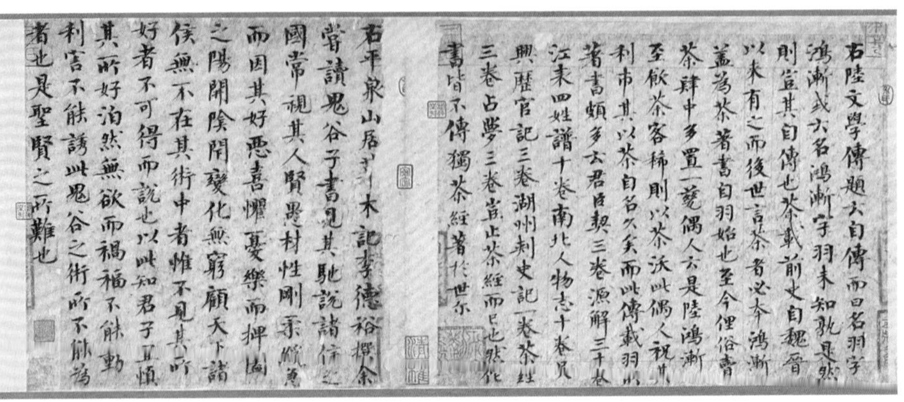

右陸文學傳題云自傳而曰名羽字鴻漸或云名鴻漸字羽未知孰是然則豈其自傳也茶載前史自魏晉以來有之而後世言茶者必本鴻漸蓋為茶著書自羽始也至今俚俗賣茶肆中多置一甆偶人云是陸鴻漸至飲茶客稀則以茶沃此偶人祝其利市其以茶自名久矣而此傳載羽所著書頗多云君臣契三卷源解三十卷江表四姓譜十卷南北人物志十卷吳興歷官記三卷湖州刺史記一卷茶經三卷占夢三卷豈止茶經而已也然他書皆不傳獨茶經著於世爾

右平泉山居草木記李德裕撰余嘗讀鬼谷子書見其馳說諸侯之國常視其人賢愚材性剛柔緩急而因其好惡喜懼憂樂而捭闔之陽開陰閉變化無窮顧天下諸侯無不在其術中者惟不見其所好者不可得而說也以此知君子宜慎其所好泊然無欲而禍福不能動利害不能誘此鬼谷之術所不能為者也是聖賢之所難也

图 2-8　欧阳修书写的《集古录跋尾》文稿——《陆文学传跋》《平泉山居草木记跋》。台北故宫博物院藏

欧阳修在《集古录跋尾》中严厉批评了李德裕：

余尝读《鬼谷子》书……以此知君子宜慎其所好。盖泊然无欲，而祸福不能动，利害不能诱……若德裕者，处富贵，招权利，而好奇贪得之心不已，或至疲敝精神于草木，斯其所以败也。其遗戒有云“坏一草一木者非吾子孙”[1]，此又近乎愚矣。[2]

◆《采茶录》（附《煮茶记》《煎茶水记》）

《采茶录》为温庭筠（约812—866年）撰。《重较说郛》摘录《采茶录》6则，包括“辨”（两则）及“嗜”“易”“苦”“致”。水野正明另从程大昌的《演繁露》中找出“大茶”一则，并对7则佚文添加注释，译为日文[3]。其中，“辨”一则中有陆羽的故事。关于陆羽更详细的记载见于张又新

[1] 李德裕《平泉山居诫子孙记》曰：“鬻吾平泉者，非吾子孙也；以平泉一树一石与人者，非佳子弟也。”

[2] 欧阳修．欧阳修全集［M］．李逸安，校点．北京：中华书局，2001：2284．

[3] 水野正明．唐代の茶書三種（輯逸）［J］．文明21（愛知大学国際コミュニケーション学会紀要），2003，11：172-182．

［元和九年（814 年）进士］的《煎茶水记》。张又新写道，一位楚僧持有数卷杂记，其中卷末有《煮茶记》。该杂记的作者不一定是那位楚僧，暂时确定不了作者。但这是陆羽去世大概二三十年后的笔记，内容也许可信。温庭筠也记载了同样的内容，说明当时这种逸闻已在文人之间传开。

《煮茶记》讲述了陆羽以茶得名，李季卿专访陆羽的故事。因陆羽以南零水为好，于是李季卿派人去取水。不过在回程途中由于船倾荡，南零水洒了一半，这使者再掺岸边水。水到了后，陆羽便看出那表面的是江水。在扔弃半桶水后，说："自此南零者矣。"使者也坦率地承认，说"处士之鉴，神鉴也，其敢隐焉"。陆羽辨水的神奇功力让在场的人赞叹不已。

不过，张又新在《煎茶水记》中反驳了陆羽的看法："此（陆羽排名的）二十水，余尝试之，非系茶之精粗，过此不之知也。夫茶烹于所产处，无不佳也，盖水土之宜。离其处，水功其半，然善烹洁器，全其功也。"他认为，若在茶的原产地煮茶，没有不好的，这是水土合宜的缘故，离开产地则水的功效减半。卫生技术缺乏的时代，使用身边的清水可能更好、更健康。张又新的看法也有一定的道理。

《煎茶水记》只有品评饮茶时所用的水，却不涉及茶叶的种类。《煎茶水记》以陶湘旧藏本、日本书陵部本《百川学海》所收本为善，如今收录于青木正儿的《中华茶书》中，有日文译文和注释[1]，布目潮沨和青木正儿之子中村乔在《中华茶书》的基础上做了进一步研究，在《中国的茶书》中添加日文译文和注释。另外，还有福田宗位的译注[2]。

［1］青木正兒．青木正兒全集：第 8 卷［M］．東京：春秋社，1971：250-254．

［2］福田宗位．中国の茶書［M］．東京：東京堂出版，1974：3-60．

顺便一提，唐代还有苏廙的《十六汤品》，讲述煮茶时需要注意的地方。青木正儿、福田宗位、布目潮沨等分别发表了日译本。《煎茶水记》《十六汤品》都没有提到茶叶及其产地。可见当时文人煮茶时特别注意水质和水沸腾的程度，还有器具不同而导致的差异。

◆ 陆龟蒙《品第书》

《品第书》为陆龟蒙（？—881 年）撰，已佚。如上所述，毛文锡《茶谱》佚文中有："甫里先生陆龟蒙……自为品第书一篇，继《茶经》《茶诀》之后。" 可知陆龟蒙也撰写过一篇茶的品第书，但关于该书没有其他信息，书名和内容未知。陆龟蒙亦撰《耒耜经》1 卷及《蟹志》（均存世）。前者内容虽然与动植物没有直接的关联，却是农业史上一部重要的著作。陆龟蒙亦咏作《奉和袭美茶具十咏》（存世）。

◆ 《茶苑杂录》

《茶苑杂录》1 卷，著录于《宋志》，撰者不详[1]。《宋志》将《茶苑杂录》置于《茶经》《采茶录》后，《煎茶水记》及韩鄂的《四时纂要》前。它似乎被视为唐代的茶书。王毓瑚在《中国农学书录》中曾提到此书[2]。

[1] 脱脱，等．宋史[M]．新校本．北京：中华书局，1977: 5205.

[2] 王毓瑚．中国农学书录[M]．北京：中华书局，1964: 84.

◆ 毛文锡《茶谱》

《茶谱》为毛文锡撰，已佚。毛文锡，字平珪。他是年仅 14 就登科的俊才，也是五代十国时期的著名词人。《花间集》中的毛司徒就是毛文锡，也就是后蜀赵崇祚选出的 18 个词人之一（清末王国维搜集毛文锡的词，辑成《毛司徒词》）。登科后不久唐朝灭亡，毛文锡跟随王建入蜀，因其才华受到前蜀宫廷的重用，历任翰林学士、礼部尚书、判枢密院事、文思殿大学士、司徒等。李博昊在《毛文锡生平述略》中阐述了毛文锡的生平[1]。

《蜀中广记·卷六五》记载：伪蜀时毛文锡撰《茶谱》，记茶事甚悉，末以唐人为茶诗文附之。"[2-3]《宋志》也载"毛文锡撰《茶谱》一卷"[4]"《前蜀王氏记事》二卷"[5]。

1962 年青木正儿从《事类赋注》、钱椿年的《制茶新谱》及清朝官修的《渊鉴类函》收辑《茶谱》佚文 28 则，并且将其译为日文[6]。1981 年，陈祖规、朱自振从《太平寰宇记》中找出了 10 则[7]，收在《中国茶叶历史资料选辑》中；中国香港的黎树添从《佩文斋广群芳谱》《江西通志》等找出几则佚文，陈尚君也从《宣和北苑贡茶录》中找出佚文 2 则、从《全芳备祖》中找出佚文 10 则，一共列出 43 则，而他认为最后的两条实为《茶经》的条文，实际上找出了共有 41 则的佚文[8]。阮浩耕等在《中国古代茶叶全书》进行重新整理[9]。

[1] 李博昊．毛文锡生平述略：五代前蜀动荡政治局势的个案考察[J]．文学研究，2015(01)：119-125.

[2] 曹学佺．蜀中广记(四库全书本)[M]//明代基本史料丛刊·地理卷·杂著．香港：蝠池书院，2017: 3383(卷 64-6a).

[3] 曹学佺．蜀中广记[M]//景印文津阁四库全书：196. 北京：商务印书馆，2005: 307.

[4] 脱脱，等．宋史[M]．新校本．北京：中华书局，1977: 5205.

[5] 同[4] 5166.

[6] 青木正兒．青木正兒全集：第 8 卷[M]．東京：春秋社，1971: 260-268.

[7] 陈祖规，朱自振．中国茶叶历史资料选辑[M]．北京：农业出版社，1981: 24-27.

[8] 陈尚君．毛文锡《茶谱》辑考[J]．农业考古，1995(04): 272-277.

[9] 阮浩耕，沈冬梅，于良子．中国古代茶叶全书[M]．杭州：浙江摄影出版社，1999.

基于前人研究，水野正明进一步整理，认为在《太平寰宇记》中有2则写为《茶谱》的引文实为《茶经》的条文、5则写为《茶经》的引文在《茶经》中却未见的可能是《茶谱》引文的条文；《事类赋注》中有1则写为《茶谱》的引文实为《茶经》的条文。比如，他从宋本《太平寰宇记·卷一〇一》引："《茶经》云：'建州方山之芽及紫笋，片大极硬，须汤浸之，方可碾。极治头痛，江东老人多味之。'"[1]但在《茶经》中不见此文，因而他推测为《茶谱》佚文。2001年，水野正明对佚文进行参互勘校，最后整理为39则，译成日文，并在中日两国前人的研究及其注释的基础上，再添加了丰富的注释[2]。水野正明在《茶经》和《茶谱》佚文对所载的茶叶产地进行了对比，《茶谱》中记载长江以南的茶叶产地较多，尤其对蜀地的产地写得很详细，因此他认为毛文锡入蜀后仍继续写《茶谱》。

《茶谱》佚文的内容大多是各地的茶叶产地的介绍，语言风格不像戴凯之所写的四六骈俪文，但内容的记载方式与《竹谱》相似，毛文锡详细介绍了每一种茶叶。

[1] 乐史．太平寰宇记［M］．北京：中华书局，2007: 2012.

[2]水野正明．毛文錫『茶譜』訳注稿［J］．文明21(愛知大学国際コミュニケーション学会紀要)，2001，6: 268-250.

◆《花经》(附:陶谷《清异录》《花九锡》

《花经》成书时间约为950年，为南唐张翊撰。关于张翊《花经》的成书时间，有三国时期[1]、五代入宋[2]等不同的说法。笔者曾推测张翊为唐末时期的人[3]。但最近，南京大学李晓林的论文中援引北宋龙衮的《江南野史》，介绍了张翊的事迹[4]，从中可以知道张翊的生平。张翊的祖先原来在长安，唐代末期迁至广州番禺，在刘隐(873—911年)麾下做官。后往北发展，到潭州和衡州之间，恰逢马殷扩大势力(这大概是910年前后的事)，为回避马氏建立的南楚，到庐陵(今江西吉州)定居。张翊在庐陵长大，大约918—920年，追随李昪(又名徐知诰)到广陵。932年，李昪出征南京，张翊随行过江。与参谋宋齐丘相识，就职官厅。937年李昪独立建国，史称“南唐”。942年李昪去世，李璟嗣位。其后，张翊辞职回乡，但被人下毒毒死。看来，张翊死于南唐受后周进攻的955年以前。

[1] 吴雅文，张宁，白天，等. 中日两国山茶花的渊源及异同[J]. 世界林业研究，2015, 28(04): 81-84.

[2] 吴洋洋. 知识、审美与生活——宋代花卉谱录新论[J]. 中国美学研究，2017(01): 69-78.

[3] 久保辉幸. 宋代牡丹谱考释 [J]. 自然科学史研究，2010, 29(01): 51-52.

[4] 李晓林.《清异录》文献研究[D]. 南京：南京大学，2014: 155-158.

张翊的《花经》只见于陶谷(一作“陶穀”，903—970年)的《清异录》。陶谷将牡丹与兰花视为“一品”，芍药为“三品”。牵牛花大约在五代十国时期开始受人们的喜爱，当时的花鸟画中可以看到牵牛花(图2-9)，《花经》也将其列入九品中。

清朝总纂官纪昀、陆锡熊及孙士毅三人在《四库全书总目提要》中对《清异录》提出了疑问：陈振孙认为《清

图 2-9 黄筌《长春花鸟·牵牛花》。台北故宫博物院藏

异录》的语言不像宋初人的风格，断定是假托书。明人胡应麟认为，书中内容不像捏造而成，非陶谷不能作此。纪昀等虽然赞同胡氏之说，但指出作为北方人的陶谷写出“张翊者世本长安，因乱南来”的句子有点奇怪。这大概是因为南唐灭亡后，陶谷获得南唐的资料，转载于《清异录》。

陶谷的《清异录》中还引《警忘录》介绍罗虬撰的《花九锡》：

亦须兰、蕙、梅、莲辈，乃可披襟。若夫容、踯躅、望仙、山木、野草，直惟阿耳，尚锡之云乎？重顶帷障风、金剪刀剪折、甘泉浸、玉缸贮、雕文台座安置、画图、翻曲、美醑赏、新诗咏。[1]

罗虬为唐宋时期“三罗”之一，曾对蕙兰、梅花给予高度评价。

[1] 李晓林.《清异录》文献研究[D].南京：南京大学，2014: 155-158.

第三章

宋代竹谱、桐谱

宋代是中国科学技术发展空前繁荣的一个历史阶段，从博物学的角度看，当时本草学极为兴盛，出现了大量综合性本草学著作。另外，出现了带有地域特征的博物学和生物学的作品，如《益部方物略记》《桂海虞衡志》等。当时有关名物学的著作也很多，如《埤雅》《尔雅翼》和《通志·昆虫草木略》等。与此同时，有关各种动植物的专书——“谱录”也大量涌现。谱录的出现，显示了人们对动植物的关注度增加，对中国古代生物学的发展有很大的推动作用。除《洛阳花木记》《花经》等综合性的花卉著作，也出现了一批记载单种花卉的专著，即花谱，如欧阳修的《洛阳牡丹记》，王观的《扬州芍药谱》，刘蒙、范成大、史正志各自撰写的《菊谱》，范成大的《梅谱》，陈思的《海棠谱》，赵时庚的《兰谱》，以及蔡襄的《荔枝谱》、陈翥的《桐谱》和韩彦直的《橘录》等。植物谱录体现了当时的一种学术发展的潮流，即内容渐渐专门化、精细化，并且选题对象范围不断扩大，最终更是出现了综合性花卉植物著作——陈咏的《全芳备祖》。

英国作家、园艺艺术家比尔·劳斯（Bill Laws）在《改变历史进程的50种植物》中介绍了对人类生活具有重要意义的50种植物，其中包含了茶树、竹子、水稻。他认为，历史上在东亚地区最有贡献的植物是水稻，其次就是竹子。[1] 竹子的用途很广泛，它在文学、绘画中也是很常见的重要题材之一（图3-1、图3-2、图3-3、图3-4），在植物谱录中的地位亦如是。桐树自古以来也被视为重要的、神圣的树木。

《晋书·苻坚载记》载：

[1] LAWS B. Fifty Plants that Changed the Course of History [M]. Cinciannati: David & Charles, 2010: 227-229.

苻晖率洛阳、陕城之众七万归于长安……（苻）坚闻慕容冲去长安二百余里，引师而归……长安又谣曰："凤皇凤皇止阿房。"（苻）坚以凤皇非梧桐不栖，非竹实不食，乃植桐竹数十万株于阿房城以待之。（慕容）冲小字凤皇，至是，终为（苻）坚贼，入止阿房城焉。[1]

苻坚为了慕容冲（喻凤凰）归来而种植竹桐。从这则故事可以窥见，当时人们认为竹桐是凤凰用于食栖之物。

本章专述赞宁的《竹谱》、陈翥的《桐谱》等谱录。另外，郑樵的《通志》（1161 年）著录《木谱》，但未著录其撰者姓名[2]。目前没有其他线索，本书姑置不论。

[1] 房玄龄．晋书 [M]．北京：中华书局，1974: 2922.

[2] 郑樵．通志 [M]．杭州：浙江古籍出版社，2000: 784（卷 66）.

图 3-1　吴炳《竹雀图》散页。上海博物馆藏

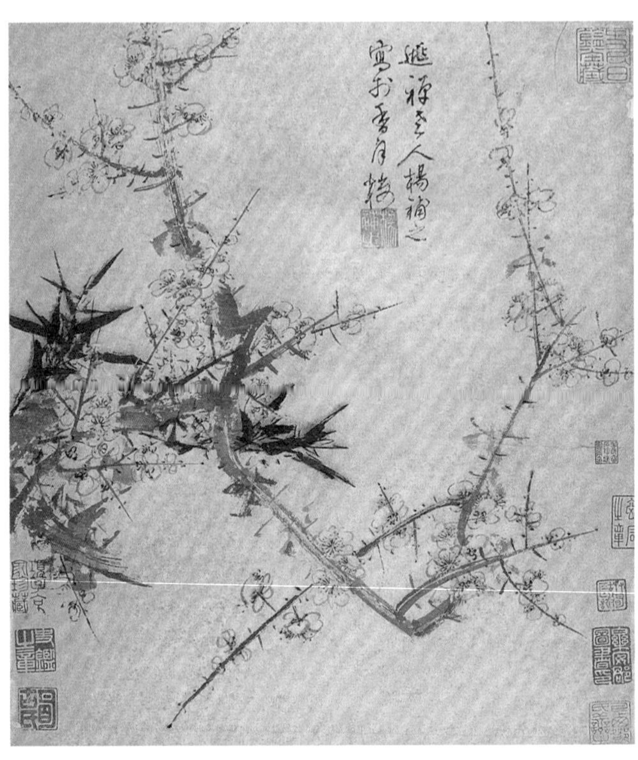

图 3-2　杨补之所绘《梅花与竹》（*Plum Blossoms and Bamboo*）（绘于 13—14 世纪）。美国哈佛艺术博物馆（Harvard Art Museums）藏

图 3-3　赵葵所绘《杜甫诗意图》。上海博物馆藏

图 3-4　萧瀜所绘《花鸟画》。台北故宫博物院藏

◎ 第一节 竹谱

正如前章所提到的，西汉王褒作了《洞箫赋》后，竹类谱录在南北朝时期开始出现。据笔者调查，至五代十国时期至少有 2 种竹类谱录，现存最早的植物谱录除戴凯之撰的《竹谱》，还有旧题王献之所撰的《竹谱》。唐代贞元十九年（803 年）春，白居易（772—846 年）撰《养竹记》。此时白居易授校书郎，寓居于宋德宗的宰相——关播（719—797 年）旧居。迁居后的第二天，他散步时发现东亭旁边有竹林。关播的家人告诉他这些竹子是关播亲手种植的，但是一直没有人管，部分竹子被人砍走，疏于打理。于是白居易培土、施肥、清理竹林。白居易在此撰成《养竹记》，刻于石碑。在此记中，白居易以竹喻君子德行。就文章结构而言，《养竹记》不似韵文，而是重视对句结构的散文，也就是说这个作品已经脱离了辞赋的约束，具有与谱录相似的特点。

北宋初期王禹偁推崇白居易的诗风，作《黄州新建小竹楼记》："黄冈之地多竹，大者如椽。竹工破之，刳去其节，用代陶瓦。比屋皆然，以其价廉而工省也。"这是王禹偁被贬至湖北黄冈所作。又云："吾闻竹工云：'竹之为瓦，仅十稔，若重覆之，得二十稔。'"从中可窥见黄冈当时的风俗。

与此同时，吴越钱昱、北宋赞宁等人先后撰《竹谱》《笋谱》等。他们两人撰写竹谱的时间大概不早于北宋建立的 960 年，大致在吴越国纳土归来（978 年）前后，因而本书将两部竹谱归于宋代谱录。现今仅存赞宁的《笋谱》，钱昱的《竹谱》失传。另外，宋代还有 3 部谱，均散佚。下面将对 5 部竹类谱录进行简单的介绍。

◆ 赞宁《笋谱》

《笋谱》成书于宋初，赞宁撰。书分为5篇，即“一之名”“二之出”“三之食”“四之事”“五之杂说”。其体例仿效陆羽的《茶经》。与戴凯之撰的《竹谱》相比，赞宁的重点在于竹笋的食用价值，故名为《笋谱》。农学史专家俞为洁指出：“僧人需要静修，故寺院多在山中，杭州山中最常见的‘山珍’就是笋，因此笋也成了杭州僧人的主要食料。”[1]

僧人与竹子有密切关系，也有画竹笋的佛画(图3–5)。

如前所述，陆羽的《茶经》中似乎看不到参考戴凯之《竹谱》的痕迹，陆羽或许是继承和参考了另外的著述系统。而赞宁在篇章结构上袭用《茶经》的结构，文本上还运用戴凯之《竹谱》的自注形式，并且也在书名中采用了“谱”字。赞宁在《笋谱》中实现了《竹谱》与《茶经》个别特点的融合。

赞宁（919—1001年）是宋代高僧。吴越武肃王任其为“两浙僧统”，钱氏归顺宋朝后，宋太宗赐赞宁“通慧大师”之号。赞宁另作《物类相感志》10卷。

采经籍传记物类相感者志之。分天、地、人、物四门。赞宁，吴人，以博物称于世。柳如京（柳开）、徐骑省（徐铉）与之游，或就质疑事。杨文公（杨亿）、欧阳文忠公（欧阳修）亦皆知其名。[2]

这种佛教中的自然观察引起了李约瑟的关注，他在书中写道：“在此，我们看到了12世纪初期一个真正试图

[1] 俞为洁．杭州宋代食料史[M]．北京：社会科学文献出版社，2018: 53-58.

[2] 晁公武．郡斋读书志校证[M]．孙猛，校证．上海：上海古籍出版社，1990: 525.

去观察、理解生物转化的尝试，它明显与佛教的有关变态观念相联系。”[1]虽然赞宁的《物类相感志》早已失传，但“物类相感”显然是涉及生物变态的书籍。

赞宁还著有《扶竹赋》《宋高僧传》等[2]。《百川学海》收录《笋谱》，而《百川学海》应以陶湘旧藏本以及日本学者狩谷棭斋旧藏本为当前最完善的版本。另外，晁载之编的《续谈助》也将《笋谱》收入，可作参考[3]。此外，还有黄纯艳、战秀梅校点本[4]。

[1]李约瑟.中国科学技术史：第2卷：科学思想史[M].何兆武，译.北京：科学出版社，上海：上海古籍出版社，1990: 448.

[2]陈垣.释氏疑年录[M].北京：中华书局，1964: 195-196.

[3]晁载之.续谈助[M].上海：商务印书馆，1939: 57-59(卷3).

[4]黄纯艳，战秀梅.宋代经济谱录[M].兰州：甘肃人民出版社，2008: 89-119.

图3-5　元代无名氏所绘《地藏菩萨图》(*Ksitigarbha Bodhisattva*)，菩萨法轮后绘有竹笋。美国弗利尔美术馆（Freer Gallery of Art）藏

◆ 钱昱《竹谱》

《竹谱》于宋初成书，钱昱（943—999年）撰，3卷，已佚。《宋史·钱昱传》曰：

（钱）昱字就之，忠献王（钱）佐之长子。（947年）（钱）佐薨，（钱）昱尚幼，国人立（钱）倧，遂以（钱）昱为咸宁、大安二宫使。(988年)（钱）俶嗣国，（钱昱）承制授秀州刺史……（钱昱）好学，多聚书，喜吟咏，多与中朝卿大夫唱酬。尝与沙门赞宁谈竹事，迭录所记，（钱）昱得百余条，因集为《竹谱》三卷。[1]

[1]脱脱，等．宋史[M]．北京：中华书局，1977：13915.

据此可知，钱昱是钱弘佐（后改名为钱佐）之长子，钱惟演（钱俶之子）的堂兄。两人的父亲都担任过吴越国君。钱昱曾任台州刺史、福州刺史等。大宋太平兴国七年（982年），第五代国君钱俶纳土归宋，钱昱授白州刺史。其后调为秘书监、尚书都省等。他撰出《太平兴国录》上奏。他喜爱收藏典籍，将钟繇和王羲之的墨迹共8卷献给宋太宗。钱昱擅长吟咏唱酬、谐谑、书法、尺牍、古琴、绘画等，记性好，能复棋。但据《宋史》可知，他在政务上没有显著的功绩，宋太宗评价他："昱贵家子无检操，不宜任丞郎。"《宋史》又曰："贪猥纵肆，无名节可称。生子百数。"不过，当时吴越钱氏在朝廷的影响力较大，丁谓、欧阳修等不少文人曾经是钱惟演的幕僚，史书评价不佳，也许是宋太宗为了削弱钱昱的影响力而故意挑剔。

钱昱撰写《竹谱》3 卷，内容由其收集竹子相关纪事而成。王汐牟发现，北宋僧人文莹（今浙江杭州人）的《玉壶清话》记载：

钱昱，忠献王佐长子，读书强记。在故国，与赞宁僧录迭举竹数束，得一事而抽一条，昱得百余条，宁倍之，昱著《竹谱》三卷，宁著《笋谱》十卷。[1]

从中可见钱氏和赞宁在学问上交流频繁。但赞宁在其《笋谱》中只提到王献之的《竹谱》，没有参考钱昱的《竹谱》的痕迹。

[1] 王汐牟. 历代竹谱考论及其历史价值[J]. 古籍整理研究学刊, 2013(03): 88-95.

[2] 王毓瑚. 中国农学书录[M]. 第二版. 北京：中华书局, 2006: 56.

[3] 陈第. 世善堂藏书目录[M]. 北京：中华书局, 1985: 59.

◆ 惠崇《笋谱》（《竹谱》）

惠崇撰，3 卷。晁载之将《笋谱》收入《续谈助》，其亲戚晁补之著录此书于《郡斋读书志》。故王毓瑚因宋代各书目中不见此书，怀疑此书是后人伪作[2]。然而，明人陈第《世善堂藏书目录》中著录“《竹谱》一卷宋僧惠崇、《笋谱》二卷惠崇”[3]。由此推之，三卷本可分为竹谱和笋谱两个部分，与赞宁《笋谱》的结构不一致。惠崇很有可能撰写了这部《笋谱》。

惠崇（965—1017 年）是建阳（今福建邵武市建阳县）人，乃北宋初期的一位画僧、诗人。建阳邻近吴越国，竹笋也是当地特产。宋初，赞宁、仲休皆作谱，似乎这是当时的一种风尚。因此笔者认为此书未必是后人伪书或目录讹谬。

◆《竹书》

北宋时期，除了吴越国及周边的文人关于竹子的著作，还有吴良辅撰写的《竹书》。虽然这是一部佚书，但元人李衎的《竹谱详录》中可以见到两则佚文：

吴良辅《竹书》口．“满龙，竹名。黄帝使伶伦伐之昆仑之阴，吹以应律。”

吴良辅《竹书》：“簟读若摽，有梅之摽。《方言》以为赤竹。或又云即箣竹一物而二名者也。”[1]

《宋史》载：“吴良辅撰《竹谱》二卷。”虽然书名有异，但应当是同一书。关于吴良辅的事迹，《宋史》有如下记载：

二年正月，诏前信州司法参军吴良辅按协音律，改造琴瑟，教习登歌，以太常少卿张商英荐其知乐故也。初，良辅在元丰中上《乐书》五卷，其书分为四类，以谓……

由此可知，他活跃的时间大概在宋英宗及宋哲宗（1063—1100年）在位期间，是北宋后期的人。根据《宋史》记载，他的作品还有《琴谱》1卷、《乐书》5卷、《乐记》36卷等。他擅长音乐，著作多为音乐方面的书籍。从佚文也足见，吴良辅在《竹记》中专门记载了竹乐器的各种材料、材质、特质等。

[1] 李衎．竹谱详录及其他一种［M］．上海：商务印书馆，1936：36（卷3），39（卷4）．

◆《竹史》

《竹史》成书于南宋中期，为高似孙撰，已佚。史铸的《百菊集谱·补遗》载："高疏寮有《竹史》之作，但铸才疏识浅，所愧不足联芳于前贤。"[1]由此可知，高似孙著有《竹史》。

高似孙（1158—1231 年），字续古，号疏寮，鄞县人（今浙江宁波）。高似孙留下了许多动植物相关的记载。他另撰有一部嵊州地方志《剡录》，收录植物 91 则、动物 56 则，其中包含竹类 18 则[2]。

左圭的《百川学海》虽然未收《竹史》《剡录》，但收录了高似孙的《子略》《骚略》《选诗句图》等 3 部著作。左圭和高似孙是同乡人，也许两人彼此认识。高似孙另撰《蟹略》4 卷，传世至今[3]。另外，他还撰有《史略》，国内已失传，其南宋本今存于日本内阁文库[4]。

[1] 史铸．百菊集谱［M］//汪士贤，编．山居杂志．日本公文书馆内阁文库藏．索书号：306-281-7-1．补遗卷：1a.

[2] 高似孙．高似孙集［M］．王群栗，校点．杭州：浙江古籍出版社，2015.

[3] 钱仓水．《蟹谱》《蟹略》校注［M］．北京：中国农业出版社，2013.

[4] 高似孙．史略［M］．木村蒹葭堂旧藏南宋宝庆本．日本公文书馆内阁文库藏．重 002-0004.

第二节 桐谱

中国桐文化历史悠久，《诗经·大雅·卷阿》载有“凤凰鸣矣，于彼高岗。梧桐生矣，于彼朝阳”[1]，梧桐与凤凰一直被联系在一起。关于桐树的咏物诗文也不胜枚举。如傅咸的《梧桐赋》，夏侯湛的《愍桐赋》，沈约的《桐赋》《咏梧桐诗》、郭璞的《梧桐赞》等作品中，桐树是重要的文学题材。然而，宋初以前未见桐谱。下文介绍分别由陈翥、丁黼所撰的桐谱。

[1] 阮元．十三经注疏[M]．北京：中华书局，1980: 547.

◆ 陈翥《桐谱》

作者陈翥是北宋人，皇祐元年（1049 年）十月七日为《桐谱》作自序。自序曰：“虽茶有经，竹有谱，吾皆略而不具。植桐乎西山之南，乃述其桐之事十篇，作《桐谱》一卷。”他亲手种植泡桐，研究泡桐的种类和生态，并作诗赋。书中有“叙源”“类属”“种植”“所宜”“所出”“采斫”“器用”“杂说”“记志”“诗赋”10 篇。

此外，陈翥还著有《西山植桐记》《西山桐竹志》。在这些记、志中，陈翥写道：“吾将招君子，游其下乐之，以待灵凤之栖焉”“知陈子（陈翥）虽无桑子起家之能，亦有虚心待凤之意”。自古以来，人们相信凤凰栖息于梧桐树上，而陈翥也认为桐树是吉祥之树，并在树下静待凤凰神鸟的降临。陈翥除了喜爱桐树，还喜爱种植竹子。“竹岁寒不凋，所以坚志性之操也。桐识时之变，所以顺天地之道也。”这是陈翥对桐和竹特性的诠释。

目前有很多关于此书的研究，特别是潘法连对《桐谱》的潜心解读，提炼出了书中所载的科技成就[1]。潘法连指出陈翥通过自己的观察，正确地细分了桐树的种类。

《重较说郛》收有此书。潘法连用该版本进行校注，编成《桐谱校注》，1981年由农业出版社出版。《桐谱校注》附有详细注释、勘校结果等，是很好的校注本。后来又有王云校点本[2]。

[1]潘法连．陈翥《桐谱》的成就及其贡献[J]．古今农业，1991(01)：24-30.

[2]欧阳修．洛阳牡丹记（外十三种）[M]．王云，整理校点．上海：上海书店出版社，2017：86-107.

[3]吴廷燮．北宋经抚年表；南宋制抚年表[M]．张忱石，校点．北京：中华书局，1984：549-550，591.

◆ 丁黼《桐谱》

已佚。王毓瑚发现此书著录于《（乾隆）江南通志》的艺文志中。《（乾隆）江南通志》中亦著录有陈翥的《桐谱》，可知《桐谱》另有一部，非与陈翥谱混淆。丁黼（1166—1239年），字文伯，南宋淳熙年间进士，活动于南宋末期。丁黼自绍定四年（1231年）知静江（今广西）府，端平元年（1234年）改任四川制置副使。嘉熙三年（1239年），丁黼知成都府。翌年，元军从新井逼近成都，丁黼领兵夜出城南迎战而战死[3]。《宋史·列传》有他的传记：

丁黼，成都制置使也。嘉熙三年，北兵自新井入，诈竖宋将李显忠之旗，直趋成都。黼以为溃卒，以旗榜招之，既审知其非，领兵夜出城南迎战，至石笋街，兵散，黼力战死之。方大兵未至，黼先遣妻子南归，自誓死守。至是，从黼者惟幕客杨大异及所信任数人，大异死而复苏。黼帅蜀，为政宽大，蜀人思之。事平，赐额立庙。

丁黼晚年生活在成都，率领军民抵御元军。此时正值宋朝中央屡次更换制置使。如果丁黼真的著述过《桐谱》，推测其成书时间大概在端平元年（1234 年）以前。

第四章

宋代花谱——牡丹、芍药

继承唐代的遗风，北宋文人颇爱牡丹、芍药。唐代牡丹绘画十分盛行，出现了一批擅长画牡丹的画家，如边鸾、刁光胤等，唐代末期开成三年（838 年）的王公淑及其夫人吴氏合葬墓中的《牡丹芦雁图》（图 4-1）是极为重要的牡丹绘画文献。随后也有不少牡丹、芍药题材

图 4-1　王公淑及其夫人吴氏合葬墓（唐开成三年，即 838 年）北壁《牡丹芦雁图》（局部）

注：图像源自《海淀博物馆》，北京市海淀区博物馆编，文物出版社 2005 年版，第 173 页。

的作品。从传世作品和文献记载可知，赵昌、崔白、吴元瑜、易元吉、马远等都画过牡丹，赵昌、易元吉也画过芍药，另外也流传有一些重要的佚名作品，如宋人《富贵花狸》（图 4-2）等。

宋代的花卉谱录中，牡丹谱的数量居首位，芍药谱也有几部问世。

图 4-2　宋人《富贵花狸》，无落款。台北故宫博物院藏

第一节 牡丹谱

牡丹作为药材出现在汉代文献《神农本草经》和《金匮要略》，以及《武威汉代医简》中。此后，《本草经集注》《新修本草》等医药文献中一直都有牡丹的记载。虽然在文学作品中很早就出现芍药，却没有同时出现牡丹。有的学者认为，《洛神赋图》中已有牡丹画。但其画并不是很清晰，画中植物的鉴定十分困难。再者，现存的《洛神赋图》皆应为后世的摹本，并不是晋代顾恺之的亲笔之作。另外，《广雅》中虽有“白茶，牡丹”一则[1]，但其撰者张揖混淆白术与牡丹，所述内容十分混乱。崔豹《古今注》的佚文中也载：“芍药有二种，草芍药、木芍药。木者花大而色深，俗呼为牡丹非也。”此佚文始见于宋代的《图经本草》中，很可能不是崔豹《古今注》的原文，而是马缟对《古今注》写的注释部分[2]。

另外，一些论说引《海山记》《刘宾客嘉话录》《云仙散录》等书为据，阐述隋炀帝、武则天等已经栽培牡丹。但是，郭绍林通过深入研究，指出这些史料的可靠性很低[3]。《四库全书总目提要》的解题也指出这些史料或是伪作，或为后人所编造[4]：

（《海山记》）盖宋人所依托。此本（指刘斧《青琐高议后集》）删并为一卷，益（盖）伪中之伪矣。

（《刘宾客嘉话录》）……牡丹花一条……皆全与李绰《尚书故实》相同，间改窜一二句，其文必拙陋不通。盖《学海类编》所收诸书，大抵窜改旧本，以示新异。遂致真伪糅杂，炫惑视听。

（《云仙散录》）……其为后人依托，未及详考明矣。

南宋张邦基（即《陈州牡丹记》的作者）早已指出，“（王

[1] 张揖，王念孙. 广雅疏证[M]. 北京：中华书局，2004: 320.

[2] 余嘉锡. 四库全书提要辨证[M]. 北京：科学出版社，1958: 853-863.

[3] 郭绍林. 关于洛阳牡丹来历的两则错误说法[J]. 洛阳大学学报（自然科学版），1997(01): 5-9.

[4] 纪昀，永瑢，等. 景印文渊阁四库全书：总目3[M]. 台北：台湾商务印书馆，1983: 1018（卷143）.

性之）又作《云仙散录》，尤为怪诞，殊悮后之学者。……皆王性之一手，殊可骇笑、有识者当自知之”[1]。甚至一些唐代的著作也因《云仙散录》书中内容皆是街谈巷议，只能认为那些内容不过是口头流传，未必是史实。《四库全书总目提要》指出：

（《开元天宝遗事》）盖委巷相传，语多失实，（王）仁裕采摭于遗民之口，不能证以国史，是即其失。必以为依托其名，则事无显证。

（《云溪友议》）皆委巷流传，失于考证……以唐人说唐诗，耳目所接，终较后人为近。故考唐诗者，如计有功纪事诸书，往往据之以为证焉。

除上述书籍及其衍生的记载，没有可以证明隋炀帝的西苑中栽种有牡丹的史料。另外，舒元舆的《牡丹赋序》提到，武则天在汾州的众香寺发现牡丹，移栽在皇宫[2]。但舒元舆（791—835年）是中唐时期的人，距武则天（624—705年）已有约100年的时间，而且该著作是“赋”，不可看作历史记录。再说，《酉阳杂俎》（830年）中有类似的故事，但在众香寺发现并移栽牡丹者是盛唐时期的裴士淹。还有李绰的《尚书故实》中记载，北齐杨子华有牡丹画[3]。但是，按照南北朝时期的绘画水平来说，鉴定其画中植物极其困难，也几乎不可能有画题名为“牡丹”。因此，根据现存史料，可以判断牡丹的广泛栽培在盛唐时期才开始。

在唐代，新进士被邀请出席高官举行的欢迎会，这一席宴会称为“关宴”[4-5]。在宴会上，新及第的进士中年龄最小且容貌英俊的两个人会当选为“探花使”。

[1] 张邦基．墨庄漫录[M]．孔凡礼，校点．北京：中华书局，2002: 69.

[2] 董诰，等．全唐文：第8部[M]．北京：中华书局，1983: 7485-7486(卷727).

[3] 李绰．尚书故实及其他一种[M]．上海：商务印书馆，1936: 7.

[4] 宫崎市定．科挙[M]//中公新書：13．東京：平凡社，1963: 145-147.

[5] 在唐代进士及第前后的惯例中，每一位进士在完成一系列的访问致谢、仪式、宴会等惯例之后，再次应“关试”。对关试及格者予以官职，同时定下其赴任地。这一场考试结束之后不久会再举行一场盛大的宴会，将其称作“关宴”或“离宴”。

探花是负责在长安城中找出最美的牡丹这一非正式的职务。他们俩走遍长安城，到处寻找开得最美丽的牡丹花，找到了就掐其花枝，带回去给大家看。如果在宴会中有人拿来更美的牡丹，这些“探花使”就会因“玩忽职守”而被罚喝酒。宴会结束后，新进士们为了再次观赏这一天汇集的牡丹花，会到上述每一种牡丹生长的花园骑马巡游。

对长久以来一直埋头学习的进士来说，这是人生中最美好的一天。表达这种欢悦的相关诗词有不少，其中孟郊（751—814年）的《登科后》最为脍炙人口：

昔日龌龊不足夸，今朝放荡思无涯。

春风得意马蹄疾，一日看尽长安花。[1]

随着贵族社会的衰退，这种风雅的“关宴”在宋代似乎消失了。后来，“探花”成了科举考试第三名进士的称号，位于“状元”“榜眼”之后。

907年唐朝灭亡后，中国再次陷入群雄争战的状态，战火多次波及长安。

在唐灭至宋兴的50多年时间里，北方各城市无人顾及枯死或被踩死的牡丹。于是，牡丹栽培的中心由北方移到了南方。下面简单介绍当时南方牡丹的栽培情况。

巴蜀：据北宋笔记《茅亭客话·瑞牡丹》[2]《蜀梼杌·下》总结，李唐时蜀地未见有牡丹栽培，但有牡丹画，且不称牡丹而称“洛州花”[3]。如前所述，李唐灭亡后，到王氏前蜀（907—925年）时，前蜀高祖王建将牡丹自长安移植于梁洋两州（今陕西汉中、陕南洋县）之间。南唐攻陷前蜀，成都西川节度使孟知祥独立建后蜀（934—965年），其子孟昶嗣位。广政五年（942年）三月有筵

[1] 彭定求，等．全唐诗：第六部［M］．中华书局编辑部，校点．北京：中华书局，1999：4219(卷374).

[2]黄休复．茅亭客话［M］//全宋笔记：第二编（一）［M］．郑州：大象出版社，2006：58-59.

[3] 一说杜甫作有《天彭看牡丹阻水》一诗，但此诗不见于杜甫诗集及《全唐诗》中，不知所据。

席，牡丹双开者有10棵，黄者、白者各有3棵，红白相间者有4棵，随从官员皆作诗。北宋大中祥符四年（1011年）任中正知益州，开宴会赏花。州民王氏献合欢、牡丹，任中正即图之。蜀地有自然要塞，古来少受中原争乱的影响，而且比江南适合栽培牡丹。五代十国时期，蜀地有滕昌祐、黄筌等著名画家善画牡丹，黄筌、赵昌等蜀人画家亦成为宋初宫廷画坛的重要成员。

江南：根据张祜（792—852年）的《杭州开元寺牡丹》[1]、晚唐张蠙的《观江南牡丹》[2]等诗作，可知晚唐时候江南已经有人栽培牡丹。另外，晚唐范摅（约860—874年）所撰的《云溪友议》中记载，白居易任杭州刺史时于开元寺观牡丹。但白居易诗集中并没有讲到江南的牡丹，而且有一首诗还说江南无牡丹。牡丹不适应高温、高湿的气候，所以江南不太适合牡丹生长，栽培难度很高[3]。因此，江南地区的牡丹栽培最早始于晚唐。李昇建南唐（937—975年），定金陵为国都。在南唐，与发达的茶文化相比，牡丹的记录就显得很少。开平元年（907年）后梁封钱镠（852—932年）为吴越王，定杭州为国都。太平兴国二年（978年）第五代国君钱俶（927—987年）归于宋朝，钱俶之子钱惟演偏爱牡丹。由仲休《越中牡丹花品》、欧阳修《洛阳牡丹记》等宋人作品中可见宋初江南地区的牡丹栽培极其兴盛[4]。另有五代十国时期徐熙画牡丹画。宋朝宫廷画坛中，徐熙与黄筌（及其子黄居寀）以花鸟画形成了画坛双璧，留下不少牡丹画[5-6]。

关于宋代牡丹文化研究，陈平平[7-8]、魏巍[9]、陈

[1] 彭定求，等. 全唐诗[M]. 北京：中华书局，1960：1206（卷611）.

[2] 彭叔夏，等. 文苑英华：4[M]. 台北：台湾华文书局，1967：2023（卷321）.

[3] 以安徽省铜陵作为参考，年平均湿度近80%，7月份的平均日最高气温为33℃，年平均日最高气温亦为15℃，因此铜陵是典型的亚热带季风气候，中原及西北的品种一般不能适应。由此观之，牡丹亦不太适应在江南生长。（郁书君，杨玉勇，余树勋. 牡丹与芍药[M]. 北京：中国农业出版社，2005：46.）

[4] 欧阳修. 欧阳文忠公文集[M]. 上海：上海商务印书馆，1912：541.

[5] 宋徽宗. 宣和画谱[M]. 俞剑华，注释. 北京：人民美术出版社，1964：274-276，268-270.

[6] 宋徽宗《宣和画谱·卷17》载："徐熙十八幅、黄居寀十四幅。"

[7] 陈平平. 我国宋代的牡丹谱录及其科学成就[J]. 自然科学史研究，1998，17(03)：254-261

[8] 陈平平. 我国宋代牡丹品种和数目的再研究[J]. 自然科学史研究，1999，15(04)：326-336.

[9] 魏巍. 中国牡丹文化的综合研究[D]. 开封：河南大学，2009.

永生[1]等人已经做出一些研究。从唐玄宗当政的盛唐时期开始，牡丹就受到人们异乎寻常的喜爱，以至被冠以“国色天香”的美誉。对牡丹的激赏、追捧之风跨越战争频仍的五代十国时期，直至宋朝南迁（1127 年），持续了约 400 年。人们对牡丹的喜爱，促进了育种水平的提高，不少新的品种开始涌现。从宋初开始，学者们记录这种花的品种和相关资料。其中，最为驰名的牡丹谱录当属北宋著名学者欧阳修的《洛阳牡丹记》。在宋代的植物谱录中，北宋和南宋两个时期可谓各具特点。北宋时期牡丹谱较多，也有不少牡丹画（图 4−3、图 4−4）；到了南宋时期，牡丹虽仍不失为代表性的观赏花卉，南宋到元代的花鸟画中也有牡丹（图 4−5、图 4−6），但由于其他花卉的谱录不断涌现，牡丹谱已经没有了昔日的辉煌。

[1] 陈永生，吴诗华．中国古牡丹文化研究[J]．北京林业大学学报（社会科学版），2005，4(03)：18−23.

图 4−3 《牡丹盛放图》（*Blossoming Peony*）（12—13 世纪初）。美国哈佛艺术博物馆藏

图 4-4　12 世纪早期丝绸卷轴佛像画《水月观音像》（*Moon-Water Bodhisattva Kuanyin*）。俄罗斯国立艾尔米塔什博物馆（The State Hermitage Museum）藏

图 4-5　沈孟坚《牡丹蝴蝶图》，收录于《笔耕园》中。日本东京国立博物馆藏

图 4-6　《花卉图》（*Flowers*）（13—14 世纪）。美国哈佛艺术博物馆藏

◆《越中牡丹花品》

《越中牡丹花品》仲休[1]撰，成书于北宋雍熙二年（986年）。这是已知最早的牡丹专书，也是花卉专谱中的嚆矢[2]。原书已佚。但南宋藏书家陈振孙的《直斋书录解题》中著录有《越中牡丹花品》，可知南宋时期尚有此书。《直斋书录解题》中另有一则：

《牡丹芍药花品》七卷。不著名氏。录欧公及仲休等诸家《牡丹谱》、孔常甫《芍药谱》，共为一编。[3]

南宋时期，《越中牡丹花品》与《洛阳牡丹记》同编入一部丛书中刊行。根据《越中牡丹花品》的序文“丙戌岁八月十五日移花日序”，推定其书成于雍熙三年（986年）。

从书名“越中”两字看，书中记载的应是江南牡丹的品种。陈振孙曾引过该书的一段话：

始乎郡斋，豪家名族，梵宇道宫，池台水榭，植之无间。来赏花者不问亲疏，谓之看花局。泽国此月多有轻云微雨，谓之养花天。里语曰弹琴种花，陪酒陪歌。[4]

可见，宋初的江南保留了唐代长安的遗风，盛行栽培牡丹。

关于作者仲休，《嘉泰会稽志》（1201年）有所记载[5]。据书中所记，仲休是吴越和尚，天台宗高僧，入宋后，宋真宗赐海慧大师之号。曾作诗集《山阴天衣十峰咏》，钱易曾为之作序。日本学者冢本麿充曾深入考察仲休的生

[1] 一作“仲林”。在本书中统一称为“仲休”。元代以后的部分书籍，如《说郛》《浙江通志》《亳州牡丹史》均以其撰者为“仲殊”（《说郛》以书名为《越中牡丹记》）。因为“殊”字在抄写时较容易错写成“休”字，导致“仲休”“仲殊”两位僧人的法名混杂。仲殊，字利俗，俗名张挥，北宋后期与苏轼相识，居苏州承天寺、杭州吴山宝月寺。咏花诗词文集《花庵词选》及《全芳备祖》中亦有他的诗词。《宋诗纪事》卷九一分别收载仲休、仲殊两人的事迹。

[2] 如《竹谱》《魏王花木志》等经济植物、综合性的植物专谱在唐代以前早已问世。但以某一种花卉植物为对象的专谱直到宋代才出现。

[3] 陈振孙．直斋书录解题［M］．上海：上海古籍出版社，1978: 298-229.

[4] 同［3］297-298.

[5] 施宿，等．嘉泰会稽志［M］．台湾：成文出版社有限公司，1986: 6447（卷15).

平[1]。据冢本的研究，仲休从天台山羲寂（919—987 年）嗣法，雍熙三年（986 年），为了留下吴越国的风俗，他在开封撰写《越中牡丹花品》。冢本还指出，仲休的出生年晚于羲寂、赞宁出生的 919 年，早于四明知礼出生的 960 年、孤山智圆出生的 976 年。

还有一种说法称作者为仲殊。郭幼为对此问题作了考证，排除了仲殊的可能[2]。

[1] 塚本麿充．北宋絵画史の成立[M]．東京：中央公論美術出版，2016: 190-201.

[2] 郭幼为．我国首部牡丹专著:《越中牡丹花品》评述[J]．农业考古，2014(04): 306-310.

[3] 王毓瑚．中国农学书录[M]．第二版．北京：中华书局，2006: 66.

[4] 中田勇次郎．文房清玩：三[M]．東京：二玄社，1962: 41.

[5] 黄雯．中国古代花卉文献研究[D]．杨凌：西北农林科技大学，2003: 43.

◆ 范尚书《牡丹谱》

《牡丹谱》约成书于宋真宗、宋仁宗在位时期，范尚书撰，已失传。周师厚在《洛阳花木记》提到该谱，并介绍其收载52品牡丹。关于作者，王毓瑚写道："所谓范尚书，也不知为谁。"[3] 中田勇次郎推测范尚书可能是范纯仁（1027—1101 年）[4]；黄雯推测是范仲淹（989—1052 年）[5]。范仲淹与范纯仁是父子关系。经考察发现，周师厚娶了范仲淹之女，与范氏父子有姻戚关系。周师厚的《洛阳花木记·自序》写于元丰五年（1082 年），范纯仁于此后的元祐元年（1086 年）才升任吏部尚书（次年周师厚辞世）。因此，当周师厚写自序时，范纯仁未升任尚书。范仲淹于皇祐四年（1052 年）辞世后，被追赠兵部尚书。就时间顺序而言，周师厚所说的范尚书被认为是范仲淹可信度更高一些。不过，北宋还有一位"范尚书"，即范雍（979—1048 年），他最后的官位是礼部尚书（卒后

被追赠太子太师）。他们究竟谁才是周师厚说的“范尚书”还有待进一步考证。

◆ 钱惟演的《花品》

钱惟演（962—1034 年）作的《花品》，约成书于天圣十年（1032 年），已失传。其形式是在一个小屏风上记载 90 多个牡丹品种[1]。欧阳修在《洛阳牡丹记》中提到该小屏，说：“思公指之（小屏）曰：‘欲作《花品》’。此是牡丹名，凡九十余种，余时不暇读之。”值得注意的是，钱惟演罗列的牡丹名称有 90 多种，欧阳修在洛阳所看到的牡丹却只有 30 余种。从这种情形来看，其原因不仅仅是欧阳修在洛阳的时间很短，还有可能是钱惟演将江南特有的品种（比如《越中牡丹花品》所载品种）也列于此。此花品虽不是书籍，但就内容而言确是一种牡丹谱的雏形。因此，在此也将它看作牡丹谱的一种。

钱惟演是以杭州为国都的吴越国（907—978年）的王族，其父钱俶在太平兴国二年（978年）进献领土降于宋朝，钱惟演当时11岁。他在宋朝尤善以联姻手段依附皇族，一直官运亨通。日本学者池泽滋子引苏轼《荔枝叹》中苏轼的自注“洛阳贡花自钱惟演始”；又引《能改斋漫录》所载的《钱思公寄晏元献牡丹绝句》，介绍钱惟演始从洛阳进贡牡丹花[2]。

[1]欧阳文忠公文集[M]. 日本天理图书馆所藏. 卷72.

[2]池泽滋子. 吴越钱氏文人群体研究[M]. 上海：上海人民出版社，2006: 156.

◆ 欧阳修《洛阳牡丹记》

《洛阳牡丹记》约成书于景祐元年（1034年），欧阳修（1007—1072年）撰。该书不是单纯的花品罗列，而是一部通过作者客观考察记述而成的综合性著作，不仅列举花的品种，还涉及自然、哲学以及洛阳风俗等多方面。《洛阳牡丹记》是现存最早的牡丹谱，在谱录中占有重要地位，同时也是宋代的代表性散文之一。

追溯该记的成书过程，不得不提到钱惟演。欧阳修在天圣八年（1030年）及第，翌年三月赴洛阳任西京留守推官，成了钱惟演的下属。推官实际上是一种实习官员，在钱惟演的影响下，年轻的欧阳修经常跟同事们一起出游，互相切磋探讨文章写作技巧。《洛阳牡丹记》就是在这种环境下撰写的。

该记中未提及成书年份，但却提到了景祐元年（1034年），因此可以推断成书时间不会早于这一年。再者，庆历二年（1042年）欧阳修撰出《洛阳牡丹图》一文，其中曰："我昔所记数十种，于今十年半忘之；开图若见故人面，其间数种昔未窥。"[1]十年前当是天圣十年（1032年）。不过欧阳修有反复修改文稿的癖好。沈作喆曾写过一则相关的故事："欧阳公晚年，常自窜定平生所为文，用思甚苦。其夫人止之：'何自苦如此，当畏先生嗔耶？'公笑曰：'不畏先生嗔，却怕后生笑。'"[2]由此可推断，欧阳修应在洛阳时已执笔，记录下牡丹花品种，大概临近离开洛

[1]欧阳文忠公文集[M]. 日本天理图书馆所藏. 卷2.

[2]沈作喆. 寓简[M]. 北京：中华书局，1985: 61.

阳时完成此记。《洛阳牡丹记》中介绍了24种洛阳牡丹的形态和来源，还提到其他3种，所载品种共27种[1]。从《洛阳牡丹记》可知原来该记应附有牡丹图，但今不传。

一、内容

第一篇"花品序"带着自然哲理性的内容，欧阳修在其中考察了牡丹的起源、花品及其等级。本篇内容亦稍散漫[2]。此记根据内容大致可以分为四个部分。作者首先列举了牡丹栽培的名产地，将洛阳列为第一。其次是对牡丹花品之多的探究。第三部分是欧阳修本人的观赏经验。最后部分提到钱惟演的《花品》并且列举姚黄等品种。欧阳修在第二个部分指出，当时普遍认为，因洛阳处于九州的中心，适度地混合了四方之气，所以草木可得"中和"之气，产出花品多，但他认为严格来说洛阳并不在九州的中心，因为气在四方上下流动不定，所以新奇的花品是随气的"偏"而产出来的。这是古人最常用的解释理论。如王充的"因气而生，种类相产，万物生天地之间，皆一个实也"[3]。据王充所言，各种物质、物种从"气"中产生的。欧阳修也试图以"气"解释花品的存在。但从现代植物学的角度来看，牡丹花品多是因为洛阳的各个花圃都有很多品种的牡丹，并且密集栽培，所以容易发生变异，并因此出现新花品。值得注意的是，欧阳修还将变异与天灾相比进行论述：

> 凡物不常有而为害乎人者曰灾；不常有而徒可怪骇不为害者曰妖。语曰天反时为灾；地反物为妖。此亦草木之妖而万物之一怪也。[4]

[1] 詹小杰．宋代动植物谱录综合研究[D]．合肥：中国科学技术大学，1993: 5.

[2] SIEBERT M. Pulu 谱录 Abhandlungen und Auflistungen zu materieller Kultur und Naturkunde im traditionellen China [M]. Wiesbaden: Otto Harrassowitz Verlag, 2006: 146, 169.

[3] 王充．论衡校释[M]．黄晖，校释．北京：中华书局，1990: 144.

[4] 欧阳修还在《樊侯庙灾记》中进行论证天灾不只过是自然现象之一。与欧阳修同时期的石介（1005—1045年，号徂徕）也在《宋城县夫子庙记》写道："夫天地日月山岳河洛皆气也。气浮且动，所以有裂有缺有崩有竭。"欧阳修读过石介的书，也写过《读徂徕集》《重读徂徕集》《徂徕先生墓志铭》等。

他的看法跟石介（号徂徕，1005—1045 年）也有相似之处。石介在《宋城县夫子庙记》中写道："夫天地日月山岳河洛皆气也。气浮且动，所以有裂有缺有崩有竭。"认为天灾的发生是由于气的不平衡。欧阳修认为，牡丹的变异同样是气的不平衡导致的。

在第二篇"花释名"中，欧阳修总结了花品的五种命名法："牡丹之名，或以氏，或以州，或以地，或以色，或旌其所异者而志之"。然后对每一个品种的名称来源、故事、风俗等进行解释。以"魏家花"为例：

魏家花者，千叶肉红花，出于魏相仁溥家。始樵者于寿安山中见之，斫以卖魏氏。魏氏池馆甚大，传者云："此花初出时，人有欲阅者"，人税十数钱，乃得登舟渡池至花所，魏氏日收十数缗。其后破亡，鬻其园。今普明寺后林池乃其地，寺僧耕之以植桑麦。花传民家甚多，人有数其叶者，云至七百叶。

欧阳修先解释魏家花的名称来源，称其是始出于魏氏家的缘故。魏相应是后周至北宋初期的魏仁浦（见于《新五代史》《宋史》）。他在邸园里开了所谓的"看花局"，对赏花者收十几钱，一日销售额足有一万多文钱。因为一缗等于约一千文钱，推测一日可有五千至两万访客[1]。来访者之多实在令人惊讶。唐代刘禹锡的《赏牡丹》中有"唯有牡丹真国色，花开节时动京城"一句。唐代长安已经如此，宋代洛阳人对牡丹的狂热不亚于唐代长安人。后来，随着魏家没落，花圃也被卖出。欧阳修游普明寺时，魏家的花圃变为普明寺的农田，魏家花变成百姓栽培的花。

[1] 所谓"一缗"中可能还包括卖树苗等收入。无论如何，主要收入来源应该是售卖门票。

欧阳修还写到早期苏家红、贺家红、林家红等单瓣花曾被人们视为首品。多瓣紫花的左花出现后，人们又将其看作首品。后来，多瓣红花的魏家花取代左花，牛黄取代魏家花，然后姚黄又取代牛黄。可见，从单瓣花到多瓣花、从紫花到红花（图 4–7）再到黄花（图 4–8），人们对牡丹品种的喜好在不断发生变化。11 世纪上半叶，在洛阳最受人们喜欢的是黄色品种的牡丹。

第三篇“风俗记”的开头一段讲述了与牡丹有关的当地风俗以及经济情况，还介绍了每年传令兵带牡丹花从洛阳骑马到开封的轶事。此篇先解释洛阳的赏花风俗、献花，接着写了接花、种花、浇花、养花、医花、禁忌各法。其中，欧阳修较为详细地说明了接花之法。当时洛阳发展出山篦子的行业，春初入寿安山挖出野生的牡丹（或芍药），归城售卖。人们先种植它，到秋天接木。当时有一个拥有高超接木技术的后人，人们管他叫“门园子”。若接姚黄，要五千文钱；若接魏家花，要一千文钱。顾客秋天先给门园子发汇票，春天目睹牡丹开花后，才付清。洛阳人非常珍惜姚黄，不愿意轻易献给别人。要是不得不献，会先将姚黄放入热水中烫使之无法成活。

二、版本（《欧阳文忠公文集》）

欧阳修写完《洛阳牡丹记》后，将其赠给挚友蔡襄（1012—1067 年）。之后，蔡襄执笔书写并刻于家中。蔡襄临死前曾派人将《洛阳牡丹记》的拓本送给欧阳修，但派出的人还未到福建，欧阳修已从福建那边得到蔡襄的讣报。欧阳修收到该墨宝后，加写跋文：

图 4-7　重台花（台阁型）牡丹外销画，1800—1830 年制作于广州。英国维多利亚与阿尔伯特博物馆（Victoria and Albert Museum）藏

图4-8　黄花牡丹外销画，1800—1830 年制作于广州。英国维多利亚与阿尔伯特博物馆藏

盖其绝笔于斯文也。于戏！君谟之笔既不可复得，而予亦老病不能文者久矣。于是可不惜哉！故书以传两家（即欧阳氏与蔡氏）子孙。

北宋时期就已经有《洛阳牡丹记》的刻本广泛流传于士大夫之间，但书名多为《洛阳牡丹谱》。《宋志》著录欧阳修所撰的《洛阳牡丹谱》（不称作“记”），陈振孙著录《牡丹谱》（1卷，欧阳修撰），并记“蔡君谟书之，盛行于世”[1]，亦据此版本。至南宋，周必大（1126—1204年）主编的《欧阳文忠公文集》（1196年）问世，其中“居士外集”收入《洛阳牡丹记》。不久，其子周纶得到欧阳家藏本，进行重校并刊刻。如今有天理本、北京国家图书馆藏本等至少15种南宋刊本。

目前《洛阳牡丹记》的通行本多以《百川学海》为底本。但是，《百川学海》的左圭原序（1273年）比《欧阳文忠公文集》晚70年，而且缺少了《牡丹记跋文》的170字。因此，笔者认为《洛阳牡丹记》以《欧阳文忠公文集》所收本为好。

至清代，欧阳修的第二十七代子孙欧阳衡重修周必大所编的《欧阳文忠公文集》，于嘉庆二十四年（1819年）出版了《欧阳文忠公全集》。中华书局据此校订、出版《欧阳修全集》，其中卷七五收《洛阳牡丹记》（天理本卷七二）[2]。另外还有王云校点本[3]。如今还有陈必祥[4]和杨林坤的翻译本[5]、王宗堂注评[6]的白话本、Gari K. Ledyard（1961年）的英译本[7]以及中田勇次郎[8]、佐藤武敏[9]两版日译本。广岛大学的一个研究生也发表了相关研究文章[10]。

[1] 解缙，等．永乐大典：第3册[M]．北京：中华书局，1960: 2552(卷5839).

[2] 欧阳修．欧阳修全集[M]．李逸安，校点．北京：中华书局，2001: 767

[3] 欧阳修．洛阳牡丹记（外十三种）[M]．王云，整理校点．上海：上海书店出版社，2017: 1-8.

[4] 欧阳修．欧阳修散文选集[M]．陈必祥，注译．上海：上海古籍出版社，1997: 25-30.

[5] 欧阳修．牡丹谱[M]．杨林坤，编著．北京：中华书局，2011: 1-68.

[6] 欧阳修，等．牡丹谱[M]．王宗堂，注评．郑州：中州古籍出版社，2016: 31-63.

[7] 英国李约瑟研究所藏，由Gari K. Ledyard在1961年翻译为英文，题名为“Notice on the tree peonies of Lo-yang”。

[8] 中田勇次郎．文房清玩：三[M]．東京：二玄社，1962: 39-72.

[9] 佐藤武敏．中国の花譜[M]．東京：平凡社，1997.

[10] 渡部雄之．欧陽脩『洛陽牡丹記』について[J]．中国中世文学研究，2014, 63/64: 252-272.

◆《冀王宫花品》

《冀王宫花品》成书于景祐元年（1034年），赵守节撰，已失传。据陈振孙言，本书为景祐元年沧州观察使所记，将50种牡丹分为三等九品。笔者根据陈氏提供的线索，通过中国台湾“中央研究院”“瀚典全文检索系统”的检索功能[1]，搜出《宋史》中的一段文字：“景祐初，沧州观察使守节言：‘寒食节例遣宗室拜陵。’”可知当年沧州观察使是赵惟吉（966—1010年）的长子赵守节。正如王毓瑚推测的那样，“此书也许是惟吉的某一个儿子写的”[2]。北宋明道二年（1033年）赵惟吉被封为冀王，但他的王宫可能不在冀州。因撰者是皇族，宋人避讳真名，遂使得后人不知冀王为何许人也。值得注意的是，当时洛阳人珍视姚黄等黄花牡丹，赵守节以“潜溪绯”“平头紫”等深红颜色的牡丹为贵。

[1] 中国台湾“中央研究院”“翰典检索系统” http: //www. sinica. edu. tw/~tdbproj/handy1/

[2] 王毓瑚．中国农学书录[M]．北京：中华书局，2006.

[3] 欧阳文忠公文集·外集：卷22[M]．日本天理图书馆所藏．14ab.

◆《续花谱》

《续花谱》为丁谓（966—1037年）撰，已失传。周必大在《欧阳文忠公文集·洛阳牡丹记》作跋文曰[3]：

士大夫家有（欧阳文忠）公《牡丹谱》一卷。乃承平时印本。始列花品序及名品，与此卷前两篇颇同。其后则曰叙事、宫禁、贵家、寺观、府署、元（稹）白（居易）诗、讥鄙、吴蜀、诗集、记异、杂记、本朝、双头花、进花、丁晋公[1]《续花谱》。凡十六门，万余言。前题吏部侍郎参知政事欧阳某撰，后有梅尧臣跋。盖假托也。

据此可以看出，当时各士大夫家中藏有欧阳修《牡丹谱》的印本。该谱先列花品叙、名品两篇，与原本颇同，其后载有叙事、宫禁等，最后有丁谓撰的《续花谱》。《洛阳牡丹记》原来仅有3000多字，但此版本的《牡丹谱》有10000多字，所以估计是书坊伪作了十几章内容及梅尧臣的跋文，以便出售。其中附有丁谓撰的《续花谱》，似是假托书，北宋时此书尚存。丁谓另撰有《北苑茶录》3卷，现存。

◆《吴中花品》(附《庆历花品》《庆历花谱》)

《吴中花品》成书于庆历五年（1045年），李英撰，已失传。陈振孙在《直斋书录解题》中记载：“庆历乙酉，赵郡李英述。皆出洛阳花品之外者。以今日吴中论之，虽曰植花，未能如承平之盛也。”[2]南宋初吴曾在《能改斋漫录》曰：“赵郡李述著《庆历花品》，以叙吴中之盛。凡四十二品。”[3-4]；明朝方以智在《通雅》中写道：“李述著《庆历花品》凡四十三品。”[5]尤袤的《遂初堂书目》著录《庆历花谱》[6]。较之，可发现《庆历花品》《庆历花谱》与《吴中花品》为同一书。此书收载40多种花品，可见北宋江南栽培牡丹风气之盛。

[1]丁谓于乾兴元年(1022年)曾封晋国公。

[2]陈振孙．直斋书录解题[M]．上海：上海古籍出版社，1978: 298.

[3]吴曾．能改斋漫录[M]．北京：中华书局，1960: 457(卷15).

[4]具体名称如下。朱红品：真正红、红鞍子、端正红、[illegible]红、艳春红、日增红、透枝红、干红、小真红、满栏红、光叶红、繁红、郁红、丽春红、出檀红、茜红、倚栏红、早春红、木红露、匀红、等二红、湿红、小湿红、淡口红、石榴红。淡花品：红粉淡、端正淡、富烂淡、黄白淡、白粉淡、小粉淡、烟粉淡、黄粉淡、玲珑淡、轻粉淡、天粉淡、半红淡、日增淡、添枝淡、烟红冠子、坯红淡、猩血淡。参见[3]26ab(卷15)。

[5]方以智．通雅[M]．北京：中国书店，1990: 509.

[6]尤袤．遂初堂书目[M]．尤桐，辑．锡山：尤氏，1935.

◆ 沈立《牡丹记》

《牡丹记》为沈立撰，10卷，约成书于熙宁五年（1072年），已失传[1-2]。熙宁五年三月二十四日，时值沈立（1007—1078年）任杭州太守，沈立曾向出任通判的苏轼出示该记，并求作叙。虽然该记失传，但苏轼所作的《牡丹记叙》却存于《苏轼文集》中：

熙宁五年三月二十三日，余从太守沈公观花于吉祥寺僧守璘之圃……明日，公出所集《牡丹记》十卷以示客。凡牡丹之见于传记与栽植接养剥治之方，古今咏歌诗赋，下至怪奇小说皆在……此书之精究博备，以为者皆可纪，而公又求余文以冠于篇。[3]

据上所述，沈立收集与牡丹有关的文献，记载了牡丹的栽植、嫁接、养护、打剥[4]、治病等，以及关于牡丹的古今咏歌诗赋等。该记内容广泛，具有类书的某些性质，内容似乎不限于对江南牡丹的记述。

沈立著述颇丰，除《牡丹记》外，还有《海棠记》《香谱》《锦谱》各1卷以及《茶法要览》10卷等。关于沈立的生平，薛从军、孙亚蒙等人进行了整理研究[5-6]。

[1] 中田勇次郎．文房清玩：三[M]．東京：二玄社，1962: 43-44.

[2] 杨宝霖．宋代花谱佚书沈立《牡丹记》[J]．农业考古，1990(02): 336.

[3] 苏轼．苏轼文集[M]．孔凡礼，校点．北京：中华书局，1999: 329(卷34).

[4] "打剥"即是"一本发数朵者，择其小者去之，只留一二朵"。（见欧阳修《洛阳牡丹记》）。

[5] 薛从军．北宋沈立生卒年、行事和著述考及评价[J]．巢湖学院学报，2016, 18(04): 7-13.

[6] 孙亚蒙，包阿古达木．沈立生平研究[J]．商，2015(50): 115.

◆《牡丹荣辱志》

《牡丹荣辱志》为丘璿所撰，记载牡丹 39 个品种，另有其他 138 种花。丘璿将姚黄比作王，将魏红比作妃，以社会阶级审评牡丹品种及其他花的等级。其实，这种做法早已见于南唐张翊所撰的《花经》（约 950 年）中，张翊曾以九品九命对花卉植物进行审评。《牡丹荣辱志》中提到“自苏台（苏州）、会稽至历阳郡（今安徽和县），好事者众，栽植尤伙，八十一之数必可备矣”，可知，当时江南一带盛行栽培牡丹。另外，从“八十一之数必可备矣”可知，此书曾受易学观念的影响。据陈振孙所言，丘璿通术数，知未来（兴废）[1]。清代，《四库全书总目提要》将该志收于小说类[2]，考虑其作为牡丹专著的这一特点，因此亦可将其视为一部谱录。

丘璿亦作“丘濬”或“邱璿”。笔者根据《百川学海》判断其真名是“丘璿”。今本《宋史》《宋会要辑稿》均作“丘濬”，但其两书也是根据明抄本所编辑的。因明朝有一位著名学者也叫丘濬（1418—1495 年），因此甚至有人误以为此书为明人丘濬所作。另外，清雍正三年（1725 年）上谕除四书五经外，凡遇“丘”字，须加“阝”旁为“邱”[3]。据余嘉锡《四库提要辨证》，丘璿是天圣五年（1027 年）进士。宝元三年（1040 年），被解任“卫尉寺丞”并遭贬谪，卒年 81 岁[4]。据邵博的《邵氏闻见后录》记载，熙宁十年（1077 年）秋，丘璿在池阳（今安徽池州）会见杨元素[5]。

[1] 陈振孙．直斋书录解题［M］．上海：上海古籍出版社，1978: 297-298.

[2] 纪昀，永瑢，等．景印文渊阁四库全书：总目 3［M］．台北：台湾商务印书馆，1983: 1055-1056(卷 140).

[3] 汉语大词典编辑委员会，汉语大词典编纂处．汉语大词典(10)[M]．上海：汉语大词典出版社，1992: 605.

[4] 余嘉锡．四库提要辨证［M］．北京：中华书局，2007: 1174-1176.

[5] 邵博．邵氏闻见后录［M］．刘德权，李剑雄，校点．北京：中华书局，1983: 228.

可推测其生活年代为1000—1080年，他的著作活动约在宋仁宗治世至宋英宗治世（1023—1085年）期间。此外，撰者在该志中称“卫尉寺丞”，或许在宝元三年前《牡丹荣辱志》已成书。

关于版本，应以《百川学海》所收本为善。另外，从南宋吴曾所撰的《能改斋漫录》中可看到《牡丹荣辱志》全文，但今传本是明抄本重编，已失原貌。《牡丹荣辱志》被两种《说郛》收录。此外，还有王云校点本《洛阳牡丹记（外十三种）》[1]。

◆《洛阳贵尚录》

《洛阳贵尚录》，已佚。陈振孙对之作评：“（丘璿）——专为牡丹作也，其书援引该博，而迂怪不经。”[2]由此可知，此书也是一部与牡丹相关的作品。南宋施元之的苏轼诗注中录有一则《洛阳贵尚录》的佚文：

孟蜀时，兵部贰卿李昊，每牡丹花开，分遗亲友，以金凤笺成歌诗以致之。又以兴平酥同赠。且云，俟花谢即以酥煎食之，无弃秾花也。[3]

从上述佚文来看，不能说内容全是荒唐无稽不可信的。五代至南宋，蜀地人有以牛酥煮牡丹花瓣的风俗。清代的菜谱《养小录》中记载，将牡丹的花瓣加入肉菜、鱼菜里，可去膻气。由此可知牡丹还可食用。陈振孙所说的“迂怪不经”，大约是指如“八十一之数必可备矣”此类与易学相关的内容。

[1] 欧阳修．洛阳牡丹记（外十三种）[M]．王云，整理校点．上海：上海书店出版社，2017: 9-14.

[2] 陈振孙．直斋书录解题[M]．上海：上海古籍出版社，1978:229.

[3] 苏轼．施注苏诗[M]．施元之，注．清康熙三十八年宋荦刻本．国图索书号6030．1699: 卷18.

◆《洛阳花谱》（附张峋《花谱》）

《洛阳花谱》为张峋所撰，成书于元祐年间（1086—1094年），已失传。根据北宋邵伯温（1057—1134年）、朱弁（1085—1144年）以及南宋的陈振孙等人的记载，元祐年间，张峋作为西京留台[1]驻洛阳。鉴于欧阳修的著作收录的品种不完备[2]，丞相韩缜（1019—1097年）命张峋续述花品。《洛阳花谱》以千叶、多叶之别将牡丹统分为两类，再以黄、红、紫、白四种色彩细分，并将芍药花品种附其末。张峋不仅记述各品的色彩、形状及附加图画，还走访老圃听取种植养花之法，并记于图后。[3-5]当时，此书是洛阳牡丹花谱专著中最为详备的一本。陈振孙曰"凡千叶五十八品，多叶六十二品。"（共120品）朱弁曰："凡有一百一十九品。"朱弁记载张峋所撰的《洛阳花谱》为3卷，陈振孙记载为2卷，《宋史》记载为1卷。

王毓瑚认为，张峋所撰的《洛阳花谱》《花谱》《庆历花谱》是同一本[6]。据此，最新的古农书联合目录将《洛阳花谱》的成书时间定为庆历年间（1041—1048年）[7]。但如上所述，《洛阳花谱》应成书于元祐年间，并且《庆历花品》不是张峋的书，而是李英《吴中花品》的别称。

张峋，字子坚，生于离洛阳很近的荥阳，因为年轻时师从邵雍（1011—1077年）在洛阳学习，所以他长期待在洛阳。邵雍作有一首《依韵和张子坚太博》。治平

[1] 龚延明．宋代官制辞典[M]．北京：中华书局，1997: 385.

[2]《邵氏闻见录》云："欧阳公作《花谱》才四十余品。"但今本《洛阳牡丹记》仅载23品，《曲洧旧闻》亦作23品。邵雍、邵伯温父子，以及韩缜、张峋等人所看的本子也许是包括《续花谱》的北宋印本《洛阳牡丹谱》。

[3] 邵伯温．邵氏闻见录[M]//全宋笔记：第二编（七）．郑州：大象出版社，2006: 231-232.

[4] 朱弁．曲洧旧闻[M]//全宋笔记：第三编（七）．郑州：大象出版社，2008: 36-37.

[5] 陈振孙．直斋书录解题[M]．上海：上海古籍出版社，1978: 297-298.

[6] 王毓瑚．中国农书录[M]．第二版．北京：中华书局，2006: 68-69.

[7] 张芳，王思明．中国农业古籍目录[M]．北京：北京图书馆出版社，2003: 210.

初年（1064—1065年）张峋同其弟张缙及第。治平三年（1066年）五月与两弟同游玉华山，作《玉华山》一诗[1]，张峋此时任著作佐郎。其后任京西运判赴洛阳。熙宁二年（1069年）九月九日，任淮南路太常博士。熙宁四年（1071年）四月十八日，知鄞县，于广德湖治水甚有大功。元祐二年（1087年），知熙州直龙图阁[2-3]。

◆《陈州牡丹记》

《陈州牡丹记》为张邦基所撰。书中记载了政和二年（1112年）时陈州（今河南淮阳）牡丹的栽培情况，但对于牡丹的品种，只载姚黄、缕金黄。书中记载花户牛氏培育出名为“缕金黄”的珍贵品种，观花者付一千钱才能进入花圃中观看。据称陈州有成百上千家花户，可见当时陈州牡丹栽培之盛。

张邦基，字子贤，高邮人。朱熹曾提及张邦基的《墨庄漫录》并认为张邦基所记有独到之处。《陈州牡丹记》亦是如此，没有其他书记录陈州牡丹栽培之盛。

关于版本，陶珽重编的《重较说郛》收录此书，但涵芬楼本《说郛》未收此书。《墨庄漫录》亦收录其一部分[4-6]。另外，还有王云校点本[7]、杨林坤编著的白话本[8]、王宗堂注评的白话文翻译等均收录此书[9]。

[1] 王昶．金石萃编：五[M]．北京：中华书局，1985: 2b-3a(卷136).

[2] 徐松．宋会要辑稿[M]．北京：中华书局，1957: 3899.

[3]《宋会要》作“张珣”。

[4] 张邦基．唐宋史料笔记丛刊：墨庄漫录[M]．孔凡礼，校点．北京：中华书局，2002: 251.

[5] 吴曾．能改斋漫录[M]．上海：上海古籍出版社，1979: 出版说明．

[6] 缺苏轼《玉盘盂·序》等。

[7] 欧阳修．洛阳牡丹记（外十三种）[M]．王云，整理校点．上海：上海书店出版社，2017: 15-16.

[8] 欧阳修．牡丹谱[M]．杨林坤，编．北京：中华书局，2011: 125-132.

[9] 欧阳修，等．牡丹谱[M]．王宗堂，注评．郑州：中州古籍出版社，2016: 115-127.

◆《天彭牡丹谱》

淳熙五年（1178 年），陆游（1125—1210 年）撰。该书载述了彭州（今成都的北边）的牡丹，依五色花瓣分类，红花 21 品，紫花 5 品，黄花 4 品，白花 3 品，碧色 1 品，未详 31 品，共有 65 品。

乾道六年（1170 年），陆游任夔州通判，赴蜀任职。乾道八年（1172 年），陆游属四川宣抚使王炎的幕下，从事抗金。但不满一年，王炎被朝廷召回，抗金受挫。陆游极其伤感，写下著名的《剑门道中遇微雨》。同年，受命任四川宣抚使之属官，赴成都。淳熙元年（1174 年），范成大（1126—1193 年）任四川制置使，陆游为其属下参议官。在成都任职后，陆游逐渐积累了丰富的资料，因而在淳熙五年正月十日牡丹未开花之时，写完了该谱（并于当年离蜀）[1]。

陆游自幼爱花，平时种花，但著本书的动机不止于此。陆游在该谱中讲述："天彭号小西京，以其俗好花，有京洛之遗风。"他又写道："嗟呼，天彭之花要不可望洛中，而其盛已如此。使异时复两京，王公将相筑园第以相夸，尚予幸得与观焉，动荡心目又宜何如也。"[2]可见，他以此来缅怀北宋洛阳牡丹栽培之繁荣。所以，该谱中的体例也仿北宋欧阳修的《洛阳牡丹记》，分成花品序、花释名、风俗记。陆游亦爱茶，常持《茶经》《水品》[3]，甚至戏称自己前世或是陆羽[4]。

[1] 钱大昕．陆放翁先生年谱[M]//陈文和，主编．嘉定钱大昕全集（肆）．南京：江苏古籍出版社，1997: 14.

[2] 陆游．天彭牡丹谱[M]．北京：国家图书馆出版社，2004: 花品序（卷42）.

[3]《水品》大概是《煎茶水记》。

[4]"水品茶经常在手，前身疑是竟陵翁。"（《戏书燕几》）

该谱存有南宋刊本，即陆游之子陆遹于嘉定十三年（1220年）所刊刻的《渭南文集》卷四二。该文集由陆游生前亲自整理，陆遹刊刻，因此该版本最接近于原貌。今国家图书馆藏南宋《渭南文集》本卷四二全页为马祖所刻，此刻工出现于南宋初期末至南宋中期的刻本中[1]。故此，此本若非初刻，亦可视为极近于初刻[2]。

如今还有王云校点本、杨林坤、王宗堂分别编著的白话文版本，佐藤武敏的日译本。台湾政治大学许东海也进行了关于陆游及牡丹的研究。

◆《成都牡丹记》

《成都牡丹记》为胡元质所撰。明朝王象晋、曹学佺等人引过此书[3-5]。据这些引文，可知此书内容是有关牡丹在蜀地的纪事。

范成大的《吴郡志》中有传。胡元质（1127—1189年）是绍兴十八年（1148年）进士。乾道年间（1165—1173年）曾任校书郎等，供职于南宋馆阁。与范成大、周必大同为馆阁幕僚[6]。淳熙四年（1177年）范成大离任四川制置使时，胡元质继任该职，淳熙七年（1180年）离任[7]。大概此时期他撰成该记。宋孝宗曾称赞他为“大才”，并且十分厚待他[8]。据元朝陆友仁撰《吴中旧事》的佚文，胡元质在苏州吴县的程师孟故居里有大花圃，种植了约1000株牡丹[9]。胡元质撰有《西汉字类》5卷、《总

[1] 张振铎．古籍刻工名录［M］．上海：上海书店出版社，1996: 26-181.

[2] WYLIE A. Notes on Chinese Literature: With Introductory Remarks on the Progressive Advancement of the Art; And a List of Translations from the Chinese into Various European Languages［M］. Shanghai: American Presbyterian Mission Press, London: Trübner & Co., 1867: 186.

[3] 王象晋．二如亭群芳谱[M]. 海口：海南出版社，2001: 239-240.

[4] 曹学佺．蜀中广记［M］. 明刊本．国图索书号: 02247. 方物志：卷4.

[5] 杨慎．全蜀艺文志［M］. 刘琳，王晓波，校点．北京：线装书局，2003: 1691-1692(卷56).

[6] 陈骙．南宋馆阁录：续录［M］．张富祥，点校．北京：中华书局，1998: 130(卷8).

[7] 吴廷燮．北宋经抚年表；南宋制抚年表［M］．张忱石，点校．北京：中华书局，1984: 544.

[8] 范成大．吴郡志［M］．陆振岳，校点．南京：江苏古籍出版社，1999: 卷27.

[9] 解缙，等．永乐大典：第3册［M］．北京：中华书局，1960: 2552(卷5839).

效方》10 卷、《左氏摘奇》13 卷(《文献通考》为 12 卷),有语言、医学方面的书以及《左传》的摘录。如今有王云校点本[1]。

◆《彭门花谱》

《彭门花谱》为任璹所撰,1 卷,已佚。任璹何许人,其生卒年,《彭门花谱》成书年月皆未详。据《宋会要》,此时宋朝官员中有任寿吉。不知是否为任璹。宋代姓任的名人多为蜀人。《中国文学家大辞典·宋代卷》载有 7 位任姓者,其中 6 人为四川人[2]。

《彭门花谱》的书名只见于元朝脱脱等所撰的《宋史·艺文志》中,此书是根据几种南北宋馆阁书编出的秘阁图书目录。由此可知馆阁书目中很可能著录过此书名,也就是说张攀等撰的《中兴馆阁续书目》(1220 年)之前在馆阁中存在此书。书名中的彭门即彭州。但除此之外,北宋时期的蜀地几乎没有牡丹栽培的历史记录。

据陆游所记,崇宁年间(1102—1106 年)州民宋氏、张氏、蔡氏,以及宣和年间(1119—1125 年)石子滩杨氏皆曾买新花于洛阳,传于彭州。自此以后,洛阳花木传到彭州,花户荣盛[3]。因此笔者推测,《彭门花谱》大概成书于北宋末期以后。因此,该书最可能的成书时间是 1125—1220 年。

[1] 欧阳修. 洛阳牡丹记(外十三种)[M]. 王云,整理校点. 上海:上海书店出版社,2017: 23-25.

[2] 曾枣庄. 中国文学家大辞典:宋代篇[M]. 北京:中华书局,2004: 180-183.

[3] 吴曾. 能改斋漫录[M]. 武英殿聚珍版别本(第 29-34 册). 卷 15: 26b-29a.

◎ 第二节 芍药谱

以花喻人，是世界上常用的修辞手法。被上古时代的中国和古希腊、古罗马共同视为与女性有关联的药用植物，那似乎就是芍药属植物。古希腊人称作“paιωνia”（芍药）的植物，在当时作为治疗妇科疾病的重要草本药材而被普遍使用[1]。3世纪左右，狄奥夫拉斯图斯已经较详细地记载“paιωνia”，当时又称作“γλυκυsidη”[2]。迪奥斯科里德斯在《药物志》中有比较详细的记载，尤其对果实（伪果）和种子的形态特征也有详细的记录，这些记载符合芍药属植物的形态。据《药物志》记载，paιωνia是入药部位的名称，它有雄雌之分[3]。paιωνia的词源来自奥林巴斯山的山神，也主管医学的Παιων（派翁）。古希腊神话中有下面的一段话，阿波罗的母亲Λητώ（勒托）向派翁传授“在奥林巴斯山生长的某种药草有缓和分娩困难的作用”。这药草就是今天的芍药根，因此给它的根部起名为“paιωνia”[4]。

在中国，《诗经·郑风·溱洧》中有一句“维士与女，伊其相谑，赠之以勺药”[5]，说明芍药在春秋时期已经成为观赏的对象。如果细心查阅三国时期以前的相关文献，就不难看出其中出现的芍药很可能不是今天所说的芍药[6]。因此，古来不少学者长期考证《诗经》中的“勺药”到底是什么植物。三国时期陆玑对此提出疑问“今药草勺药无香气，非是也，未审今何草”[7]。其实，今天的芍药没有那么浓郁的气味，何况与牡丹相比，芍药更可以称得上是气味清淡。《山海经·北山经》中也有关于芍药的记载，绣山[8]长有很多芍药[9]。从该书中所载的分布情况来看，古人将它解释为今天的芍药也没有太多

[1] LLOYD G E R. Science, Folklore and Ideology: Studies in the Life Sciences in Ancient Greece [M]. Cambridge: Cambridge University Press, 1983: 127-128.

[2] THEOPHRASTUS A H. Enquiry into Plants and Minor Works on Odours and Weather Signs (II) [M]. Cambridge, US: Harvard University Press, London: Heinemann LTD., 1980: 256-257.

[3] 岸本良彦．ディオスコリデス『薬物誌』[J]．明治薬科大学研究紀要人文科学・社会科学，2010，40: 1-149.

[4] PEDANIUS D. Der Wiener Dioskurides: Codex medicus graecus 1 der österreichischen Nationalbibliothek, Akademische Druck-und Verlagsanstalt [M]Graz: Akademische Druck-u. Verlagsanstalt, 1999: 51.

[5] 郑玄．十三经注疏：毛诗正义[M]．孔颖达，疏，阮元，刻．北京：中华书局，1980: 442-443.

[6] 久保辉幸．牡丹・芍药の名物学的研究(2): 芍药の训诂史 [J]．药史学杂志，2013，48(02): 116-125.

[7] 同[5].

[8] 据《北山经》所记载，绣山应是一座处于北方的山，但具体位置不详。

[9] 郭璞，郭郛．山海经注证[M]．上海：上海古籍出版社，2004: 315, 433, 510-511, 557.

的矛盾之处。

不过，汉代没人提及芍药之美，也没有观赏芍药花的记载。西汉到东汉前期，芍药只是一种放在炖菜里的调味料。比如，枚乘《七发》中所提到的“天下之至美”包含“芍药之酱”[1-2]。此外，还有不少此类记载，如司马相如的《子虚赋》有“勺药之和具而后御之”[3]；扬雄的《蜀都赋》有“调夫五味，甘甜之和，芍药之羹”[4]；王充的《论衡》有“犹人勺药失其和也[5]”。

据上述《七发》《子虚赋》《蜀都赋》等西汉文学作品来看，同时代的毛氏所注“香草”可能指芍药的调味作用。当时的人们既将芍药用于医药，又用于调味，甚至在一些文献中有以“芍药”代表调味的语言习惯。所以这种植物应该具有独特的香气或味道，且能除去腥气。葛洪《抱朴子·内篇·论仙卷二》亦有：“仙法欲止绝臭腥，休粮清肠。而人君烹肥宰腯，屠割群生，八珍百和，方丈於前，煎熬勺药，旨嘉餍饫。”[6]

在古代医药文献方面，芍药首见于西汉马王堆汉墓帛书《五十二病方》中[7]。其次，《老官山医简》《武威汉代医简》也有记载。张仲景《伤寒杂病论》有 30 种桂枝汤等配有芍药的方剂，芍药是使用频率较高的药材。最早的本草文献《神农本草经·中品》亦著录芍药条目。芍药也有着长久的药用历史。

在南北朝时期，文学作品中不再出现用于烹饪的芍药，北魏的农书《齐民要术》中亦未收载芍药。但在陶弘景的《本草经集注》等医书中仍有记载。《雷公炮制论》记载了芍药药用部位的炮制方法：“采得后，于日中晒干，

[1] 萧统，李善．文选：4[M]．北京：中华书局，1975: 2010.

[2] 当时，中国人主要将芍药视为调味的材料，也可依据三国时期韦昭的“勺药和齐咸酸美味也”一句，推断“勺药”可能有用“勺”计量调味料（“药”）的含义。另外，《名医别录》列举芍药的别名“犁食”“解食”，这些别名意味着芍药似乎有可以促进消化的作用。

[3] 班固，颜师古．汉书[M]．北京：中华书局，1962: 2544.

[4]欧阳询．艺文类聚（附索引）[M]．汪绍楹，校．上海：上海古籍出版社，1985: 1096.

[5]黄晖．论衡校释[M]．北京：中华书局，1990: 635.

[6] 王明．抱朴子校释[M]．北京：中华书局，1985: 18.

[7] 尚志钧．五十二病方药物注释[M]．皖南医学院科研科油印本．1989: 32-33.

以竹刀刮上粗皮并头土了，锉之，将蜜水拌蒸，从巳至未，晒干用之。”[1]现代芍药的根部也有两层构造，炮制白芍时要刮除外层。

到晋代，辛萧作《芍药花颂》。这篇颂可谓《诗经》出现以来最早的芍药观赏记录。初唐《艺文类聚》中引用她的《芍药花颂》《菊花颂》《燕颂》三篇颂歌[2]。《旧唐志》《新唐志》均未著录《辛萧集》。除了上述三篇颂歌，她的作品都散佚了。从留下的三部作品来看，辛萧擅作咏物诗。她对芍药的描述，如生长快速，白色花瓣绽放等非常符合今芍药的特征。与三国时期以前的文献对比，这篇颂的文字较正确地描述了芍药的特征。

不仅辛萧，很多晋代文人都颇重视自然之美，典型的有谢灵运的山水诗，陶渊明的田园诗等。晋代文人的观点与汉代文人的不同，因而也出现了不少针对某一种植物的“赋”。例如梁王筠（481—549年）曾作《芍药赋》（佚）[3]。遗憾的是，大量颂赋已经失传，我们无法得知文人如何描述芍药，只能从题名得知芍药是当时被重视的观赏植物。

盛唐时期，随着人们开始观赏牡丹，芍药花也逐渐格外受到重视。据钱起（722—780年）《故王维右丞堂前芍药花开》中的“主人不在花长在”[4]一句来看，盛唐诗人王维亦曾在房前种植芍药。中唐的诗词中有不少描写芍药的作品，如白居易的《感芍药花寄正一上人》、柳宗元的《戏题阶前芍药》、元稹的《红芍药》、韩愈的《芍药》等。孟郊的《看花》中甚至有一句“家家有芍药”。

至北宋时期，扬州以芍药栽培中心而驰名。于是，北宋的士大夫在扬州留下了不少与芍药相关的记载。南

[1]唐慎微，曹孝忠，张存惠，等．重修政和经史证类备用本草[M]．北京：人民卫生出版社，1957: 201.

[2]欧阳询．艺文类聚（附索引）[M]．汪绍楹，校．上海：上海古籍出版社，1985: 1383, 1392, 1599.

[3]姚思廉，等．梁书[M]．北京：中华书局，1973: 484.

[4]彭定求，等．全唐诗[M]．北京：中华书局，1960: 2688（卷239）.

宋的士大夫也创作芍药的诗词，如杨万里的《芍药初生》描写了刚刚从地下生长出来的鲜红色的芍药苗叶，《梅品》的撰者张镃（1153—1211 年）也曾作《芍药花》二首。

辛萧的《芍药花颂》后，一直到唐宋时期，芍药不断地受到诗人的重视与喜爱。在唐代，随着牡丹的流行，关于芍药的诗也逐渐增多。但是，从晋代的文学作品来看，唐代诗人并不是在牡丹流行之后才开始关注芍药，而是先有晋代文人对芍药的了解与观赏习惯。后来隋朝统一南北，人们才能引进西北的野生牡丹。

北宋很多士大夫格外喜爱牡丹，编撰牡丹专谱的热潮逐渐兴起。其中，欧阳修在年轻时写的《洛阳牡丹记》在北宋时亦有刻本，广泛流传于士大夫之间，带动了士大夫撰写其他花卉植物专著的风气。就芍药而言，在目前我们已知的范围内，宋代只有刘攽、王观、孔武仲、艾丑等 4 人的芍药专谱，皆以扬州的品种为主。其中刘攽、王观的 2 部撰写于熙宁年间（1068—1077 年）。

根据玛蒂娜·斯柏特统计，古代中国一共有 5 部芍药谱[1]。这 5 部中，除了刘攽、王观、孔武仲的 3 部作品，斯柏特还算入了南宋的《牡丹芍药花品》、明代高濂的“芍药谱”[2]。但从书籍的形式来看，《牡丹芍药花品》其实是丛书，其芍药相关部分实为孔武仲的《芍药谱》；明代高濂的“芍药谱”实际上是高濂撰的《遵生八笺》（1591 年）序中的一章，故今不计入。此外，20 世纪 60 年代，韦金笙发表《扬州芍药小史》，详细介绍了芍药谱，其中提及艾丑的芍药谱。但此篇论文似乎鲜为人知[3]。另外，明代曹守贞编撰有《维扬芍药谱（合纂）》（附录 1 卷似

[1] SIEBERT M. From Bamboo to “Bamboology”: The Search for Scientific Disciplines in Traditional China [C] // 多元文化中的科学史：第十届国际东亚科学史会议论文集．上海：上海交通大学出版社，2005: 313.

[2] 内容包括种法、培法、修法以及芍药名考，并附刘攽、孔武仲及《广陵志》各谱所记品种。

[3] 韦金笙．扬州芍药小史 [J]．园艺学报，1964: 3(03): 269-278.

乎是曹守贞所增补）。因此，古代中国芍药谱至少有这5部。据李娜娜等人的统计，中国古代的牡丹谱可考有41部之多[1]（玛蒂娜统计为32部），而芍药谱的数量却不及其八分之一。

宋代以后，芍药谱流传不广，虽然曹守贞辑录前人千部芍药谱，但也无甚读者。可是，翻看刘攽、王观、孔武仲三人的谱录，不难看出他们编撰芍药谱的目的几乎是一致的，那就是他们要将当时扬州芍药栽培之盛传达给后人。但如上述，事与愿违，刘、孔两谱现在仅见于类书和抄本中。

还有，《全芳备祖》卷三转载了王禹偁（954—1001年）的《芍药诗谱》。据《芍药诗谱》佚文，无法确定它是否为芍药专谱的残存部分，而且其他书籍中未见王禹偁编撰芍药谱的痕迹，加之，王禹偁的《芍药诗》三首的诗序中也见同样内容。所以，本书暂时未将其视为一部芍药谱。

中国学者陈雪飞亦对北宋芍药谱做过一些研究[2]，但未涉及艾丑的芍药谱、《群芳谱》中的刘谱佚文等，尚有需深入考察之处。

◆ 刘攽《芍药谱》（《芍药花谱》）

《芍药谱》1卷[3-4]，成书于熙宁六年（1073年）或次年，刘攽撰。原有绘图，已佚。《宋史·刘攽传》，

[1] 李娜娜，白新祥，戴思兰，等．中国古代牡丹谱录研究[J]．自然科学史研究，2012, 31(01): 94-106.

[2] 陈雪飞．北宋扬州芍药三谱之比较及其史料价值[J]. 扬州职业大学学报，2018, 22(01): 7-14.

[3] 各书目将之为一卷，但《四库提要全书总目》对《彭城集》的解题中载："史载（刘攽）所著诸书有《文集》五十卷……《芍药谱》三卷。今所存者自诗话以外，惟《东汉刊误》，散附北监本《后汉书》中，未见孤行之本（此六字，文渊阁本作'近日始有刻本'）。《芍药谱》亦仅而不亡……"一文。只《四库提要》以刘攽的《芍药谱》为三卷，不知所据。

[4]《四库全书》出版工作委员会．文津阁四库全书提要汇编集部：上[M]．北京：商务印书馆，2006: 143-145.

刘攽（1022—1088年[1-2]），字贡父，原在开封奉职，但“尝诒（王）安石书，论新法不便。（王）安石怒摭前过，斥通判泰州”[3-4]。于是，同年刘攽罢官，从海陵（今江苏泰州）到了广陵。四月，刘攽遇见孙觉（1028—1090年）、傅尧俞（1024—1091年）。刘攽从马玿处开始了解扬州芍药，也读到过“广陵人所第名品”。正因无职在身，刘攽才有闲暇出游赏花、投身论著。刘攽撰有《东汉刊误》4卷、《芍药谱》1卷、《汉官仪》3卷、《经史新义》7卷，《五代春秋》15卷、《内传国语》20卷等，以史学著作居多。有人提出汉代已有芍药谱，其云：“《芍药谱》汉代已出现。宋代刘攽撰《东汉刊误芍药谱》今尚存。”[5]这应该是断句有误，将《东汉刊误》和《芍药谱》混并而产生的误解。

同一时期，刘攽还协助司马光（1019—1086年），参与《资治通鉴》编撰，负责汉代部分。司马光本人也因为反对王安石新法，离开朝廷，“旧居洛阳，实际是投闲置散。他从此把全副精力用于修《通鉴》”[6]。随着王安石推动新法，司马光、刘攽、苏轼等所谓旧法派文人陆续离开政坛，将更多的精力投入著作活动，正因如此才给后人留下了丰厚的精神遗产。

[1] 钱锺书．宋诗选注［M］．北京：三联书店，2007: 84.

[2] 关于刘攽的生卒年，钱锺书在《宋诗选注》中写为1022—1088年，《宋史·卷319》载“［卒］年六十七”；《续资治通鉴·卷423》云：“哲宗元祐四年（1088年）三月乙亥，中大夫中书舍人刘攽卒。”但最近出版的《中国文学家大辞典》却写为1023—1089年，不知《宋代文学家辞典》所据史料为何。

[3] 脱脱，等．宋史［M］．北京：中华书局，1977: 10388.

[4]《东都事略》记载不同的原委。据此，有一个举人在考试上用“小畜”。王介对此说：“犯神宗嫌名。”而刘攽反对王介的说法，引起有关训诂学的争论。结果刘攽被贬为秦州通判。

[5] 李保光，李胜文．牡丹考源［C］// 牡丹与中国古代文学（中国荷泽牡丹与古代文学研讨会论文集）．济南：山东人民出版社，2015: 410.

[6] 柴德赓．史籍举要［M］．北京：北京出版社，2002: 227.

一、内容

刘攽赴任扬州之前在京城开封等地长期任职，所以《芍药谱》中还提及了北方的芍药栽培情况。《芍药谱》罗列了31个品种名及其简单的特征：品种名皆由三个字构成，品种特征描述简而有法。例如，排序第一的“冠群芳”

被描述为“大旋心冠子深红”。“大旋心”说明花瓣伸张的方向稍微旋转，不是呈向外笔直的放射状。“冠子”说明具有两种花瓣，即一般的花瓣及花蕊变化的小花瓣。小花瓣窄而直立，仿佛戴冠。“深红”表明了花瓣的颜色。如此，撰者抓住芍药花的三个形态特征，来简明系统地介绍芍药。而这三个特征也是当时品种分类以及品评芍药花的要点。除了这31个品种，书中还记载一个名为“金带围”（又称“金腰带”）的品种，因此所载品种实际上至少有32种。

刘攽还将扬州的芍药栽培情况与北方的进行比较，以描述扬州芍药之盛。此外，他还分析了为何独扬州有精品芍药，并在书中阐述了自己的哲理性思考。

他首先引用《禹贡》中的记载，言扬州古来宜于植物生长。在着眼于地方的优异性这一点上，欧阳修亦认为，洛阳因为其地气不平衡，所以存在很多牡丹品种。再者，据钱锺书的《宋诗选注》，刘攽诗风近于欧阳修，可能受欧阳修影响较大。由此来看，刘攽对扬州芍药的看法很可能也受欧阳修《洛阳牡丹记》的启发。另外，他注意到名品芍药从扬州移植到外地后，就会变成普通芍药。在刘攽看来，牡丹的品种可以经嫁接等人工改造而得到，所以年年都有良种产生；而美丽的芍药品种自然形成，带有偶然性。如果栽培管理不得当，芍药就不能开出漂亮的花。加上遭遇风雨或受气温太低等不良气候条件影响，一些名花绝品十四五年才能看到一次。

据明王象晋所撰的《二如亭群芳谱》（1621年），刘谱还收载了“四相簪花”的故事：

花有红叶黄腰者号金腰围，有时而生则城中当出宰相。韩魏公守维扬日郡圃芍药盛开，得金带围四，公选客具乐以赏之，时王珪为郡倅，王安石为幕官，皆在选中。而缺其一，花开已盛，公谓今日有过客，即使当之。及暮，报陈太傅升之来，明日遂开宴，折花插赏。后四人皆为首相。《刘攽芍药谱》。昔有猎于中条山见白犬入地中，掘得一草根携归植之，明年花开，乃芍药也。故谓芍药为白犬。[1]

庆历五年（1045年）春，韩琦知扬州，扬州的官府花圃里正好开了十分稀见的芍药花“金带围”四朵[2]。当时，王安石、王珪、陈升之都在扬州，韩琦邀请他们三人并设赏花宴款待。四人将金带围的花朵饰于头冠，共度快乐时光。此后，四个人先后官升宰相。但这个故事却不见于韩琦、王安石等人的文集中。因而此则故事可能只是民间传说[3]。其中的王珪是马玿（给刘攽讲过扬州芍药的人）夫人的祖父。

另外，《群芳谱》摘引刘攽《芍药谱》后，又记录了白狗与芍药的故事。据称，古时有人在中条山打猎时，看见一条白狗钻进地下挖出一条草根。其人将草根带回种下，结果第二年开出花来，便是芍药花。故芍药亦称为白犬[4]。此则故事没有标出文献来源，可视为与上一条同一种文献来源，即刘攽《芍药谱》的佚文[5]。与后文介绍的王、孔二谱相较，刘攽《芍药谱》虽然文字不多，但其内容十分丰富。除当地芍药品种，还考察了扬州的地理因素与芍药的关系、当地的花卉产业情况、芍药的名义问题等。

[1] 王象晋．二如亭群芳谱[M]//故宫珍本丛刊：427．海口：海南出版社，2001：308（花谱卷4：4）．

[2] 刘成国．王安石年谱长编[M]．北京：中华书局，2018：138-140．

[3] 此故事又见于陈师道(1053—1101年)的《后山谈丛》。

[4] 南宋本《艺文类聚》引《本草经》作“一名白犬”，而南宋本《大观本草》等各种《证类本草》《本草和名》抄本皆作“一名，白木”。加之，《太平御览》所引《吴氏本草》作“一名，白朮”。芍药本身是一种植物，所以笔者认为先有“白木”或是“白朮”的别名，然后“木”字(或“朮”字)讹为“犬”，大概因此让后人迷茫，故衍生出白狗挖芍药根的传说。

[5] 这种情况在《群芳谱》中多有出现，比如，《群芳谱》将“芍药有两种…俗称牡丹非也”一文引自崔豹《古今注》，接下来有一条“牛亨问曰将离相赠以何也……”的引文，却没有标示文献来源。这一条实际上见于今本《古今注》中。从情形来看，重复引用同一本文献时，第二条引文未重复标示文献来源。(《群芳谱》，第308页)

二、版本

现存的刘攽文集《彭城集》《公非集》均未收《芍药谱》。但如纪昀等人在《四库全书总目提要》中指出的，南宋陈咏的《全芳备祖·芍药》有《芍药谱》佚文[1]约700字。余嘉锡进行修订并增补内容时还指出，刘谱的佚文见于南宋祝穆所编的《古今事文类聚·后集》[2]，但书名作《芍药花谱序》。杨宝霖指出，《古今合璧事类备要·别集·草木卷》可谓《全芳备祖》的简编本，今存南宋刻本，可以用它来为《全芳备祖》参校[3]。

另外，南宋祝穆所编的《古今事文类聚·后集》的元刊本尚存，有国家图书馆藏本、北京大学图书馆藏本，如今有书目出版社、《中华再造善本》系列等的影印本等。据笔者调查，国家图书馆藏本（索书号07564）当属最善。

笔者对《古今事文类聚》元刊本3种、《古今合璧事类备要》宋刊本以及胡介祉旧藏本《全芳备祖》的明清抄本作互校。结果显示，《古今事文类聚》《古今合璧事类备要》《全芳备祖》这三种版本系统虽有些不同，但文章、引文长度等特征大致相同。表4-1为元刊本《古今事文类聚》、宋刊本《古今合璧事类备要》和胡介祉旧藏本《全芳备祖》（抄本，南京图书馆藏）的主要异同。

[1]《四库全书》出版工作委员会．文津阁四库全书提要汇编子部［M］．北京：商务印书馆，2006. 408-409.

[2]余嘉锡．四库提要辨证(3)［M］．北京：科学出版社，1958. 803-804.

[3]杨宝霖．《古今合璧事类备要·别集·草木卷》与《全芳备祖》［J］．文献，1985(01): 160-173.

表 4-1　元刊本《古今事文类聚》、宋刊本《古今合璧事类备要》与胡介祉旧藏本《全芳备祖》之间的主要异同

<table>
<tr><th>元刊本《古今事文类聚》</th><th>宋刊本《古今合璧事类备要》</th><th>胡介祉旧藏本《全芳备祖》</th></tr>
<tr><td colspan="2">相侔埒</td><td>相侔将</td></tr>
<tr><td>扬州草夭木乔</td><td>杨州草夭木乔</td><td>杨州草木夭乔</td></tr>
<tr><td colspan="2">然未有效其为夭乔也</td><td>然未见其为夭乔也</td></tr>
<tr><td>芍药之盛繁，广陵</td><td colspan="2">芍药之盛，环广陵</td></tr>
<tr><td>风雨天寒</td><td>风雨暄寒</td><td>风雨寒暄</td></tr>
<tr><td colspan="2">参并具美</td><td>参并其美</td></tr>
<tr><td>北方者二年</td><td>此方者二年</td><td>北方者六年</td></tr>
<tr><td colspan="2">生物无祖</td><td>生物无闻</td></tr>
<tr><td colspan="2">更变浸浸日远</td><td>更变骎骎日久</td></tr>
<tr><td colspan="2">名品奇花</td><td>名品奇品</td></tr>
<tr><td colspan="2">泯默</td><td>泯然</td></tr>
</table>

从表4-1中的“风雨天寒”“风雨暄寒”“参并具美”“参并其美”“更变浸浸日远”“更变骎骎日久”“泯默”“泯然”等文字异同可以判断元刊本《古今事文类聚》文字为宜。《古今事文类聚》的“扬州草夭木乔”一句与今本《禹贡》也一致，亦为佳。但也有可能是刘攽笔误而后人将其修订。另外，刘谱的品第亦见于王谱[1]，古刊本《百川学海》中的王谱与《古今事文类聚》（和《古今合璧事类备要》）中的刘谱的品第排名完全一致，而这两种排名的第20、第21位（拟香英、妒娇红）和第22、第23位（缕金囊、怨春红）在《全芳备祖》本中颠倒，存在差别。根据以上特点，刘谱的底本应为元刊本《古今事文类聚》。

[1] 刘晓光．王观生平事迹考[J]．湖北师范学院学报(哲学社会科学版)，2007，27(03)：24-29.

刘谱佚文互校结果也显示，《古今合璧事类备要》更接近于《全芳备祖》，确切可供参校，然而《古今事文类聚》讹字少，更为善。陈咏刊刻《全芳备祖》时，祝穆曾经为他校订，因而祝穆所编《古今事文类聚》和《全芳备祖》引载文献多有类同，甚至很可能两人所用底本也是一致的。古刊本《全芳备祖》的阙卷部分亦可用《古今事文类聚》以参校。刘谱应以国家图书馆藏元刊本（索书号07564）为善。

◆ 王观《扬州芍药谱》

《扬州芍药谱》1卷，王观撰。王观，字通叟，生活时间为约1035—1085年[1]。在刘攽巡游扬州的两年半后，王观于熙宁八年（1075年）十二月赴扬州江都任知县。不过此时已是冬天，最早也得等到第二年才能一睹扬州芍药的芳容，因而书中记载的应该是熙宁九年（1076年）之后的情况。

王观任江都知县的前后历程，在史料中稍有差异，学者间观点亦不一。例如，李欣等学者认为，王观在熙宁末任江都知县，元丰二年（1079年）迁回开封任大理寺丞[2]；刘晓光根据清人汪之珩的记述，认为王观于熙宁年间任大理寺丞，熙宁至元丰之间改任江都知县[3]。在古刊本《百川学海》所收《扬州芍药谱》中，王观的官职题为"将仕郎守大理寺丞，知扬州江都县事"。据笔者考察，大理寺丞原是一个司法判刑的职事官名，但在元丰元年（1078年）十二月前，只是一个空职衔，为文臣迁转官阶[4]。尽管在芍药谱上称王观任"大理寺丞"兼"知江都县"，但可以理解为其名义上的职位是大理寺丞，而实际职务为掌管江都，也就是说在其任职江都知县这一期间他肯定是在扬州的。在此期间，王观因作《扬州赋》而声誉鹊起，朝廷还赐予他绯衣银章。但好景不长，不久他因受贿获罪，贬徙永州。从上述情形来看，自1075年起，他在扬州的时间前后不超过4年。《扬州芍药谱》

[1] 王观称："前人（刘攽）所定，今更不易。"

[2] 李欣，王兆鹏．北宋词人王观生平事迹考［J］．上海师范大学学报（哲学社会科学版），2005，34(05)：70.

[3] 刘晓光．王观生平事迹考［J］．湖北师范学院学报（哲学社会科学版），2007，27(03)：24-29.

[4] 龚延明．宋代官制辞典［M］．北京：中华书局，1997：389.

的内容应当是根据这期间（1076—1080 年）扬州芍药的情况所记。

一、内容

王观以刘攽所选 31 个品种为基础，对各个品种补充了较详细的解释，并在其后添加了 8 个新收品种[1]，还记载了由 6 片花瓣组成的 3 个单瓣芍药品种，一共记载 42 个品种。以一品芍药“尽天工”为例，刘攽曾在其谱中提过此品种，将其简单地解释为“（柳浦）青心红冠子”[2]，可以推测此花具有偏绿的雄蕊，红色花瓣，整个花状如冠子。王观对之进行补充解释：“于大叶中小叶密直。妖媚出众，倘非造化无能为也。枝硬而绿，叶青薄。”由此，我们更清楚地知道，此花有大小两种花瓣，而小花瓣丛密地长于大花瓣之间，说明这是雄蕊化成花瓣的变异种。诚如“尽天工”之名，此花红、绿花瓣交相辉映，确是天工之作、唯造化所及。其次，王观还记录下其茎叶的特征，即茎坚硬而偏绿黄色，叶子显青绿色而薄。千年后的我们也可以想象“尽天工”的整个原貌。王观认为，这是只有造化才能创出的一品。诚如宋徽宗在《诗帖》中所说的“丹青难下笔，造化独留功”一样[3]，宋代人往往将神奇至美的植物视为“造化”的神功。

除了介绍芍药的各品种外，王观还对芍药的变异提出自己的看法。对于花卉的变异，与欧阳修将“气”的不均衡视为花卉变异的原因不同，王观认为栽培者发挥了作用才培育出新奇的品种。欧阳修、刘攽等人的观点偏于传统哲理性解释，而王观的观点更为实际。文中，

[1] 新收 8 种中由 3 个字组成的品名仅有 3 种，其他品名有 2、5 个字的名称。

[2]《芍药花谱》的佚文作“青心红冠子”，无“柳浦”两字；而《扬州芍药谱》有这两字。较之，王观所看《芍药花谱》似有这两字。《花镜》卷六作“柳浦红”，柳浦为地名。就是今浙江省杭县。不过，除了此种外，其他品种都没以扬州之外的地方为原产地。“柳浦”两字也有指花瓣或叶子形状的可能。

[3]“秾芳依翠萼，焕烂一庭中。零露霑如醉，残霞照似融。丹青难下笔，造化独留功。舞蝶迷香径，翩翩逐晚风。”

王观还详细记载了栽培、移植等相关技术。

王观在《扬州芍药谱·后论》中写道：

扬之芍药甲天下，其盛不知起于何代，观其今日之盛，想古亦不减于此矣。或者以谓自有唐若张祜、杜牧、卢仝、崔涯、章孝标、李嵘、王播，皆一时名士，而工于诗者也，或观于此，或游于此，不为不久，而略无一言一句以及芍药，意其古未有之，始盛于今，未为通论也。海棠之盛，莫甚于西蜀，而杜子美诗名又重于张祜诸公，在蜀日久，其诗仅数千篇，而未尝一言及海棠之盛。张祜辈诗之不及芍药，不足疑也。

对此，《四库全书》总纂官纪昀等认为，王观后序中亦见孔谱序的部分内容，并写道："（王）观盖取（孔武仲）义而翻驳之。"纪昀等认为王观对孔谱的观点进行了辩驳。孔武仲《芍药谱》（后文简称孔谱）中有如下一句：

……其义皆与今所谓芍药者合，但未有专言扬州者。唐之诗人最以模写风物自喜，如卢仝、杜牧、张祜之徒皆居扬之日久，亦未有一语及之，是花品未有若今日之盛也。

孔武仲认为唐代众多名诗人涉足扬州却没有留下只言片语，可见扬州芍药之盛始于今。但王观却认为扬州芍药之盛并非短时间形成。从王观芍药谱的这篇"后论"来看，似乎确实是在对孔武仲的观点进行辩驳。纪昀等据此判断，先有孔谱，王观《芍药谱》（后文简称王谱）出于其后。然而，如前所述，刘攽先于王观写出一部扬州的芍药谱。他写道，扬州芍药繁荣，一定有它们的起源，不能认为没有传承前人而突然繁盛，只是时代不一样人们所喜好的东西也不一样，唐代人也不一定珍惜芍药花，因而无人咏芍药作诗。王谱是续刘谱而成，王观的“后论”应是辩驳刘攽提出的看法，或当时扬州人对本地芍药栽培史的普遍认识。另有一种可能是王观写成芍药谱之后，又读到孔谱，不同意其观点而作“后论”反驳。因此，不能简单据《王谱·后论》论孔谱、王谱的前后问题。

二、版本

今存古刊本《百川学海》所收本。《古今事文类聚》《古今合璧事类备要》《全芳备祖》等类书也存佚文，然而王谱《后论》部分均缺少前127字、后71字。唯《百川学海》所收本对每一品种有较详细的注释，比如王谱新增的芍药品种“御衣黄”：“黄色浅而叶疏，蕊差深，散出于叶间，其叶端色又微碧，高广类黄楼子也。此种宜升绝品。”而上述3种类书均作“黄色浅而叶疏，类黄楼子”。对于“壅培治事”一句（出自《百川学海》），上述3种类书均作“培壅事治”。

《古今合璧事类备要》缺王谱开头的“天地之功，至大而神……”之后的78字，而《古今事文类聚》《全芳备祖》均有此文。《古今合璧事类备要》与《百川学海》[1]被视为南宋刊本，然而疏漏较多。故此，王观《芍药谱》以古刊本《百川学海》所收本为最善。元刊本《古今事文类聚》与《百川学海》也有若干文字有出入，但不影响文意，亦为佳。

王谱本为刘谱补篇，《古今事文类聚·后集》将王

[1] 久保辉幸．左圭《百川学海》版本流传考[J]．图书馆杂志，2018，37(08)：115-121.

谱题作“《扬州芍药谱》后序”，由是观之，王谱的章节结构先有刘攽序及品第，后有王观序和后论。宋徽宗在位时期，刘攽作品也遭焚毁[1]，可能因此形成了删除刘谱部分的王谱（《百川学海》本系统）。

现有《丛书集成初编》的校点本，但该版本存在一些问题。该本虽称“……百川宋本故据以排印”，但题为“宋扬州江都县事　王观”，不同于古刊本以及弘治本《百川学海》的“将仕郎守大理寺丞，知扬州江都县事　王观撰”。由此看来，《丛书集成初编》的编辑者可能是根据某种明代重刻本排印的《芍药谱》。《丛书集成初编》刊行后，似乎没有其他校点本。但其有日译本，为现代学者佐藤武敏所译并附有较为详备的注释[2]。

◆ 孔武仲《扬州芍药谱》（《芍药图序》）

《扬州芍药谱》1 卷，为孔武仲所撰。孔武仲（1042—1097 年），字常甫（常父）[3]。自从《四库全书总目提要》问世以来，余嘉锡、李惠林[4]等学者皆将孔武仲的《扬州芍药谱》视为最早的芍药谱[5]。然而李约瑟等却认为，最早者应是刘谱，并写道：“稍后又有 2 篇论文问世，即有 1080 年王观和孔武仲之作。”[6]

李春梅曾对清江三孔有深入的研究，编出了孔氏三兄弟的年谱，并推测孔武仲嘉祐八年（1063 年）中进士，元丰元年（1078 年）九月后赴扬州任扬州教授，于元丰

[1] 黄以周．续资治通鉴长编拾补［M］．北京：中华书局，2004: 741.

[2] 佐藤武敏．中国の花譜［M］．東京：平凡社，1997: 93-111.

[3] 秦良．北宋江西名人萧贯、孔武仲的生卒年考［J］．江西教育学院学报（社会科学），1994(03): 38, 52.

[4] LI H L. The Garden Flowers of China［M］. New York: Ronald Press, 1959: 33.

[5] 余嘉锡认为“孔（武仲）谱皆以花之形状名之，其词甚质。刘（攽）王（观）两谱则为之撰美名”（注）。

[6] 李约瑟．中国科学技术史：第 6 卷：第 1 分册：植物学［M］．袁以苇，等，译．北京：科学出版社，上海：上海古籍出版社，2006: 348.

三年（1080 年，即其 37 岁时）作《芍药谱》[1]。

据各种扬州地方志记载和《（嘉靖）维扬志·经籍志》著录的“《扬州芍药图序》一卷，待制孔武仲撰。按孔武仲（原作‘武仲武’），字常甫，新淦人。元祐初官扬州教授”[2]及《（康熙二十四年）扬州府志·秩官上》记载的“教授。元丰，马希孟、邹浩晋陵人有传。元祐，孔武仲、沈焕、孙侔……”[3]，可知元祐初年（1086 年）孔武仲任扬州教授。由于李春梅的研究未斟酌地方志的记载，所以孔武仲在扬州的时间还需考证。

据考察，如李春梅所提，《丙寅赴阙诗稿》的孔武仲自序云：“元祐丙寅春余自湘潭令为秘书省正字以力之不足陆也乃谋舟行……”《续资治通鉴长编》记载：“元祐元年五月……戊午（二日）……李德刍、司马康、孔武仲并为校书郎。”[4]可知，孔武仲在元祐元年除秘书郎归京城。还有，《（嘉靖）广信府志》载：“元丰年间，孔武仲任推官。”[5]据如上史料，李春梅的年谱更为可信，扬州地方志恐有误。在扬州当教授的春天，孔武仲巡游著名的六家花圃[6]，以及寺庙、道观等。他对扬州芍药极致之美感慨不已，希望将之整理记录传于后人。

孔武仲和其兄孔文仲以及其弟孔平仲，皆有文才，自称孔子后裔。宋人将他们与苏轼、苏辙并称为“二苏三孔”，也以孔氏三兄弟加上刘敞、刘攽，称誉为“清江二刘三孔”[7]。例如，周必大《杨谨仲诗集序》有一文：“清江置郡今二百年。二刘、三孔以来文风日盛。”[8]而且刘、孔两家兄弟为同代人，两家之间亦有交流，如孔武仲为刘攽作《寄刘贡父》，刘攽答作《次韵孔常父》。

[1] 李春梅．三孔事迹编年［M］．成都：四川大学出版社，2003: 2884-2885.

[2] 朱怀干．（嘉靖）维扬志［M］//扬州文库：第1辑(1)．扬州：广陵书社，2015: 118(卷 12: 9ab).

[3] 金镇．（康熙二十四年）扬州府志［M］．崔华，张万寿，续修，王方岐，续纂．扬州：广陵书社，2015: 214(卷 13: 40ab)

[4] 李焘．续资治通鉴长编[M]. 北京：中华书局，1992: 9148（卷 377）.

[5] 张士镐，等．（嘉靖）广信府志［M］//四库全书存目丛书：史部 185. 济南：齐鲁书社，1995: 747.

[6] 分别为朱、丁、袁、徐、高、张六氏的花圃。

[7] 清江，今江西樟树市，宋朝在清江县境内置临江郡，又改为军或府，郡下设清江县、新淦（今新干）县和新喻县（今新余市）。故下文也有“新淦孔武仲常甫”之说。

[8] 周必大．周必大全集［M］．白井顺，王蓉贵，整理校点．成都：四川大学出版社，2017: 495.

所以，孔武仲、刘攽很可能读过对方的芍药谱。

一、内容

孔武仲一开始就生动描述了扬州赏花之盛。他写道：

名器相压，争妍斗奇，故者未厌而新者已盛。州人相与惊异，交口称说，传于四方，名益以远，价益以重，遂与洛阳牡丹俱贵于时。四方之人赍携金币来市种以归者多矣。吾见其一岁而少变，三岁而大变，卒与常花无异……畦分亩列，多者至数万根。自三月初旬始开，浃旬而甚盛。游观者相属于路，幕帟相望，笙歌相闻，又浃旬而衰矣。大抵粗者先开，佳者后发；高至尺余，广至盈寸手。其色以黄为最贵。

当时，扬州有种植着几万株芍药的花圃，堪比洛阳牡丹之盛。与洛阳牡丹一样，芍药黄花深受扬州人喜爱。外地人来扬州高价买芍药株，但在异地种植则会变为一般的芍药。

然后，孔武仲引《郑风·溱洧》《子虚赋》等经典作品加以讨论。孔武仲不仅亲自寻求、种植[1]佳花品种，还派他的学生满方中、丁时中调查、收集相关信息。最后，孔武仲选定精品 33 种，记于谱中，“御衣黄”居第一。而刘攽未提及此品种。如果是孔武仲先到扬州记录芍药，刘攽来扬州的时候也应有此品种，毕竟这是较高贵、最被重视的品种[2]。对比孔武仲与刘攽所举芍药品种序列（表 4-2），不难发现刘攽给予高位的前 10 个品种，在孔武仲的芍药谱中往往排在第 10 位之后。例如，刘攽将白缬子（晓妆新）、红缬子（点妆红）分别列于第 5、6

[1] 武英殿本《能改斋漫录》本、《全芳备祖》诸抄本均作“余官于扬学，讲习之暇，常裁而定之”。然北京大学藏傅增湘题记本、鲍廷博手校本、吕氏讲习堂抄本《清江三孔集》均作“……常载而之”；《古今合璧事类备要》作“……尝裁而定之”；文渊阁四库本《清江三孔集》作“……尝载而之”；文津阁四库本《清江三孔集》作“……而又尝之（戴氏……）”。诸本文意不通。唯元刊本《古今事文类聚·后集·卷30》作“……常栽而定之”（卷 30: 13ab），其意为孔武仲业余栽种芍药，今当从此。

[2] 也有可能只是刘攽未知“御衣黄”的存在，或当时尚不著名。不过更合理的解释是，刘攽先到扬州，此时未有它；孔武仲到扬州的稍早些时候才出现“御衣黄”。

位，而孔武仲将白缬子、红缬子分别列于第12、16位，至于髻子（宝妆成），刘攽将其列为第3位，而孔武仲将其列为第33位。虽然孔武仲只是说“盖可纪者三十有三种”而未明确指出以“品第”排列，但从品种名的排序，也可以看出实际上孔武仲按等级排列芍药品种。

南宋陈振孙《直斋书录解题》（约1245—1262年）著录：“《牡丹芍药花品》七卷。不著名氏。录欧公及仲休等诸家《牡丹谱》、孔常甫《芍药谱》，共为一编。……《芍药图序》一卷，待制新淦孔武仲常甫撰。”[1]陈振孙所藏的《芍药图序》似乎也是孔武仲的《扬州芍药谱》。据此，王毓瑚认为“书名既有《图序》字样，原书必然也有附图”[2]。然而，孔武仲自称，有势力者可以请来高级画工摹写芍药，让全国各地传播扬州的芍药图，但是不如文字记载能广泛流传于民众中。由此可知，孔武仲原本没有添加绘图，而是尽量用文字描述芍药精品，以便广泛传播。所以，可能是在《扬州芍药谱》一书在流传过程中，有人为之作过《芍药图》。

[1] 陈振孙．直斋书录解题［M］．上海：上海古籍出版社，1978: 298-229.

[2] 王毓瑚．中国农学书录［M］．第二版．北京：中华书局，2006: 73.

[3] 依据为《华夷花木鸟兽珍玩考·卷六》。《遵生八笺》亦称“《广陵志·芍药谱》凡三十二种”。然而，实际有三十种。与《华夷花木鸟兽珍玩考》相较，缺“金系腰”，“胡缬”和“玉楼子”合并成一种。还有些其他的差异。《遵生八笺》，“御爱红”作“御爱黄”；“茅山红”作“芳山红”；单列于“玉楼子”后。

表4-2　宋代文献中所载的芍药品种

书名	《芍药谱》	《扬州芍药谱》	《扬州芍药谱》	《洛阳花木记》	《（绍熙）广陵志》[3]
底本	《事文类聚》	《百川学海》	《清江三孔集》《能改斋漫录》	《（涵芬楼本）说郛》	《华夷花木鸟兽珍玩考》
作者	刘攽	王观	孔武仲	周师厚	郑兴裔
品数	31	39	33	41	32
地方	扬州	扬州	扬州	洛阳	扬州
品名	冠群芳（大旋心冠子）		御衣黄（艾谱同）	御衣黄	御爱红
	赛群芳（小旋心冠子）		青苗黄楼子	凌云黄	御衣黄

续表

书名	《芍药谱》	《扬州芍药谱》	《扬州芍药谱》	《洛阳花木记》	《（绍熙）广陵志》
品名	宝妆成（髻子）		尹家二色黄楼子	南黄楼子	玉盘盂
	尽天工（柳浦青心红冠子）		绛州紫苗黄楼子	尹家黄楼子	玉逍遥
	晓妆新（白缬子）		圆黄	银褐楼子	红都胜
	点妆红（红缬子）		硖石黄	表黄	紫都胜
	叠香英（紫楼子）		鲍家黄	延寿黄	观音红
	积娇红（红楼子）		石壕黄	硖石黄	包金紫
	醉西施（大软条冠子）		道士黄	新安黄	黄楼子
	道妆成（黄楼子）		寿州青苗黄楼子	寿安黄	尹家黄
	掬香琼（青心玉板冠子）		黄丝头	温家黄	黄寿春
	素妆残（退红茅山冠子）		白缬子	郭家黄	出群芳
	试梅妆（白冠子）		金线冠子	青心鲍黄	莲花红
	浅妆匀（粉红冠子）		金系腰	红心鲍黄	瑞连红
	醉娇红（深红楚州冠子）		沔池红	丝头黄	霓裳红
	拟香英（紫宝相冠子）		红缬子	黄缬子	柳浦红
	妒娇红（红宝相冠子）		胡家缬	红楼子	茅山红
	缕金囊（金线冠子）		玉楼子	红冠子	延州红
	怨春红（硬条冠子）		玉逍遥	朱砂旋心	缀珠红
	妒鹅黄（黄丝头）		红楼子	硬条旋心	金繫腰
	蘸金香（蘸金蕊紫单叶）		青苗旋心	斑干旋心	玉板缬
	试浓妆（绯多叶）		赤苗旋心	深红小魏花	玉冠子
	宿妆殷（紫高多叶）		二色红	淡红小魏花	红冠子
	取次妆（淡红多叶）		杨家花	红缬子	紫鲙盘
	聚香丝（紫丝头）		茅山紫楼子	灵山缬子	小紫毬
	簇红丝（红丝头）		茅山冠子	马家红	镇淮南

续表

书名	《芍药谱》	《扬州芍药谱》	《扬州芍药谱》	《洛阳花木记》	《（绍熙）广陵志》
品名	效殷妆（小矮多叶）		柳铺冠子	楚州冠子	倚栏娇
	会三英		软条冠子	四蜂儿	胡缬
	合欢芳		常（当）州冠子	醉西施	玉楼子
	拟绣鞯（鞍子）		多叶鞍子	剪平红	单绯
	银含棱（银缘）		红丝头	茆山冠子	粉缘子
		御衣黄	绯多叶	紫楼子	红旋心
		黄楼子	髻子	龙间紫	
		袁黄冠子		紫按子	
		峡石黄冠子		粉面紫	
		鲍黄冠子		紫丝头	
		杨花冠子		紫缬子	
		胡缬		玉楼子	
		黾池红		白缬子	
		（绯单叶）		绯楼子	
		（白单叶）		紫楼子	
		（红单叶）			

北宋时出现“御衣黄”后，一直到清初，芍药皆以黄色者为贵。芍药的品种命名法有一定的规范。在周师厚、刘攽编谱时，品种的三字命名法已经普及，如“冠群芳”“宝妆成”等。明代以后，芍药品种的记载，主要按花色分类。

除了上述4部芍药谱之外，北宋还有《洛阳花木记》等书中提到芍药品种。《洛阳花木记》为元丰五年（1082

年）周师厚所撰写[1]。周师厚在其书罗列千叶芍药的品种：黄花者 16 种；红花者 16 种；紫花者 6 种；白花者 2 种；桃色花 1 种，一共有 41 种，并且以 208 个字解释芍药的分根法。周师厚所列品种中有“御衣黄”（亦见于王、孔两谱）、“尹家（二色）黄楼子”（见于孔谱）、“醉西施”（亦见于刘、王两谱）等。可知虽然刘攽作《芍药谱》时扬州的品种还未移植到洛阳，但在元丰年间，一些品种已经成功地自扬州移植至洛阳。

二、版本

从刘攽、王观、孔武仲三人的谱录中可以看出他们的目的几乎一致，即欲将当时扬州芍药栽培盛况传于后人。但事与愿违，在曹守贞刊行《维扬芍药谱（合纂）》[2]后，刘、孔两谱于明清之际散佚，今仅见于类书、清抄本中，而不为后代读者广知。近十年来，虽然多种宋代谱录也得以陆续刊行，但目前还没有一本包含芍药谱。

《四库全书总目提要》中提到《全芳备祖》收录有孔武仲《扬州芍药谱》的佚文。《全芳备祖》卷三约有 259 字的节录。宋刊本《古今合璧事类备要》、元刊本《古今事文类聚》均收同样的节录，缺品第。另外，近代学者余嘉锡发现《能改斋漫录》中载有全文，但今本《能改斋漫录》18 卷已经失去了南宋刊 20 卷本的原貌[3]，该本是明朝人从皇宫的秘阁中抄录而成，缺失首尾两卷，并非完本[4]。

经笔者考察，该书收入庆元五年（1199 年）所刊的《三孔先生清江文集》（后世亦称《清江三孔集》）中。

[1] 久保辉幸．宋代牡丹谱考释［J］. 自然科学史研究，2010, 29(01): 46-60.

[2] 杨洵修，陆君弼，等．扬州府志［M］. 万历三十二年刻本．扬州：广陵书社，2015: 687(卷 24: 15b).

[3] 南宋刊二十卷本：绍兴年间(1154-1157 年)原刊本，以及绍熙元年(1190)刊本，今皆散佚不存。

[4] 吴曾．能改斋漫录［M］. 上海：上海古籍出版社，1979: 出版说明．

原刊本早已失传，流传至今的本子，包括《四库全书》所收本在内皆为抄本[1-2]。笔者在国家图书馆、北京大学图书馆查阅到6种抄本。明残抄本缺《芍药谱》部分；其他抄本（清抄本）虽有《芍药谱》，但各抄本之间有同有异，所存纰漏亦不胜枚举，较难甄别。其中最明显的差异出于"御衣黄"一则。在鲍廷博跋清抄本30卷[3]、傅增湘题记清抄本40卷[4]、诵氏藏书印清抄本30卷[5]（以及武英殿聚珍本丛刊本《能改斋漫录》）中均有"御衣黄"一则[6]，但吕氏讲习堂抄本、文渊阁本[7]、文津阁本[8]四库全书本《清江三孔集》却无此则。

据张剑调查，"一是北京大学图书馆藏《三孔先生清江文集》四十卷……有傅增湘题记……该本与他本比较而言，错乱较少……是今存《清江三孔集》面貌最完整者，庆元刻本，原始风貌赖此可窥，他本诸多缺失错讹亦赖此改正"[9]。不过与武英殿丛刊本《能改斋漫录》中收录的孔谱相比，傅增湘题记清抄本仍然有稍多脱页错乱（还有可能为庆元刻本原有脱页等误刻）。

文渊阁本、文津阁本这两套《四库全书》所收孔武仲《扬州芍药谱》的文字差异也较大。除上文所述的"尝载而之""如仙冠然""绯多叶"小字注的3处，还有文津阁本"红丝头"小字注亦脱落等8处不同。文渊阁本原作"如仙然"在文津阁本补以"桃"一字，改为"如仙桃然"，这样的校订痕迹也不少，不能简单判其优劣。

[1] 张剑．现存清江三孔集版本源流略考[J]. 文献，2003(04): 109-117.

[2] 王岚．三孔集主要版本考论[J]. 江西社会科学，2004(07): 39-42.

[3] 孔文仲，孔武仲，孔平仲．三孔先生清江文集[M]．鲍廷博，抄校．清抄本．北京：线装书局，2004: 218-219(卷18: 7d-10d).

[4] 孔文仲，孔武仲，孔平仲．三孔先生清江文集40卷[M]．傅增湘，题记．清抄本．北京大学图书馆索书号NC/5366/1102．卷18: 5b-8b.

[5] 孔文仲，孔武仲，孔平仲．清江三孔集30卷[M]．诵氏，藏书．清抄本(北平诵氏藏书印，谦枝堂藏书印)．北京大学图书馆索书号LSB/3198.

[6] 吴曾．能改斋漫录[M]//武英殿聚珍版别本：第29-34册．卷15: 26b-29a.

[7] 孔文仲，等．清江三孔集[M]//王褂．景印文渊阁四库全书集部284:1345．两江总督采进本．382-383(卷18: 7a-9b).

[8] 孔文仲，等．清江三孔集[M]//王褂．文津阁四库全书:449．两江总督采进本．北京：商务印书馆，2008: 624.

[9] 张剑．现存清江三孔集版本源流略考[J]．文献，2003(04): 109-117.

◆ 艾丑谱

宋人艾丑撰有一部芍药谱。韦金笙曾提及此书[1]、郭幼为也有所提及，但李约瑟的《中国科学技术史：植物卷》未有提及。此书只见于明人藏书目录和地方志中，并且皆为“艾丑谱”而不列其书正名，书名不得而知。

祁承烁（1563—1628年）的私家藏书目录《澹生堂藏书目》（1620年成书，但其后有后补之处）著录：“《维扬芍药谱》，刘攽谱一、王观谱一、孔武仲谱一、艾丑谱一、附录一，共五卷，一册。载《百川学海》。”[2]（《绍兴先正遗书》本无“载《百川学海》”的字样[3]）。郭幼为写道：“不知祁氏所说的百川学海本为哪一年刻本。”《澹生堂藏书目》的稿本提到的刘攽《芍药谱》也出现了同样的现象。稿本以刘攽《芍药谱》为“载《山居杂志》”，但今传本《山居杂志》亦未收刘谱。《维扬芍药谱》已佚，艾谱今亦不传。只知明朝时尚有包括艾谱在内的宋代芍药四谱的辑刊。《维扬芍药谱》对刘、王、孔三谱的收录顺序跟他们到扬州的时间是一致的，艾丑谱成书大概晚于王、孔两谱。

《（万历）扬州府志·物产》载：

扬州古以芍药擅名。宋有圃在禅智寺[4]，前又有芍药厅。向子固[5]有芍药坛。刘攽著谱花凡三十一种，以冠群芳为首。其后王观、孔仲武[6]、艾丑各有谱。（王）观之种如（刘）攽，而益以御衣黄等八种。仲武之种三十有二，丑之种二十有

[1] 韦金笙．扬州芍药小史［J］．园艺学报，1964: 3(03): 269-278.

[2] 祁承爜．澹生堂读书记；澹生堂藏书目［M］．郑诚，整理．上海：上海古籍出版社，2015: 486.

[3] 祁承爜．澹生堂藏书目［M］//丛书集成续编：3. 台北：新文丰出版公司，1988: 681.

[4] 禅智寺，《（康熙）扬州府志》中称作“龙兴寺”。王谱云：“旧传龙兴寺、山子，罗汉观音弥陀之四院冠于此州。”

[5] 王安石曾为向子固作《同学一首别子固》，向子固是王安石的同门朋友。

[6] 原文有误，应当是“武仲”。

四，皆首御衣黄。《绍熙广陵志》种亦三十二，而首御爱红。其品具各谱，不可殚记。南海欧大任《芍药圃诗》曰……[1]

由上可知，艾丑亦以“御衣黄”为最佳品，同时还收载 23 种芍药。此外，文中以刘、王、孔、艾的顺序排列也很可能是按成书时间排列。南宋地方志《（绍熙）广陵志》不以御衣黄为首，而孔、艾两谱皆给予“御衣黄”最高的位置，这一点暗示着两谱成书时间相近。

《（万历）扬州府志·秩官志上》亦载：“（仁宗）范淹仲、韩琦……艾丑著芍药谱……刑昺……沈立……”[2]《（雍正）扬州府志·秩官上》将艾丑列于扬州推官[3]。就像欧阳修在洛阳做西京推官时目睹牡丹而撰写《洛阳牡丹记》[4]那样，艾丑大概也是在扬州做推官时撰写此谱的。他任职时间尚不清楚，担任推官这职位的一般是登科后的实习生，他当时应该还年轻。此外，在南宋后期的扬州府，两名艾姓的科举及第者艾早、艾晟分别于元丰五年（1082 年）、宋徽宗大观年间对唐慎微《经史证类备急本草》作了增订，加以陈承《重广补注神农本草并图经》等参校而撰出一部官修本草书——《经史证类大观本草》。

顺便提一下，福建的地方志记载宋代还有一位艾丑。《（弘治）八闽通志·选举》载艾丑为嘉定四年（1211 年）福建瓯宁县进士[5]，而《（正德）福建府志》中不见艾丑[6]。在笔者所看到的诸地方志内，未见南宋福建人艾丑来到扬州的记载，而北宋的艾丑确实在扬州做过官。但如上所述，孔、艾两谱皆对“御衣黄”给予最高的位置，南宋地方志《（绍熙）广陵志》记载 32 个品种的芍

[1] 杨洵修，陆君弼，等．扬州府志［M］．万历三十二年刻本．扬州：广陵书社，2015: 619(卷 20: 12b)

[2] 同［1］378(卷 7: 14b).

[3] 金镇．（康熙二十四年）扬州府志［M］．崔华，张万寿，续修，王方岐，续纂．扬州：广陵书社，2015: 214（卷 13: 39b)

[4] 久保辉幸．宋代牡丹谱考释［J］．自然科学史研究，2010，29(01): 46-60.

[5] 黄仲昭．八闽通志：下［M］．福建省地方志编纂委员会旧志整理组，福建省图书馆特藏部，整理．福州：福建人民出版社，2017: 187(卷 49: 20a).

[6] 方宝川，陈旭东．正德福州府志四十卷［M］．北京：北京图书馆出版社，2008: 528-534（卷 22: 19b-22b).

药[1-2]，不以“御衣黄”为首。这一点也暗示着艾谱成书早于《（绍熙）广陵志》（1190—1194 年）。

[1] 慎懋官. 华夷花木鸟兽珍玩考［M］//四库全书存目丛书子部：118. 复旦大学图书馆藏明万历刻本. 济南：齐鲁书社，1995: 539-540（卷 6: 31b).

[2] 高濂. 遵生八笺［M］//北京图书馆古籍珍本丛刊：61. 北京：书目文献出版社，1998: 484（卷 16).

第五章

宋代花谱——菊花、梅花、兰花

宋代除牡丹谱、芍药谱，还有几部菊花谱、梅花谱和兰花谱。菊花[1]与牡丹不同，很早就广受中国文人的重视。其中最早关注菊花的是战国时期的屈原（公元前343—公元前278年）。屈原在《楚辞·离骚》中以菊花与木兰象征高洁的品行。三国时期，钟会在《菊花赋》中提到菊花有“君子德”“神仙食”等五种美德。《楚辞》等书中常有“托物言志”的表达方式，其中多次出现芳香的草木。而菊花正是以其香气受到诗人的重视。

菊花的另一个突出之处是其药效。大约东汉时期成书的《神农本草经》将菊花列于上品之中。《列仙传》也写道：“文宾……教令服菊花、地肤、桑上寄生、松子，取以益气。妪亦更壮。复百余年见云。”[2]除此之外，京里先生所撰的《金匮录》（约东汉末期至晋代成书）等书也载有关于菊花水的神秘故事[3-4]。该故事讲述的是东汉时期，南阳郦县有一条谷水，因上游流过长有菊花的地方，其水带有甜味，下游的居民喝该谷水，至少也能活到八九十岁，长寿者活到一百四五十岁。因而，道家和养生家颇重视菊花。

六朝时期的隐士陶渊明也酷爱菊花，他写下“采菊东篱下”（《饮酒》），“菊为制颓龄”（《九日作》）等诗句。这些诗句说明，他平时为了养生喝菊花酒。从此之后，菊花成为隐士之友，也成为象征高尚情操的植物。因此，周敦颐在其《爱莲说》中明确指出了，“晋陶渊明独爱菊……予谓菊，花之隐逸者也”。这些史实给宋代士大夫们的思想带来了不小的影响。

自从屈原、陶渊明两位著名诗人重视菊花以来，菊

[1] 关于“菊花”一词，早期汉语中或作“菊华”，或作“蘜”。“蘜”是“菊”的古字。《说文解字》等汉朝时期书籍中不见“花”字，早期汉语中原来没有“花”字，后来六朝时期才出现“花”字。不过为了避免混乱，在本书中统一用“菊花”（引文为例外）。

[2] 王叔岷．列仙传校笺［M］．台北：中国文哲研究所筹备处，1995：138.

[3] 久保辉幸．试论《医心方》中的七禽食方——《金匮录》《神仙服食方》的成书年代［J］．自然科学史研究，2015，34(04)：461-469.

[4] 该故事亦见于《风俗通》与葛洪的《抱朴子》两书中。

花就成为清高、幽雅的象征。这些思想直接影响了宋代的菊谱作者们。在他们看来，爱菊是一种高尚的行为。

梅花，作为“岁寒三友”之一，颇受人们的喜爱（图5-1）。但推崇“松竹梅”三者的组合其实始于宋代。关于梅花的观赏历史，当代学者程杰有深入的研究。最初人们栽培梅树只是为了收获其果实，倾心于梅花的人寥寥无几。从南北朝时期的诗词中可知，当时人们对梅树的印象跟现在相比有不小的差异[1]。如南朝宋的鲍照（414—466年）在《中兴歌》中写道：“梅花一时艳，竹叶千年色。愿君松柏心，采照无穷极。”[2]与松柏对比，鲍照以梅花代表虽然美丽但短暂无常的植物。《梅花诗》中甚至这样写道：“梅性本轻荡，世人相陵贱。”[3]梅花虽然美丽，但却被认为是象征着见异思迁的植物，偶尔也会受到一些文人的轻视。

[1] 程杰. 岁寒三友缘起[M]. 北京：中华书局，2007: 34-46.

[2] 鲍照，鲍氏集[M]. 北京：中华书局，1989 [1936]: 36(卷7).

[3] 程杰. 岁寒三友缘起[M]//梅文化论丛. 北京：中华书局，2007: 34-46.

“兰”字很早就在《诗经》中出现。《周易》也有“二人同心，其利断金；同心之言，其臭如兰”一句。屈原爱兰，《楚辞》中有不少关于兰的诗句。另外，据后人所编《孔子家语》的记载，孔子曾赞扬兰“不因人而芳，不择地而长”。鉴于《论语》《孟子》中根本未出现兰，这段故事大概只是一个传说。《孔子家语》著录于《汉志》，虽然汉朝时流传的《孔子家语》很可能与今传本文字有出入，但可推知，大约汉时已有孔子赞兰之说。

现在“兰”一字所指的植物主要是兰科植物（*Orchidaceae*，图5-2）。自宋朝以后，古代的不少学者已指出《诗经》等文献中出现的兰不是今天的兰科植物。对此，明朝李时珍根据自己的观察经验，整理医书

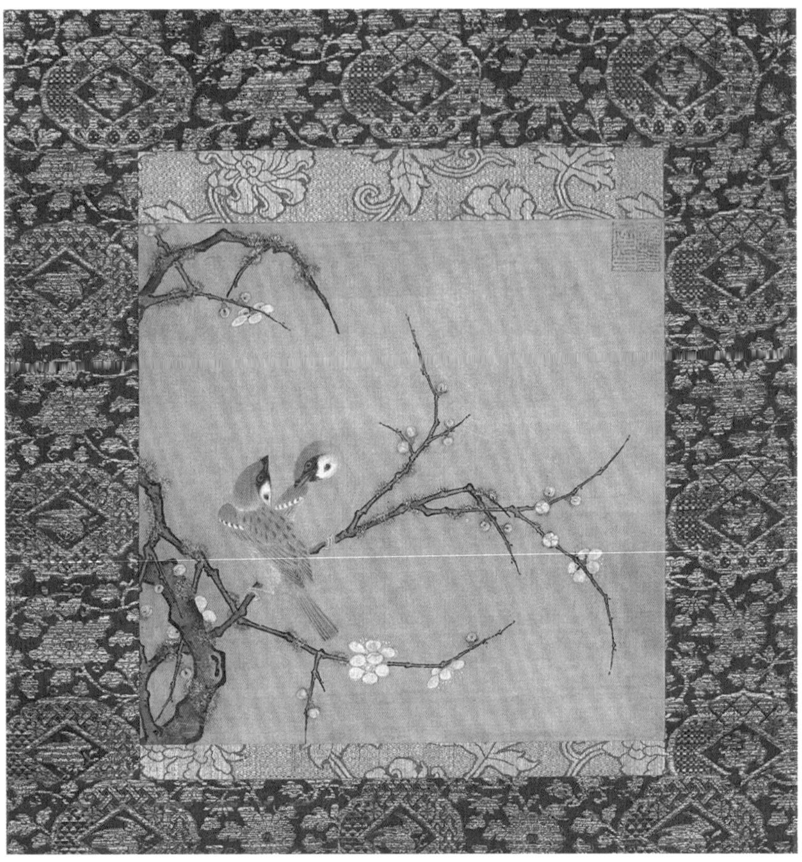

图5-1　马麟《梅雀图》（南宋，13世纪）。日本东京国立博物馆藏

图 5-2 旧题雪窗兰图（南宋至明朝），收录于《笔耕园》中。日本东京国立博物馆藏

图 5-3 《大观本草》中“梧州泽兰”图。刘甲本

注：图像源自唐慎微《经史证类备急本草》，艾晟，等，辑，オリエント出版社 1992 年版，第 519 页。

及其他文献中对“兰”的记载，认为古代的兰草，不是后来的兰花。除了李时珍，后来也有不少学者也进行了深入考察。日本明治维新以后的日本学者牧野富太郎、青木正儿等也做了深入研究。其中，主流的看法还是李时珍的“乃近世所谓兰花，非古之兰草也”[1]。因此，认为六朝时期以前的文献中出现的“兰”皆非兰科植物。青木正儿认为唐代的“兰”由佩兰等泽兰属（*Eupatorium*）

[1] 《本草纲目·草部卷十四·兰草》曰：“（寇宗奭、朱震亨）二氏所说，乃近世所谓兰花，非古之兰草也。兰有数种，兰草、泽兰生水旁，山兰即兰草之生山中者。兰花亦生山中，与三兰迥别。兰花生近处者，叶如麦门冬而春花；生福建者，叶如菅茅而秋花。黄山谷所谓一干一花为兰，一干数花为蕙者，盖因不识兰草、蕙草，遂以兰花强生分别也。兰草与泽兰同类，故陆玑言，兰似泽兰，但广而长节。《离骚》言，其绿叶紫茎素枝，可纫可佩可藉可膏可浴。《郑诗》言，士女秉。应劭《风俗通》言，尚书奏事，怀香握兰。《礼记》言，诸侯贽薰，大夫贽兰。《汉书》言，兰以香自烧也。若夫兰花，有叶无枝，可玩而不可纫佩藉浴秉握膏焚。故朱子《离骚辨证》言，古之香草必花叶俱香，而燥湿不变，故可刈佩。今之兰蕙，但花香而叶乃无气，质弱易萎，不可刈佩，必非古人所指甚明。古之兰似泽兰，而蕙即今之零陵香。”

变成今天的兰科植物[1]（图5–3）。吴厚炎《兰文化探微》中的考证，也得出类似结论[2]。

与此相反，日本学者寺井泰明认为，早期的“兰”也很可能包括兰科植物。中国香港的植物学者胡秀英认为兰科植物的栽培始于春秋战国时期的越国。在她看来，早期中国的历史记载只限于中原地区的事情，中原处于北纬33° ~ 35°，东经108° ~ 118°，其气候属于典型的“华北平原（North China Plain）气候”，以干燥、寒冷为特征。很多兰花不适合在中原野生生长。至春秋时期，军事、政治的动态跨越北纬30°，波及南方的吴越、荆楚地区。当时越国位于现在的浙江省及其周边，该地区露出岩石的陡坡上或竹林下生长着多种兰花。于是，越王勾践在会稽山栽培兰花。而一种被叫作“芝兰”的盆栽兰花运至中原，在喜欢香草的官僚及学者之间迅速流行起来[3]。

一个植物名称，在不同的地域，经常指不同的植物，即所谓的同名异物[4–5]。对于生活于中原的学者来说，泽兰属植物较常见，而兰科植物似乎是陌生的植物。而越国长有各种各样的兰花，因而在中原地区所称的“兰”不包括兰科植物，与中原的文化、语言存在较大差异的越人所称的“兰”又当别论。因此，未考虑地方特点，不能简单概括为凡是唐代以前的“兰”，都不包括兰科植物。最稳妥的说法是，早期的“兰”原泛指一些不同科而气味清香的植物。

[1] 青木正儿．香草小记[M]//中华名物考（外一种）．范建明，译．北京：中华书局，2005: 158-167.

[2] 吴厚炎．兰文化微谈[M]．贵阳：贵阳人民出版社，2005: 1-9.

[3] 胡秀英．兰与中国人之生活及文化[J]．崇基学报，1971，10(1，2): 1-25.

[4] 以“蓬”为例，《庄子》有一句“蓬善转旋”，《商书》又曰：“飞蓬遇飘风飞千里。”这些蓬不像菊科植物。但是，唐代李增杰《兼名苑》有解释，“蓬，一名医，艾也”（《和名类聚钞》），宋代陆佃认为“蓬者蒿属”。由此可见，唐宋时期，“蓬”一字似被视为菊科植物的一种。明人李时珍解释道：“蓬类不一。有雕蓬，即菰草也，见菰米下；有黍蓬，即青科也；又有黄蓬草、飞蓬草。不识陈氏（藏器）所指（蓬草子）果何蓬也。”因而，如果李时珍的解释反映现代植物分类学上，“蓬”所指的植物有两种不同科的植物。因此，可以成立如下通说：《诗经》驺虞的“蓬”指菊科艾蒿属植物；而《诗经》伯兮的“飞蓬”是指藜科地肤属植物。

[5] 加納喜光，久保輝幸，吉野尚政．埤雅の研究（其五）：釈草篇[M]．水户：茨城大学人文学部紀要，2003: 138-115.

第一节 菊花谱

菊花是隐遁避世的象征。北宋时期，士大夫们去花圃赏菊，有时要付钱才能进去。但南宋时期，很多士大夫开始在自己的隐居环境中亲手栽培菊花。南宋周密的《癸辛杂识·插花种菊》中较详细记载了菊花扦插的方法：

春花已半开者，用刀翦下，即插之萝卜上，却以花盆用土种之，时时浇溉，异时花过则根已生矣。既不伤生意，又可得种，亦奇法。（沈草庭云）梅雨中，旋摘菊丛嫩枝插地下，作一处，以芦席作一棚，高尺四五，覆之。遇雨则除去以受露，无不活者，且丛矮作花可观，上盆尤佳。[1]

菊花栽培的社会风气促进了菊花栽培技术的发展，也使得大量的菊花谱录涌现出来。正如舒迎澜所总结的那样：

宋代是花卉业发展的重要时期，菊花栽培日益增多，观赏品种大增，此时已涌现不少菊谱，纷纷记录优良品种，有些学者开始钻研菊花种植技术，注意总结来自民间的艺菊经验、在菊花的繁殖、栽培和养护方面，创造出不少行之有效的措施。[2]

另外，戴思兰等人认为：

宋代是我国菊花业刚刚兴起的时期，因此那时的菊花栽培技术相对简单，栽培者的经验也比较少。宋代菊谱多记载菊花品种，关于栽培方面的记载在各谱录之中零星可见，只有沈竞《菊谱》中记载的栽培技术最为完整，对于从日常养护、繁殖到促成栽培的全部内容都有描述，可称为我国第一部系统记载菊花栽培技术的书籍。[3]

在宋代，菊花也成了花鸟画的重要题材，如林椿《秋晴丛菊》（图 5-4）等。此时期还出现了刺绣画菊花的廉

[1]周密．癸辛杂识[M]．吴企明，校点．北京：中华书局，1988: 119.

[2]舒迎澜．菊花传统栽培技术[J]．中国农史，1995(01): 103-111.

[3]张明姝，戴思兰．中国古代菊花谱录研究[C]//中国菊花研究论文集(2002—2006)．北京：[出版者不详]，[2007]: 85-97.

布（图 5-5）。

对于宋代菊谱，除舒迎澜在《菊花传统栽培技术》一文和《古代花卉》中发表的相关研究，以及肖克之的《菊谱》版本研究[1]，还有毛静[2]、秦忠文[3]、张荣东[4]、齐共霞[5]等人在学位论文中所做的研究。特别是王子凡、张明姝，戴思兰教授等发表的《中国古代菊花谱录存世现状及主要内容的考证》一文中，列举了 8 部宋代菊谱[6]。

[1] 肖克之．《菊谱》的版本学：农业古籍版本丛谈[C]．北京：中国农业出版社，2007: 40-43.

[2] 毛静．中国传统菊花文化研究[D]．武汉：华中农业大学，2006.

[3] 秦忠文．中国传统菊花栽培起源与花文化发展[D]．武汉：华中农业大学，2006.

[4] 张荣东．中国古代菊花文化研究[D]．南京：南京师范大学，2008.

[5] 齐共霞．中国古代菊花谱录及个案研究[D]．曲阜：曲阜师范大学，2010.

[6] 王子凡，张明姝，戴思兰．中国古代菊花谱录存世现状及主要内容的考证[J]．自然科学史研究，2009, 28(01):77-90.

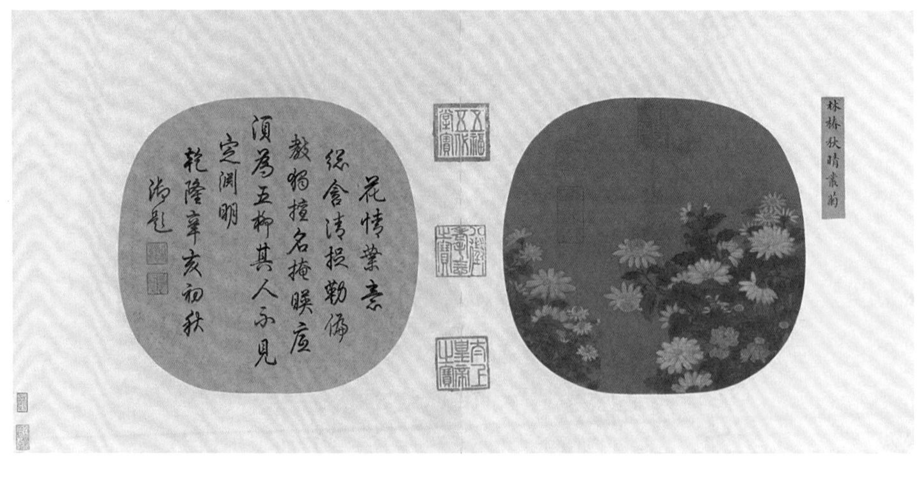

图 5-4　林椿《秋晴丛菊》。台北故宫博物院藏

图 5-5 《宋绣菊花廉》（二）轴，佚名。台北故宫博物院藏

◆ 刘蒙《菊谱》

刘蒙撰，1卷，成书于崇宁三年（1104年）或稍后。刘蒙在书中撰写了“谱叙”“说疑”“品定”“杂记”4篇，不仅详细介绍35个品种的菊花，还提及未见者4种以及野生的2种，书中实际上共收录41种。

在“谱叙”中，刘蒙提到屈原、陶渊明等人物，说他们属于“正人、达士、坚操、笃行之流”。他认为这些人物喜爱菊花，是因为他们注意到了菊花的特别之处。很多花卉植物在春天开花，秋天结实，根茎别无他用，而菊花却在晚秋时节凌霜而开。菊花的花、茎、根、叶皆可食，无处不可用，且有益于身体。刘蒙还举《神仙传》中的例子，指出通过食菊可“成仙人”。另外，菊花的颜色、香气、形状，亦可娱悦大众。

在第二篇“说疑”中，刘蒙讨论了菊花类的范围。有人可能因为《本草经集注》《日华子本草》中没有记载舌状花多轮型的菊花，怀疑古人是否认为舌状花多轮者不属菊花类。但刘蒙注意到《日华子本草》中提到，甘菊（图5-6）与野菊在形状及气味上虽有异，但要是将两种菊花同时种植于肥沃的园圃，它们会变成同一种。他因此推测，单瓣变为重瓣也是可能的。再者，本草书中所载的牡丹、芍药也没有多瓣种，且野生种皆为单瓣，不过园圃中所种者皆为重瓣种。单瓣种菊花变多瓣种亦不足为奇。因而，多瓣菊花源于单瓣菊花，也就是说多

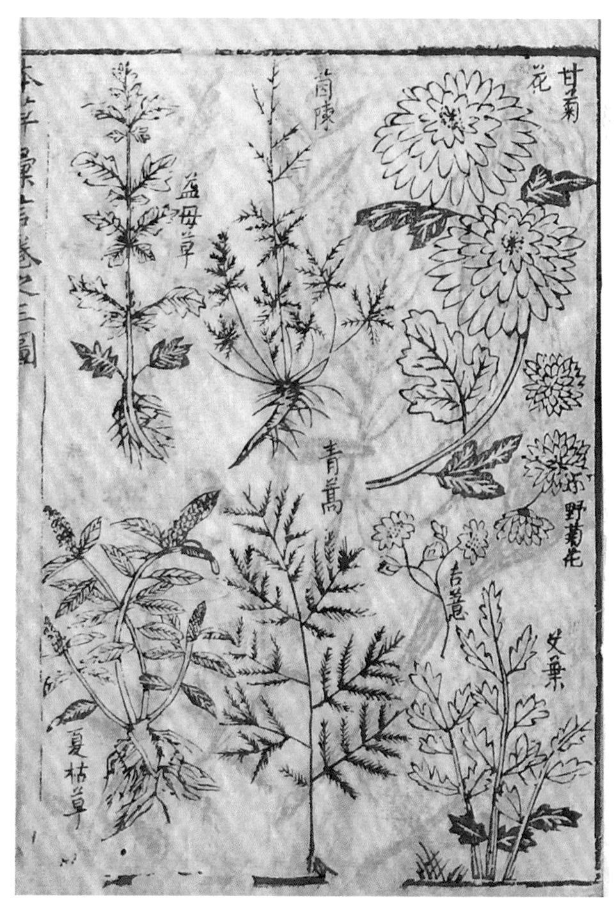

图 5-6　倪朱谟《本草汇言·甘菊图》（清刊本）。日本内阁文库藏

瓣种也属于菊花。另一方面，马蔺、瞿麦、乌喙苗、旋覆花等植物也有“某菊”的别称，但刘蒙认为这些植物实际上并不是菊花类。根据现在的植物学知识来说，与前人的菊花分类相比，刘蒙更准确地把握了植物形态的差异，从而对菊花植物进行分类。

在“定品”一篇中，刘蒙首先用五行说解释花瓣的

图 5-7　菊花图外销画。英国伦敦维多利亚与阿尔伯特博物馆藏

颜色。他认为花色最佳者是黄色（图 5-7）。黄色是与夏天对应的颜色，而菊花开在九月，说明黄菊受到“金”“土”两种气的影响。其次者应为白花。白色是与西方的“金”气相对应的颜色。刘蒙还提到，白菊会变为紫菊，紫菊会变为红菊，因此有紫瓣菊花、红瓣菊花。菊花的品第不单纯受限于花色。

第四篇“杂记”分为三个小部分：“叙遗”“补意”“拾遗”。刘蒙在“叙遗”中介绍了 4 种未见之品，即“麝香菊”“锦菊”“粉孩儿菊”“金丝菊”。因为未曾见过，刘蒙没有给予评价，并列于第三篇“品定”之后。“补意”中谈到，以前的文学作品中菊花的品种名称并不多，所以作者认为过去没有这么丰富的菊花品种。同时，有“莳花者”告知刘蒙，与牡丹相同，菊花在每一年的种植中也会发生变异。因此虽所载的菊花品种已经很丰富，但恐怕有未知的新品种。“拾遗”中介绍了黄色与碧色花瓣两种野生菊花。刘蒙谈到，此书前面收载的菊花都是由人工改造出来的，但这些菊花保留了其野生的形态[1]，不该与其他品种比较，因此未列于品第中，而是置于书后。

此书的版本以《百川学海》刊本为善。关于作者刘蒙，《江西通志》有传：

刘蒙，字资深，宜黄（今属江西）人，治平年间（1064—1067年）进士[2]。司马光荐为御史台主簿，历官朝议大夫。为人清洁，不可干以私。

据此，这位刘蒙是宜黄人，但《百川学海》本《菊谱》中，却题为“彭城刘蒙”。该《菊谱》的成书年份大概在宜黄人刘蒙的生活时间范围内。史料上的籍贯不一致似乎并不少见，《菊谱》的撰者大概是《江西通志》有传的刘蒙。

如今有刘向培整理校点本[3]、杨波注译的白话翻译本[4]。

[1] 原作“远近山野，保其自然”，但意思不通。此处，依《四库全书》本看作“远迹”（隐居）之误。

[2] 北宋还有一个人叫刘蒙。《宋史》卷三三一有刘蒙（字子明）传。但据其传，此人辞世于元丰二年（1079年）。然而，刘蒙《菊谱》中说及“崇宁三年（1104年）”。

[3] 范成大．范村梅谱（外十二种）［M］．刘向培，整理校点．上海：上海书店出版社，2017：273-287．

[4] 刘蒙，等．菊谱［M］．杨波，注译．郑州：中州古籍出版社，2015：21-84．

◆ 文保雍《菊谱》

已佚。史铸在《百菊集谱》序中写道："又有文保雍一谱，求之未见。"不过，史铸从陈元靓的《岁时广记》中得到文保雍《菊谱》中的一首诗，并转载于《百菊集谱》卷三。诗文如下："茎细花黄叶又纤，清香浓烈味还甘。祛风偏重山泉渍，自古南阳有菊潭。"[1] 关于文保雍，苏轼所作"制敕"中有《文保雍将作监丞》：

敕具官文保雍。朕仰成元老，如涉得舟，待以求济。苟有以燕安之，使乐从吾游，而忘其老。朕无爱焉。大匠之属，未足以尽汝才也。而从政之余，遂及尔私，并事君亲，岂不休哉！[2]

由此可知，文保雍与苏轼同是北宋末期人，曾任将作监丞。

[1] 史铸亦曰："《岁时广记》今类于此。"

[2] 苏轼．苏轼文集：第三册[M]．孔凡礼，校点．北京：中华书局，1986: 1106-1107.

◆ 史正志《菊谱》

全书1卷，成书于南宋淳熙二年（1175年），史正志撰。自序曰"可见于吴门者二十有七种"，但谱中实际上收录28种（包括"孩儿菊"）。此书内容可分为三个部分，即"序文""品第""后序"。

史正志在序文中提到"汉俗，九日饮菊酒，以祓除不祥""南阳郦县有菊潭，饮其水者皆寿"等古代有关菊花的风俗、故事。他指出，在北方，以黄菊开花可知季节，但在江南，因较温暖而百草皆随时开花，不过菊花仍然一定在秋天开花。史正志接着写道："考其理，菊性介烈高洁，不与百卉同其盛衰。必待霜降草木黄落，而（菊）花始开。岭南冬至始有微霜故也。"菊花具有贞节刚烈的性质，不会随众花变节，霜降后才开放。岭南地区至冬天才会有微霜，当地的菊花也在此时开花。史正志还援引了本草书所载的别名，以及陶潜和钟会的诗词。这个部分体现了当时文人的哲理性思考。

序文之后，史正志介绍了菊花品种。他住在二水[1]的时候，种植了一百多株大白菊，翌年全部变成黄菊，因此他认为白菊较易变成黄菊[2]。之后，他又在吴门看到27种菊，并写道："余姑以所见为之。若夫耳目之未接、品类之未备，更俟博雅君子与我同志者续之。今以所见具列于后。"

在"品第"部分，他根据花瓣的颜色对菊进行分类，其中黄瓣者有13种，白瓣者有10种，杂色有"十样菊""桃花菊"2种，红瓣者有"芙蓉菊""夏月佛顶菊"2种，紫萼白心者有"孩儿菊"1种。

在"后序"中，史正志介绍了一段诗话：王安石的诗作中有一句"黄昏风雨瞑园林，残菊飘零满地金"。欧阳修看到时笑道，春天的花草过了花期都会落花，但菊花只是于枝上枯凋而已。王安石听到欧阳修笑其诗句，反问道，难道欧阳修不知《楚辞》中的一句"夕餐秋菊之落英"？但史正志没有轻易附和前人的说法，而是根据个人的观察经验指出，正如菊花中有黄白深浅的不同，

[1] 史正志撰有《二水亭记》，为知建康府时所撰。乾道年间（1165–1173年），二水属建康府。二水：似指秦淮河流经南京后，西入长江，被横截其间的白鹭洲分为二支。

[2] 原句为"品类有数十种，而白菊一二年多有变黄者"。

菊花也有落花者和不落花者。花瓣紧密的菊花不落，浅黄色的花瓣逐渐变白，白花瓣的菊逐渐变红，然后凋枯于枝上。花瓣松散的菊花大多落花，花瓣渐渐离散，遇到风雨，就会飘散满地[1]。因此史正志认为，欧阳修、王安石两人并不知晓菊花的实际生态。最后他总结道：“余学为老圃而颇识草木者，因併书于《菊谱》之后。”

另外，史正志似乎未见到过刘蒙的《菊谱》，因为史正志写道：“自昔好事者为牡丹、芍药、海棠、竹笋作谱记者多矣。独菊花未有为之谱者。”《四库全书总目提要》对此有记载，王毓瑚等人也提到了这一点。

史正志（1119—1179 年），字志道，江都人，绍兴二十一年(1151 年)进士[2]。史正志的事迹较多见于《宋史》等史书中，南宋宪子章的《镇江志》也有其较详细的传记：

（终年六十）正志……治圃所居之南，号乐闲居士、柳溪钓翁，藏书至数万。正志议论精确，切中事机，受知两朝。[3]

他反对张浚推行北伐，反而被王十朋所劾，于是在被罢官后回乡。淳熙元年(1174 年)，他建造私家园林“渔隐”，颇为著名。据《吴中旧事》佚文“史志道发运家亦有五百株(牡丹)”[4]可知，史正志也曾种植牡丹。《亳州牡丹史·焦竑序》又曰：

宋时洛阳最有名。欧（阳修）公所记才三十四种，丘（濬）道源三十九种，陆（游）务观谱蜀花，史正志谱浙花，至钱(惟演)思公所记多至九十余种可谓盛矣。[5]

据此，史正志或许撰有牡丹谱（待后考）。这座原先花费一百五十万缗建造的园林“渔隐”后来被丁季卿

[1] 史正志还指出，《楚辞》中的“夕餐秋菊之落英”也有一些奇怪之处。因为刚开的菊花芳香可口，然而屈原敢吃凋谢落地的菊花，这种菊花的味道并不好。所以，史正志认为，这也许是屈原的笔误。同时，他还考证“落英”。按照《诗经》的“访落”中的“落”字实为“初”之意，屈原所说的“落英”也可能是“始开之花”。《四库全书总目提要》不同意史正志的看法，直言《楚辞》中的上句是“木兰之坠露”，那么，该怎么解释“坠”字？落英不可以吃，那么落地的露水还能喝吗？因此《四库全书总目提要》批判史正志的解释，说“此所谓以文害词者也”。

[2]杨洵修，陆君弼，等．扬州府志[M]．万历三十二年刻本//北京图书馆古籍珍本丛刊：25．北京：书目文献出版社，2002：226.

[3] 阮元．嘉定镇江志[M]．南京：江苏古籍出版社，1988：559-604.

[4] 解缙，等．永乐大典：第3册[M]．北京：中华书局，1960：2552(卷5839).

[5] 薛凤翔．亳州牡丹谱[M]//《续修四库全书》编纂委员会，编．续修四库全书 1116 子部：谱录类．上海：上海古籍出版社，2002：281.

以一万五千缗收购。之后长期荒废，清乾隆年间一名叫宋宗元的官僚购买了“渔隐”故址，其在这基础上重建园林，并承“渔隐”之意，命名为“网师园”（网师，意为渔翁）。至今作为古典苏州园林仍十分出名，已被登记于联合国教科文组织的《世界文化遗产名录》上。

关于此书的版本，以《百川学海》本为善。《百菊集谱》虽收此谱，但实为节录本。还有刘向培整理校点本[1]、杨波注译的白话翻译本[2]。

[1]范成大．范村梅谱(外十二种)[M]．刘向培，整理校点．上海：上海书店出版社，2017: 288-290.

[2]刘蒙，等．菊谱[M]．杨波，注译．郑州：中州古籍出版社，2015: 85-103.

◆《范村菊谱》(《石湖菊谱》)

淳熙十三年（1186年）成序，范成大撰。该谱所收菊花是范成大自己栽培的品种，有黄色者17种，白色者14种，杂色者5种，共36种。此外，他提及“东阳人家菊图多至七十种”，但谱中未提品名。

范成大以“山林好事者或以菊比君子”为开篇，强调能以菊花喻君子。他还指出，在《礼记》的《月令》中，以动植物的变化作为每个季节的标志，其中提到桃树、桐树时会直接描述其开花之状，但说到菊花时则强调它有黄色花朵。范成大怀疑是《月令》作者因为菊花与众不同，所以特意进行强调。范成大不仅说到“山林好事者”，还谈及城里人赏菊。范成大说：“移槛列斛，辇致觞咏，间谓之重九节物。此非深知菊者，要亦不可谓不爱菊也。”南宋人在重阳节的时候，开宴会赏花，与隐者在安静的环境下赏菊相比，这种赏花方式不能说“深知菊”，但他们也是喜爱菊花的人。可见，范成大已将菊花与隐逸思想联系起来。

在“后序”中，范成大考证了本草学中的菊花。据他的说法，六朝时期的陶弘景以黄花的甘菊为真菊，而范成大赞同此观点，并认为除了甘菊，菊花皆味苦，尤其白菊，味道非常不好。陶弘景否定白菊可以食用的观点，但认为白菊可以治风眩。范成大还注意到《灵宝方》《抱朴子》等道教书籍中亦以白菊入药。最后，范成大援引陶弘景的说法并得出以下结论：食用、药饵（养生）用的菊花只有甘菊，其他黄菊、白菊皆可以入药，亦治头风，因此白菊也可贵。

范成大字至能，号石湖居士，靖康元年（1126 年）六月四日生于吴县（今属苏州）。1127 年，靖康之变，北宋灭亡。他两岁时，母亲蔡氏卒。其母是撰有《荔枝谱》的北宋著名书法家蔡襄之女。范成大不满 20 岁时，父亲去世。因此，他年轻时生活较艰苦，未暇应举。绍兴二十四年（1154 年）春，他 29 岁时才科举及第考中进士。乾道元年（1165 年）三月任校书郎，奉职于馆阁，同年六月兼国史院编修官。乾道六年（1170 年）六月，以“金国祈请国信使”赴金国中都（今北京市）。途中于镇江（今属江苏省）与陆游相识，又在金国辖下的栾城（今属河北省）见到很多金铃菊，当地的各家以金铃菊的盆盎遮门（《范村菊谱》）。淳熙元年（1174 年），范成大自桂林赴成都，任四川制置使，提拔陆游为参议官。在此期间，陆游撰作一部牡丹谱。在两人的交往中，范成大估计看到了陆游所作《入蜀记》[1]，后来范成大记录离蜀的旅程，作一部游记《吴船录》。淳熙十年（1183年）归吴郡隐退。淳熙十二年（1185年），《范村菊谱》这部谱录撰于吴郡的隐居地，大约其前后又撰写了《范村梅谱》。淳熙十三年（1186年）作《四时田园杂兴》一诗，于绍熙四年（1193年）九月五日辞世。

此书当以宋本《百川学海》所收本为善。范成大编辑有文集《石湖集》136卷，其中也许收录了《范村菊谱》。但该文集已失传。流传下来的有清康熙年间（1661—1722年）所刊的《石湖居士诗集》，未收《范村菊谱》。《重较说郛》亦收此书，但无序，并被误认为刘蒙所撰。涵芬楼《说郛》收其节录，名为《石湖菊谱》。清人周中孚（1768—1831年）在《郑堂读书记》中考察其书名，指出陈振孙著录《范村梅菊谱》二卷。因此，他推测正确的书名是《范村菊谱》，左圭在《百川学海》中删除了“范村”两字[2]。中华书局出版的《范成大笔记六种》收《范村菊谱》，亦以《百川学海》为底本[3]。如今有刘向培整理校点本[4]，杨林坤等翻译为白话本[5]、杨波注译的白话本[6]。另外，生活在李氏朝鲜时期的姜希彦（1417—1464年）曾在其《养花小录》中转引《范村菊谱》[7]。日本江户时代也反复翻刻《范村菊谱》出版，江户时期的日本学者松岗玄达（1668—1746年）在其《菊谱》中也参考此谱。佐藤武敏《中国的花谱》中收该谱日译本[8]。可见，范成大的《范村菊谱》广泛流传于东方。

[1] 小川環樹．范成大の生涯とその文学［M］//風と雲：中国文学論集．東京：朝日新聞社，1972：261.

[2] 周中孚还写道：“次自龙脑以迄桃花，凡三十五种。每种各叙其形色出产而品评之。后附以杂记三则，中‘有三十五种’语。益（疑盖字之误）知‘三十六种’之‘六’字，为‘五’字之误”（周中孚．《郑堂读书记》［M］．北京：北京图书馆出版社，2007：1012-1013.）

[3] 范成大．范成大笔记六种［M］孔凡礼，校点．北京：中华书局，2002：267-279.

[4] 范成大．范村梅谱（外十二种）［M］．刘向培，整理校点．上海：上海书店出版社，2017：293-299.

[5] 杨林坤，等．梅兰竹菊谱［M］．北京：中华书局，2010：198-253.

[6] 刘蒙，等．菊谱［M］．杨波，注译．郑州：中州古籍出版社，2015：107-131.

[7] 강희안．양화소록［M］．이병훈，译．서울：을유문화사，2005：50-57.

[8] 佐藤武敏．中国の花譜［M］．東京：平凡社，1997：128-141.

◆《图形菊谱》

绍熙二年（1191年），胡融撰，2卷，已佚。胡融（1141—1210年），字小瀹[1]、子化，又字少瀹。他的菊谱不见于《直斋书录解题》《宋志》等宋元明各朝的书目中，只被史铸节略收于《百菊集谱》卷五。史铸记载了《图形菊谱》的情况：一个叫陆景昭的朋友带着胡融的《图形菊谱》来见史铸，但当时史铸已经让刻工开始锓刻，因此只能补一卷，也就是摘录的《图形菊谱》。胡融列举了41种菊花的名称，其后介绍了“栽植”（栽培法），其分为“初种”“浇灌”“摘脑”。下一篇是“事实”，胡融转引《岭南异物志》，并转载张栻[2]的《菊赋》，以及“杜甫诗以甘菊名石决”一文考证。另外，《百菊集谱》的补遗一卷中还有胡融《菊谱》的序、后序。

胡融的著作还有《南塘记》等。另外，《天台续集》载有《游天台诸诗》13首[3-4]。胡融生平的事迹不详。有人说他是南宋隐士，依据是《南塘记》开头的一句“有宋南渡之明年，吾大父自峡豁翦棘荆蓬藋，始居此”[5]，可知他祖父生活年间发生了靖康之变。另据《赤城新志》所著录的“《风土志》宁海胡融著，今有抄本”[6]，可推测胡融可能是浙江宁海人。

[1] 曾枣庄．中国文学家大辞典：宋代篇[M]．北京：中华书局，2004: 622.

[2] 张栻，字敬夫，号南轩，南宋著名理学家。

[3] 李庚．天台续集别编[M]//林师蒧，等，增修编．景印文渊阁四库全书集部:295（第1356册）[M]．台北：台湾商务印书馆，1983: 576-582.

[4] 李庚．天台续集别编[M]//林师蒧，等，增修编．文津阁四库全书：453．北京：商务印书馆，2005: 437-439.

[5] 林表民．赤城集[M]//北京图书馆古籍珍本丛刊：114．北京：书目文献出版社，1998: 150-151(卷14).

[6] 陈相，谢铎．弘治赤城新志[M]．明弘治刻嘉靖天启递修本．南京：凤凰出版社，上海：上海书店，成都：巴蜀书社，2014: 699(卷21: 6b).

◆ 沈竞《菊谱》（沈庄可《菊谱》）

嘉定六年（1213年），沈竞撰，6篇，已佚。史铸《百菊集谱》引用此书。史铸在自序中提到自己参考的菊花谱有“（凡此）一记四谱（俱行于世）”的5种书，即《洛阳花木记》以及刘蒙、史正志、范成大、沈公的菊谱。史铸对沈公谱做了介绍：“嘉定癸酉，吴中沈公阙乃摭取诸州之菊及上至于禁苑所有者，总九十余品以著于篇菊名篇第四。”[1]沈公阙名，但在卷二开头有一句：“诸州及禁苑品类，吴人沈竞撰谱元（原）本列为六篇，愚今乃分入集谱诸门。”由此可知，沈公即沈竞。然而，沈竞的事迹不见于《浙江通志》等书。

在《百菊集谱》中，除沈竞以外，还在卷三出现沈庄可撰写的《菊谱》。这很容易让人联想到沈竞。沈竞字庄可，两者为同一人。

关于沈庄可，今本《雪矶丛稿》的萧艾注中指出，除南宋人乐雷发（1210—1271年）《访菊花山人沈庄可》一诗外，还有赵师秀（1170—1219年）的《送沈庄可》[2]、戴复古（1167—1248年）的《寄沈庄可》（《石屏集》）[3]，张弋的《赠沈庄可》[4]，萧元之的《水龙吟　答沈庄可》、严粲的《次韵菊花山人沈庄可见过之作》、邹登龙的《秋夜怀菊山沈庄可》等南宋后期的诗人作品，都可以支持沈竞和沈庄可是同一人的看法。

不过，关于沈庄可还有不同的记载。《（嘉靖）袁

[1]王毓瑚将沈竞《菊谱》书命名为《菊名篇》。“菊名篇”应当理解成篇名。

[2]原句为“清事贫人占，斯言恐是虚。与花方作谱，为米又持书。时节寒相近，山林拙未除。西江波浪急，送子一愁予”。《清苑斋集》

[3]乐雷发，雪矶丛稿[M]. 萧艾，注. 长沙：岳麓书社，1986: 75-76.

[4]原句为“卷上芳名旧所知，见君还恨识君迟。数茎短发沾霜白，一叶扁舟触浪危。问遍菊名因作谱，画将兰本要求诗。向南郡邑多经过，楚士能狂更有谁”。（《江湖小集》）

州府志》记载：

沈庄可，分宜人，宣和间[1]进士。知钱塘县事。嗜菊，庭植尝数百本。晚年退居，益放情于菊。后以九月九日死。朱熹哭之诗曰："爱菊平生不爱钱，此君原是菊花仙。正当地下修文日，恰值人间落帽天。生与唐诗同一脉，死随陶迳葬千年。如今忍向西郊哭，东野无儿更可怜。[2]

《袁州府志》所载的沈庄可是北宋宣和年间（1119—1125 年）的进士，离沈竞作谱的嘉定六年（1213 年）还有大约 100 年。朱熹（1130—1200 年）在沈竞去世时致悼词——《挽沈菊山》。从朱熹的悼词中可以看出因为沈竞正值重阳节去世，他与陶渊明都和菊花很有缘分。《宋诗纪事》载有朱熹的《挽沈菊山》，该诗注引《杭州府志》曰："沈菊山，袁州宜春人。由进士知钱唐。尝植菊数百本以自乐，晚节益坚。适以九月九日殁。朱文公挽之云云。"[3]而沈竞是在朱熹去世的 13 年后撰写了菊花谱，因此沈竞和沈庄可是否为同一个人尚存疑。有可能《挽沈菊山》非朱熹所作，也可能《袁州府志》的记载有误，待后考。

[1]《杭州府志》："沈庄可……宣和三年进士……"

[2] 严嵩．嘉靖袁州府志[M]．上海：上海书店出版社，1990: 1078-1079.

[3] 厉鹗．宋诗纪事补订[M]．钱锺书，补订．北京：三联书店，2005: 1243.

◆ 马楫《菊谱》

淳祐二年（1242 年），马楫（或作"马揖"）撰，已佚。其佚文见于《百菊集谱》补遗："续又见今时马伯升《菊谱》有该金箭头菊，其花长而末锐，枝叶可茹，最愈头风。世谓之风药菊，无苗，冬收实而春种之。"对于马楫的《菊谱》，王毓瑚进行了较深入的文献学调查，据其考证，清代钱谦益《绛云楼书目》著录此书，注明："宋末建阳马揖著，刘后村曾为作跋。"

刘后村即刘克庄，南宋末期人，做过建阳县令。蔡襄《茶录》拓本上也有"方孚若家藏，刘克庄观"的跋文。另外，清代陆廷灿《艺菊志》里面载有一篇题为《建阳马君菊谱》的文章，提到"建阳马君谱菊，得百种，各为之咏"，即此书。史铸在《晚香堂题咏跋》上说，他在《百菊集谱》初次定稿以后，得知马氏曾于淳祐壬寅年（1242 年）秋写过《菊谱》。此书大概是在绛云楼火灾中被焚毁了。

◆《百菊集谱》

淳祐六年（1246 年），史铸撰，7 卷（原刻 5 卷，后又补胡融谱 1 卷及另附 1 卷补遗）。史铸在自己这部书中收录了很多菊谱，有些菊谱从未在其他文献中见到，极为珍贵。

《百菊集谱》的"自序"之后，有"诸菊品目"，列举了 115 种品名[1]。

卷一介绍各地的品种，如洛阳的品种由周师厚的《洛阳花木记》记载，伊川的品种由刘蒙的《菊谱》记载，吴中的品种由史正志的《菊谱》记载，石湖的品种由范成大的《菊谱》记载。

卷二包括三篇。第一篇为"禁苑及诸州品类"，转

[1] 史铸自称："右一百三十一名，间于其下又有附注者三十二，是总计一百六十三名也。"今传本或有缺。

引沈竞的《菊（名）谱》。第二篇为“越中品类”，实际上是史铸自撰的部分，介绍他在绍兴所收集的品种。另外，他还涉猎各种文献，寻觅历代菊谱未载之品，“列诸谱外之名”。例如，“九华菊”引自《靖节先生集》（即《陶渊明集》），“丹菊”引自嵇含《菊铭》等。

卷三包括四篇。第一篇“种艺”转引孙真人的《种花法》、范成大的《石湖菊谱》以及沈庄可的《菊谱》。孙真人可视为孙思邈的尊称，但宋代以前没有孙思邈撰有此书的相关记载，因而《种花法》可能是一部伪托孙思邈的书[1]。第二篇“故事”中，有重阳节用茱萸及菊花酒避邪的故事，另外还转引了《列仙传》《神仙传》中的菊花延年的故事。从此篇可以了解到菊花与养生、道教思想的关系。第三篇“杂说”中，史铸援引历代本草书等医书、小学类书籍、地方志等，介绍各种菊花的相关论说，并对这些论说进行比较、考察。第四篇“古今诗话”中，史铸分析自己所收集的各种诗话，总结古人的菊花利用法等。比如，古人不仅将菊苗做菜，亦可以菊代茶，菊花既可泡于酒中，亦可放于茶水中饮之。

卷四包括“历代文章”“唐宋诗赋”两篇。“历代文章”中介绍了屈原的《离骚》、陶渊明的《九日闲居诗》等。唐宋诗赋中注明：“此诗不惟选取精妙者，或有菊名见诸文集，此特取之，以广识其名；或出名公所作，虽曰未工，此亦取之，以见前贤赋咏之大略，览者当知之。”同时，广收唐宋各家的作品。

卷五是对胡融《图形菊谱》的摘录。史铸在进行锓板的过程中（估计是在刻卷四的时候）得到胡融的《图

[1]史铸在注文中说：“愚今于此只录种菊一事。”由此推之，《种花法》书中内容还涉及其他花卉植物的栽培法。

形菊谱》，因而将其摘录为卷五，将原来的卷五改为卷六。

卷六包括“体题新咏”61首、“集句诗”40首。“体题新咏”有注：“以后附入诸士友十九首，凡二者之内除于题下，该臆吟者八首，其他诸篇皆是咏越中所有之品。”撰者分别表达了对“胜金黄”等菊花品种的赞赏之情，并为各品种作一首七言绝句。同样，“集句诗”有注：“铸儿童时，尝阅东轩臞儒赵公保集句，梅诗喜其多有可取。今故效颦采撷百家英华为菊成章也。”

在史铸完成该书之前，黄蔷薇、金万铃等菊花新品出现，于是增补1卷[1]。

补遗1卷中[2]，第四篇“辨疑”中有较有趣的记载。史铸原先认为菊花没有种子，但本草书及《千金方》皆言菊花有子。后来，根据钟会《菊华赋》的“芳实离离”一句和马伯升《菊谱》的“无苗[3]，冬收实而春种之”，史铸总结为“菊之为花果有结子”，即菊花有果实、种子。第五篇至第九篇，分别为“诗赋”“晚香堂题咏”（马揖撰）、“续集句诗”（史铸撰，前40首及后20首）、“新词”“正误”。

在《百菊集谱》中，如上述“辨疑”篇那样，记有史铸个人的想法、经验、考察等。比如，在卷二中，通过对石竹的深入考察，史铸发现石竹（瞿麦）的古名叫大菊，但非今之大菊，指出了刘蒙将瞿麦视为大菊的讹谬[4]。关于石菊，老圃皆云：“未曾有结实者。”而史铸于淳祐四年（1244年）八月在僧舍中见到紫花石菊，试着摘取花瓣已落并只留萼片者，扭破之，发现有如麦子那样的种子。接着，他又摘取花瓣未落者，发现其内部与前

[1]“前编始成愚乃标之为《百菊集谱》，因同里判簿兆伟伯见之，乃衮以佳名曰‘菊史续’。又见古人江奎诗，有‘他年我若修花史’之句，高疏寮有竹史之作。但铸才疏识浅，所愧不足联芳于前贤。乃者物色府察卢舜举录示《黄华传》，近又蒙同志陆景昭假及蘜先生传，今故并行校正列于补遗，卷端戏表此编滥有称史之名耳。时（南宋）淳祐庚戌岁（1250年）季春吉旦，愚斋史铸颜甫识。”

[2]在补遗一卷中，先载邢良孠《黄华传》、马辑撰《蘜先生》两篇，其次有第三篇“杂识”，转引胡少瀹《菊谱》（即胡融《图形菊谱》）的序、跋。

[3]“无苗”，疑意指“一年草”。

[4]《尔雅》云：“大菊，蘧麦也。”《神农本草经》曰：“瞿麦，一名大菊。”（“蘧”与“瞿”同音）陶弘景云：“一茎生细叶……颇似麦。”宋《本草图经》（亦称《图经本草》）曰：“七月结实，似麦，故名之。”较之，古人认为石菊为结实的植物（有些园艺植物有花无实）。

者相同，也有果实，再扭破之，其内有如虾子大的粒子，正如陶弘景所述的“立秋采实，实中子至细”。

关于此书的版本，《山居杂志》所收本存在阙文，不可称完善，但已是现存中较为可靠的[1]。《四库全书》亦收载此书。笔者曾经在北京琉璃厂的中国书店看到过售卖的明刊本，但没有看到书中的状态，因此也不能确定明代是否有单刊本《百菊集谱》，也有可能是丛书的零散本。

《山居杂志》是汪士贤所编的一部丛书，谢陛为此作序于“万历癸巳长至日（1593 年 12 月冬至）”。所收载的书较多与《百川学海》相同，还加以明人之作，还有就是这本《百菊集谱》。由此可知汪士贤是通过增补《百川学海》而完成该丛书。

本书所用版本《百菊集谱》是日本公文书馆内阁文库所藏本[2]；同时参考中国书店以明万历年间新安汪氏刻本影印出版的版本[3]。如今有刘向培整理校点本[4]。

[1] 史铸．百菊集谱[M]//汪士贤．山居杂志．日本公文书馆内阁文库藏．索书号 306-281-7-1.

[2] 同[1]。

[3] 汪士贤．山居杂志[M]．北京：中国书店 1988.

[4]范成大．范村梅谱(外十二种)[M]．刘向培，整理校点．上海：上海书店出版社，2017：300-413.

◎

第二节 梅花谱

梅文化历史悠久，现存最早的中国诗集《诗经》中有两篇作品提到“梅”。安徽大学藏战国竹简[1]的出土物《诗经》残简中正好存有这两篇作品。

其一是《召南·摽有梅》，该作品描述男子给女子赠梅子求婚的情形。战国竹简中的《摽有梅》开头的“悠又某”三字，今作“摽有梅”。《秦风·终南何有》中也有“淬南可又，有柚有某……”一句[2]。今本作“终南何有，有条有梅”。公元前2世纪的《阜阳汉简·诗经》亦云：“……啭，其实三也。”[3]

“某”通“梅”，早已有定论。我们也可以参考《经典释文》：“摽有梅……梅，木名也。《韩诗》作‘楳’。《说文（解字）》‘楳’，亦‘梅’字。”[4]还有，东汉樊光《尔雅注》曰：“荊州曰‘梅’，扬州曰‘枏’，益州曰‘赤梗’。”（孙炎《尔雅注》又曰：“荆州曰‘梅’，扬州曰‘枏’。”）“梅”字原是汉代荆州人才用的字体。汉代人，“梅”又作“每”，犹如《阜阳汉简·万物》中记载的“□□与每实也”[5]。“每”字含有繁殖之义，也与“媒”同根。由此，“梅”成为恋爱结婚的象征[6-7]。

至秦汉时期，梅花似乎还没有受到当时文人的注意。人们种植梅树不完全是为了赏花，还有收获果实[8]（图5-8）。被视为汉代文献的《西京杂记》（大约成书于魏晋时期）中载有用于欣赏的梅花，共7个品种：“初修上林苑，群臣远方各献名果异树……梅七，朱梅、紫叶梅或作紫蒂梅、紫华梅或作紫萼梅、同心梅、丽枝梅或作丽友梅、燕梅或作燕脂梅、燕支梅、猴梅或作侯梅。”[9]由此可见，群臣向皇家园林上林苑进贡植物，其中就有梅树，

[1] 碳十四检测结果显示为公元前400年至公元前350年。

[2] 安徽大学汉字发展与应用研究中心. 安徽大学藏战国竹简（一）[M]. 上海：中西书局，2019: 33.

[3] 胡平生，韩自强. 阜阳汉简诗经研究[M]. 上海：上海古籍出版社，1988: 3.

[4] 陆德明. 经典释文[M]. 通志堂本. 北京：中华书局，1985: 8a(卷5).

[5] 文化部古文献研究室，安徽阜阳地区博物馆阜阳汉简整理组. 阜阳汉简《万物》[J]. 文物，1988(04): 36-47, 54, 99.

[6] 水上静夫. 中国古代の植物学の研究[M]. 東京：角川書店，1977: 57-99.

[7] 加納喜光. 植物の漢字語源辞典[M]. 東京：東京堂出版，2008: 62.

[8] 宋徽宗的皇家园林“艮岳”中虽然有花卉植物，但还是以可食用果树居多，诸如“枇杷、橙柚橘柑、榔栝、荔枝”等移植南方植物，并非花卉。英国汉学家柯律格(Craig Clunas)论证，明代的私家园林中实际上会种植很多经济植物。园林中多种植果树，可谓中国园林的一种传统。

[9] 刘歆，葛洪. 西京杂记校注[M]. 向新阳，刘克任，校注. 上海：上海古籍出版社，1991: 47-55.

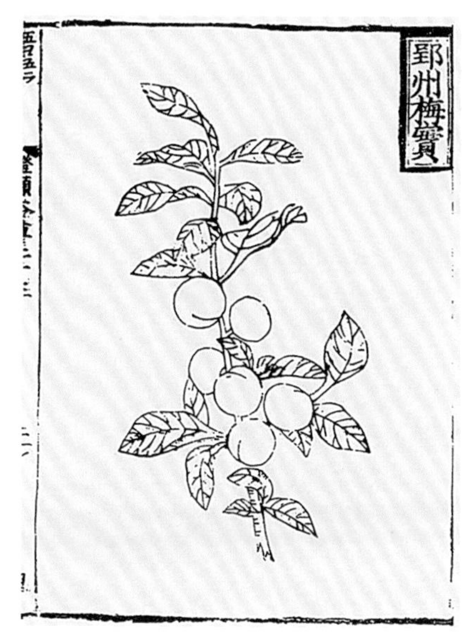

图 5-8 《大观本草·郢州产梅实图》刘甲本

注：图像来源同图 5-3，第 39 页。

而且汉代至魏晋时期，人们所辨别的梅树有 7 个品种。包括梅树在内的所举植物多为具有经济价值且在北方可以生长的果树。梅树与早期中国人的物质生活有着密切的关系。古代诗词中，六朝时期（主要是在南朝）才开始出现与梅花相关的诗词。唐代时，梅花诗甚多。此段历史已有程杰等学者深入研究形成的论述，本书不再赘述。

至北宋，梅花文化史上不可忽略的隐逸诗人林逋（字和靖，967—1028 年）出世。林逋结草庐于西湖孤山，种植梅树，放纵两鹤，留下了《山园小梅》《梅花》等作品。因陶渊明在避世隐遁之时喜爱种植菊花，后人就将菊花与避世隐遁联系起来，如此，后世文人也将梅树与隐遁生活联系在了一起。

北宋著名的文人、书法家黄庭坚（1045—1105 年）也偏爱梅花，曾作《戏咏梅诗》《上苏子瞻》《次韵赏梅》

等，以及草书作品“梅花三咏”，与梅花相关的作品繁多。不过在其文集《山谷集》中有关牡丹的诗词极少[1]。与牡丹相比，梅花象征着一种谦虚谨慎的性情，代表静寂、俭朴的精神。当时的部分士大夫寄情于梅花，期望逃避城市的喧闹嘈杂，追求清静的心情。王安石（1021—1086年）亦酷爱梅花。王安石在其诗《梅花》中写道：“墙角数枝梅，凌寒独自开。遥知不是雪，为有暗香来。”梅花在静寂中飘香，仿佛君子的高德在感化百姓。王安石科举及第后，长时间任地方官，宋神宗任命他为宰相后，为解决宋政府面临的财政问题，执行变法提倡节俭。与富贵花牡丹所代表的“奢侈”相反，梅花的清廉形象正符合他的政治理想。北宋末期梅花迅速得到众多士大夫的喜爱及重视，跟上述政治环境的转变以及人们意识上的变化应有不小关系。

另外，师从王安石治儒学的陆佃表示：

华在果子华中尤香。俗云梅华优于香，桃华优于色。故天下之美有不得而兼者多矣。若荔枝无好华，牡丹无美实，亦其类也。[2]

他赞扬梅树与桃树不同，不仅有观赏价值，而且有经济价值。陆佃的孙子陆游也颇爱梅花，其诗词中的咏梅诗不胜枚举，如“冰崖雪谷木未芽，造物破荒开此花。神全形枯近有道，意庄色正知无邪……”“我与梅花有旧盟，即今白发未忘情……”等，这些诗皆题为《梅花》[3]。

北宋时期，随着经济发展，开始以洛阳为中心大量栽培牡丹。同时牡丹谱也开始涌现，芍药谱、菊谱等其他花卉植物的谱录也相继出现。而北宋时已有不少人士

[1] 在黄庭坚的文集《山谷集》中，与牡丹有关的诗词仅有《谢王舍人剪送状元红》等三四首。

[2] 陆佃．埤雅［M］// 北京图书馆古籍珍本丛刊：5. 北京：书目文献出版社，1998：345-346.

[3] 陆游．剑南诗稿校注［M］. 钱仲联，校注．上海：上海古籍出版社，2005：622，935.

喜爱梅花，但就可知的范围而言，北宋未出现梅花谱。有关梅的专书，直到南宋才出现，其中以南宋初黄大舆的《梅苑》为首。

宋代的梅谱以诗词集《梅苑》为首，至少有 4 部（不含《华光梅谱》）。北宋周师厚的《洛阳花木记》中亦载“梅之别六：红梅、千叶黄香梅、蜡梅、消梅、苏梅、水梅”，所举品种有 6 种，其中包括蜡梅。4 部梅谱中，除《范村梅谱》，其他 3 部都没有提及梅树的品种。范成大的《范村梅谱》继承了北宋的传统著述方式，而张镃的《梅品》讲究梅花的文化侧面。同时，这些梅谱从品种的记载到精神、美术层面的趋向都很明显。南宋时期，文人逐渐为理想而避世。在这种隐遁生活中，文人往往亲手种植梅树、菊花等。北宋后期至南宋，绘画不限于画家，苏轼等文人也开始绘画。这种风尚使绘画与文人文化联系起来，提升到与书法同样的地位。在这种文人重视绘画的风气中，终于出现以绘画为主的《梅花喜神谱》。

程杰在“宋代梅品种考”一文中详细分析了宋代的梅树品种。除范成大撰《梅谱》，他还从《和提刑千叶梅》，周师厚的《洛阳花木记》，朱弁的《曲洧旧闻》《四朝闻见录》《乾道临安志》《武林旧事》，姜夔的《卜算子》，刘学箕的《梅说》，陈耆卿的《赤城志》，常棠的《海盐澉水志》，周应合的《景定建康志》，潜说友的《咸淳临安志》等书籍中找出梅树的品种名。据他统计，宋代梅花品种大约可数出 47 种[1]。

[1] 程杰．宋代梅品种考［M］．北京：中华书局，2007：88-106.

◆《梅苑》

黄大舆撰，10卷。黄大舆生于北宋，卒于南宋。王灼转载《梅苑序》于《碧鸡漫志》卷二[1]，可知绍兴十五年（1145年）前已有此书。黄大舆在自序中写道：

己酉[2]之冬，予抱疾山阳，三径扫迹，所居斋前更植梅一株，晦朔未逾，略已粲然。于是录唐以来词人才士之作，以为斋居之玩。目之曰《梅苑》者，诗人之义，托物取兴，屈原制骚，盛列芳草，今之所录，盖同一揆。聊书卷目，以贻好事云。岷山耦耕黄大舆载万序。[3]

绍兴十五年之前的己酉年应是建炎三年（1129年）。可知《梅苑》成书于建炎三年至绍兴十五年（1129—1145年）。此时，他在病中种植一棵梅树，同时收集唐代的诗词，整理成《梅苑》。如林逋那样，黄大舆将隐遁生活和梅花联系了起来。

虽然《梅苑》至今未有完整的版本，但已有人对其版本进行了较深入的考察[4]。现存版本中较完备的刊本由曹寅编写，康熙四十五年（1706年）扬州局刊行的《楝亭十二种》，收载了共有173个诗题、506首诗词的《梅苑》。不过，该版本的内容明显有后人的增删之处。著名学者赵万里曾从《永乐大典》《花草粹编》收集资料做了一个辑佚本，但仅载18首[5]。另外，《丛书集成续编》亦收《梅苑》（第161册）。

黄大舆的《梅苑》在科学技术史上虽说不上重要，但就谱录的发展方面而言，其仍可视为首部梅花专书。

[1] 王灼．王灼集[M]．李孝中，侯柯芳，辑注．成都：巴蜀书社，2005：238-239.

[2] 原作为“已酉”，应作“己酉”。

[3] 黄大舆．梅苑[M]//曹寅．楝亭十二种．扬州诗局1706年刊本影印本．上海：古书流通处，1921.

[4] 张雁．梅苑版本考[J]．古籍整理研究学刊，2003(02)：82.

[5] 曾枣庄．中国文学家大辞典：宋代篇[M]．程澄．北京：中华书局，2004：780.

◆《范村梅谱》

范成大撰，1 卷。关于此书的成书时期，有人依据范成大《范村菊谱》的自序写于淳熙十三年（1186 年），将《范村梅谱》的成书也视为淳熙十三年，其实未必。《范村梅谱》的“古梅”一则中写道，转运使（负责运输的官职）任诏（字子严，1085—1193 年）购得酒家大梅筑盘园。范成大到静江府任职途中所记的作品《骖鸾录》，有乾道九年（1173 年）闰一月十四日曾游览盘园梅林的记载。据此，我们或可推想《范村梅谱》的成书不早于乾道九年。

乾道八年（1172 年）末，范成大被任为广西经略安抚使，前往静江（今广西桂林）赴任。《骖鸾录》便是那时的旅途所记，其中记述他游盘园回想的有关周必大的一段往事：

始余得吴中石湖，遂习隐焉。未能经营如意也。翰林周公子充（即周必大）同其兄必达子上过之，题其壁曰：“登临之胜，甲于东南。”余愧骇曰：“公言重，何乃轻许与如此？”子充曰：“吾行四方，见园池多矣。始芗林、盘园，尚乏此天趣，非甲而何？”子上从旁赞之。余非敢以石湖夸。忆子充之言，并记于此。噫！使予有伯恭之力，子严之才，又得闲数年，则石湖真当不在芗林、盘园下耶。[1]

从这一段故事中，我们可以知道当时范成大已经拥有自己的私家园林“石湖”，周必大曾对石湖给予很高的评价。这也是他号石湖居士及其著作称为《石湖梅谱》

[1] 范成大．骖鸾录［M］．孔凡礼，校点//范成大笔记六种．北京：中华书局，2002: 50.

的原因。范成大的作品中多有路上看到的植物以及园林的记载。因为他注意到在静江有很多珍奇的动植物，于是在离职时，特别进行了记录，并写成了《桂海虞衡志》。《桂海虞衡志》一书可以说是在《南方草物状》等方志书的基础上完成的著作，应与谱录有密切的关系。其后他转任四川制置史，淳熙二年（1175年）赴成都。在成都，范成大见到旧友陆游，提拔陆游为参议官。淳熙四年（1177年）范成大离任成都，胡元质续任。翌年（1178年）正月，陆游写成《天彭牡丹谱》，同年离开蜀地。跟范成大有交往、接任四川制置史的胡元质也编过《成都牡丹记》。上面提到的周必大也撰写过《唐昌玉蕊辨证》，并编了欧阳修的文集。范成大本是蔡襄的外曾孙，又跟这些文人交往，这些经历都很可能促使了他决定编写《梅谱》和《菊谱》。范成大回中央政府后，任参知政事（当时视为“副宰相”）参与执政大事。但在不久后的淳熙八年（1181年）因被诬陷被贬，知建康。此年六月宋孝宗赐予他“石湖”二字的御笔。可见此时他已有别墅的园圃，且名为“石湖”。淳熙九年（1182年）他身患重病，多次请辞后，被允许回乡养病。淳熙十三年（1186年），范成大创作《四时田园杂兴六十首》《菊谱》。翌年受命赴福建，但因路上得病而回乡。其后绍熙三年（1192年）知太平州，翌年辞世。因此可以推测，《梅谱》最可能的成书时期是在淳熙九年至淳熙十三年（1182—1186年），或为淳熙十六年至绍熙三年（1189—1192年）。

范成大在《范村梅谱》中详细介绍了11种梅：如江梅（又名直脚梅、野梅）、早梅、官城梅、消梅、古梅（又名卧梅、梅龙）、重叶梅、绿萼梅[1]、百叶缃梅、红梅、鸳鸯梅、杏梅花。此外，范成大还介绍了 3 种蜡梅，即狗蝇梅、磬口梅、檀香梅。

《百川学海》收入《范村梅谱》，当以此为最善本。中华书局出版的《范成大笔记六种》据此本排印[2]。还有刘向培整理校点本[3]、程杰校注本[4]。陈俊愉有"《梅谱》今释"，其中包括白话文翻译[5]，以及杨林坤等的白话翻译[6]。另外，在日本有中田勇次郎[7]、佐藤武敏[8]等学者的日译本。

◆《梅品》（《玉照堂梅品》）

张镃撰，成书于绍熙五年（1194 年）。张镃（1153—1212 年）[9]，字功甫。书中内容并未提及梅花的品种，而是首先介绍他建园圃的原因，后列举梅花的"花宜称""花憎嫉""花荣宠""花屈辱"四事，一共 58 条。"花宜称"中介绍"澹阴[10]、晓日、薄寒、细雨、轻烟"是赏梅花的适宜天气和景色。梅树喜阴、多湿，虽然耐寒，但厌酷寒。而"狂风、连雨、烈日、苦寒"则是对梅花有害的、"煞风景"的天气。另外，张镃提出"孤鹤"是与梅树相搭配的事物，这受林逋《山园小梅》的影响，而梅树该避忌的鸟是乌鸦。因此，张镃作品的重点是梅花的审美及其文化价值。

中田勇次郎认为，这是张镃模仿李义山《杂纂》的

[1] 青木正儿．香草小记［M］//中华名物考（外一种）．范建明，译．北京：中华书局，2005：147-149.

[2] 范成大．范成大笔记六种［M］．孔凡礼，校点．北京：中华书局，2002：249-261.

[3] 范成大．范村梅谱（外十二种）［M］．刘向培，整理校点．上海：上海书店出版社，2017：1-6.

[4] 范成大，等．梅谱［M］．程杰，校注．郑州：中州古籍出版社，2016：1-12.

[5] 陈俊愉．梅花漫谈［M］．上海：上海科学技术出版社，1990：141-150.

[6] 杨林坤，等．梅兰竹菊谱［M］．北京：中华书局，2010：1-32.

[7] 中田勇次郎．文房清玩：三［M］．東京：二玄社，1962：3-35.

[8] 佐藤武敏．中国の花谱［M］．东京：平凡社，1997：113-125.

[9] 张响．张镃卒年考［J］．古籍整理研究学刊，2016(06)：61-64.

[10]"澹阴"即"阴澹"。

一种著述方式[1]。它跟丘璿在《牡丹荣辱志》的后半部分内容有相似之处。比如，丘璿在“花君子”中介绍，“温风、细雨、消露、暖日、微云、沃壤、永昼、油幕”等环境因素对牡丹的生长有好处，跟“朱门、甘泉、醇酒、珍馔、新乐、名倡”搭配甚佳。“花小人”中介绍不利于牡丹生长的天气，以及与之不相称的事物。而“花亨泰”“花屯难”分别相当于《梅品》的“荣宠”“屈辱”。书中提到“花宜称”的“铜瓶”值得我们注意，这说明当时文人将梅枝插于铜瓶之中。

张镃的轶事也见于林洪《山家清供》的“银丝供”一则[2]。张镃的文集《南湖集》10 卷未收《梅苑》。南宋周密《齐东野语·卷十五》（存有明刊本）[3]、明刊《百川学海》壬集、《山居杂志》、明清间刊《重较说郛》收录此书。此外，《永乐大典》引《齐东野语》载《梅品》，亦收于《丛书集成》[4]。另有刘向培整理校点本[5]、程杰校注本[6]。1995 年，曾有学者对《梅品》进行校勘，并在杂志上发表校订本以及学术论文[7-8]。据笔者考查，此校本较好。

[1] 中田勇次郎．文房清玩：三[M]．東京：二玄社，1962: 149.

[2] 林洪．山家清供[M]．章原，译注．北京：中华书局，2013: 66.

[3] 周密．齐东野语[M]．张茂鹏，校点．北京：中华书局，1983: 274-276.

[4] 蔡襄，等．荔枝谱及其他六种[M]．北京：中华书局，1985.

[5] 范成大．范村梅谱（外十二种）[M]．刘向培，整理校点．上海：上海书店出版社，2017: 7-9.

[6] 范成大，等．梅谱[M]．程杰，校注．郑州：中州古籍出版社，2016: 37-53.

[7] 陈秀中．《梅品》校勘、注释及今译[J]．北京林业大学学报，1995(S1): 20-26

[8] 陈秀中．梅品——南宋梅文化的一朵奇葩[J]．北京林业大学学报，1995(S1): 16-19.

◆《梅花喜神谱》

宋伯仁(1199—？)撰，2卷。宋时称画像为“喜神”，《梅花喜神谱》实为梅花画谱。书中内容可以看作梅花自结花蕾至凋谢的形态观察结果。不过，宋伯仁的目的不在于揭示梅花的形态变化过程，而是对梅花的素描。每幅画图都附以古诗来形容花枝的形态（图 5-9）。

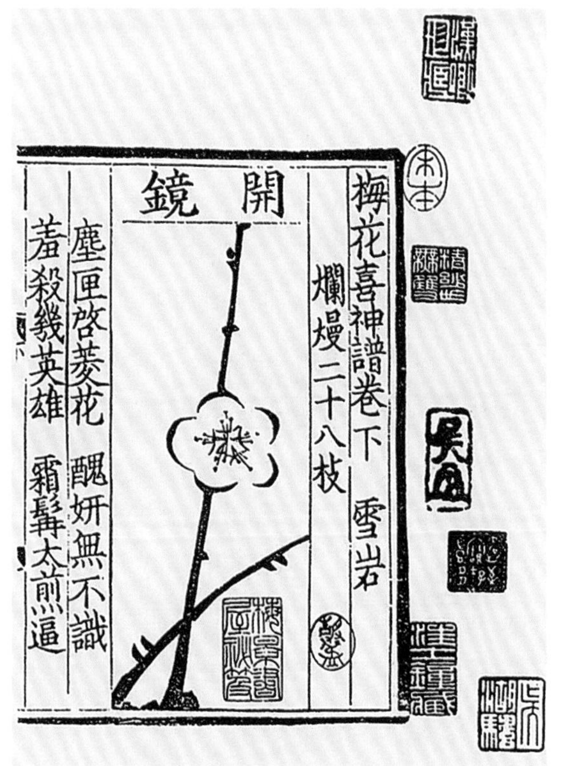
梅花喜神譜卷下 雪岩
爛熳二十八枝
開鏡
塵匣啓菱花 醜妍無不識
羞殺幾英雄 霜髯太前逼

图 5-9 《梅花喜神谱》中的“开镜”篇

注：开镜，即梅花盛开。图像源自《中国古代版画丛刊二编：第一辑》，上海古籍出版社编，上海古籍出版社 1994 年版。

宋伯仁在诗词、绘画上都有着卓越的成就。就诗词而言，他曾长期居住在杭州西马塍，作诗集为《西塍集》。他是江湖诗派人物之一。

宋伯仁在中国科学史方面也受到高度评价，甚至说他的书具有植物形态学、生理学的成果。宋伯仁描绘了梅花开花的每一段过程。这一点只有画家通过详细的观察才能描绘出来。不过，要是采取批判性的眼光来翻阅《梅花喜神谱》，则会发现观察对象仅限一枝花，而且未提及梅树整体的生理和生态。因此法国汉学家乔治·梅泰里等人有如下看法："书中每幅图都配有一首五言诗题，有关梅花的生理学内容却无从找见。"[1]宋伯仁的观察目的不是基于知晓梅树的形态变化，而是根据他的审美标准寻求梅花最美的观察角度。《梅花喜神谱》的梅枝画中，与树枝的实际形状相比，更强调其挺拔程度。这不单纯是刻于版木后印刷而产生的特征，而是由于宋伯仁不采取勾勒填彩的画法，执笔一气呵成地作画。或许可以说，宋伯仁采取此种画法，探索梅树中内在的"理"，体现了一种格物究理的精神。

《梅花喜神谱》受到了各国学者的高度关注。梅泰里谈到中国的植物画时，曾引此书为证。德国学者林山石（Peter Wiedehage）专门研究此谱而写成了一篇学位论文[2]。中国台湾地区有学生曾以它作为研究对象，撰写硕士学位论文[3]，并发表一篇学术文章[4]。该书已经有不少学者对其进行专门研究。

该书唯一的南宋版为景定二年（1261 年）金华双桂堂重锓（刻）本，现藏于上海博物馆。其影印本有中华

[1] 梅泰里．论宋代本草与博物学著作中的理学"格物"观［M］// 法国汉学丛书编辑委员会，编．法国汉学：第六辑．北京：中华书局，2002：222.

[2] WIEDEHAGE P. Das Meihua xishen pu des Song Boren aus dem 13 Jahrhundert［M］. Nettetal: Steyler Verlag, 1995.

[3] 陈德馨．梅花喜神谱研究［D］. 台北：台湾大学，1996.

[4] 陈德馨．《梅花喜神谱》——宋伯仁的自我推荐书［J］. 美术史研究集刊，1998（05）：123-148.

民国时期的《宋雪岩梅花喜神谱》、台湾地区《中国古代版画丛刊二编（第一辑）》《中华再造善本》等，现在有很多宋刻影印本。华蕾深入调查《梅花喜神谱》的版本流传情况[1]，指出上海博物馆本（后文简称“上博本”）与建刻本有不少相似之处，可能是建刻本。另外，她指出：“上博本（金华双桂堂重锓本）《梅花喜神谱》中不论是御名本字还是嫌名，无一讳例。‘玄’字、‘树’字、‘休’字、‘鹳’字都以本来面目大摇大摆地出现数次。”那么，上博本或许是重刻本。

另外，“喜神”一词的词义值得一提。宋伯仁自序中载有“以梅花谱目之，其实写梅之喜神耳”，钱大昕解释为“宋时俗语谓写像为喜神也”[2]。接下来的问题是，宋伯仁为何不以“图谱”“写生”等词命名其书，而采取“喜神”这一婉转的词汇。首先，若试查宋元时期的音韵，根据《古今韵会举要》，“喜”“神”的字音分别是上声、平声，正好与“写”（上声）、“生”（平声）两字在音调上一致。借助日本学者花登正宏的整理研究，用音标复原南宋音：“喜 xɪi（晓己）——写 sɪɛ（心且）”“神 ʤiən（澄巾）——生 ʃəŋ（审揯）”，“喜神”“写生”两个词的字音，与现代普通话的字音比，还算相近[3-4]。可以推测，原来是将“写生”换成“喜神”。不过，若是将“喜神”视为“写生”的同义词，那么在宋伯仁自序的“写梅之喜神”上，“写”与“喜”重复字义。“喜神”一词可能另有内涵。宋代画论所提到的“神气”[5-6]“神明”与“喜神”似乎有密切的关系。

实际上，宋伯仁所画的梅枝不是单纯的写生画。北

[1]华蕾.《梅花喜神谱》版本考[D].上海：复旦大学，2010.

[2]钱大昕.十驾斋养新录[M].陈文和，孙显军，校点.南京：江苏古籍出版社，2000：335-336（卷14).

[3]“喜(《广韵》上声，香忌切)，写(《广韵》上声，悉姐切)”，“神(《广韵》上平，食邻切二)，生(《广韵》下平，所庚切十)”相近。

[4]陈彭年，等.校正宋本广韵[M].台北：艺文印书馆，1976：102，187，208，251.

[5]沈括在《梦溪笔谈》中评价五代画家徐熙说：“徐熙以墨笔画之……神气迥出，别有生动之意。”

[6]沈括.新校正梦溪笔谈[M].胡道静，校注.北京：中华书局，1957：173.

宋末期，宋徽宗重视宫廷画院画家崔白的作品，而不重视黄荃、黄居寀、徐熙、赵昌等写生风格画家。如苏轼的一句“论画以形似，见与儿童邻”[1]，纯粹的写生画已不受士大夫的重视。黄庭坚也对崔白给予高度评价：“崔生丹墨，盗造物机。”[2]可见，自北宋末期至南宋，画坛的主角从以写生画转移至写意画。因此，宋伯仁所说“写梅”不是完全摹写梅花，而想要通过梅花的外观，抓住梅花的“神”（神髓、精神），同时大概以具有吉祥之意的“喜”代表“写”字[3-4]。宋伯仁所说的“喜神”指是比写生画更高一级的花卉画。

今有刘向培整理校点本[5]、程杰校注本[6]。

◆【附】赵孟坚《梅谱》（存疑）

倪葭指出南宋赵孟坚撰有《梅谱》[7]。《癸辛杂识》称该著作为“赵子固《梅谱》”，曰：“王孙赵孟坚，字子固。善墨戏于水仙尤得意。晚作梅自成一家。尝作《梅谱》二诗，颇能尽其源委。”[8]由此可知，《梅谱》是诗题，难以说赵孟坚撰有一部梅花谱。《全芳备祖·卷三》亦载有“王禹偁《芍药诗谱》”，然而实为王禹偁所作《芍药诗》三首的诗序部分，也不看作芍药谱。今有程杰校注本[9]。

[1]苏轼．苏轼诗集[M]．王文诰，辑注，孔凡礼，校点．北京：中华书局，2007：1525

[2]黄庭坚．豫章黄先生文集[M]//张元济，等，辑．四部丛刊初编．上海：商务印书馆,1919：11b(卷27)．

[3]日本学者田中仓琅子(田中丰藏)认为：“(《梅花喜神谱》)与‘梅花写生谱’大致意思相同，但添上若干精神因素，想要表达梅花的真正价值。在东亚，‘写像’或称为‘传神’，是因为重视基于作者之主观的精神表现。回头再说，应该如何理解‘喜神’一词？我想，喜神意味着喜悦的精神，喜悦是忧愁、怨恨的反义词，表达人的平常的自然状态。所以也许画者的目的就是将这种意思的喜悦精神表现出于图像上。当然还有带有吉祥之意。”

[4]田中倉琅子．宋本梅花喜神譜[J]．画説（美術史学），1939(32)：741-742.

[5]范成大．范村梅谱(外十二种）[M]．刘向培，整理校点．上海：上海书店出版社，2017：10-62.

[6]范成大．梅谱[M]．程杰，校注．郑州：中州古籍出版社，2016：55-129.

[7]倪葭．宋代梅谱研究[J]．中国书画，2013(02)：60-65.

[8]周密．癸辛杂识[M]．吴企明，校点．北京：中华书局，1988：44-45.

[9]同[6]131-141.

◆【附】《华光梅谱》（存疑）

旧题僧仲仁[1-2]撰。仲仁是北宋的华光和尚，号华光长老，浙江会稽人。他生平喜爱梅花，是中国最早绘墨梅的画家。此书虽然旧题仲仁，但其书中又提到南宋画墨梅的名家杨无咎（字补之，1097—1169年），明显包含仲仁的后代所写之处。因而《四库全书总目提要》认定“此书盖后人因仲仁之名，依托为之”，也同时认为，既然该书冠“华光”（即仲仁）之名，其内容应有引自仲仁之言。《四库全书总目提要》的说法是有一定道理的。华光和尚画的墨梅在当时颇有名气，黄庭坚曾写诗赞曰：“雅闻华光能墨梅，更乞一枝洗烦恼。写尽南枝与北枝，更作千峰倚晴昊。”[3]南宋宋伯仁也提到仲仁的画法，可见，当时仲仁的梅画广为士大夫所认可。杨无咎是南宋名家，擅长画梅，发展了华光的技法。作伪者冒前贤之名，引用名家之语而成书。南宋以后，这类生物学作品已不是个例。《禽经》《南方草木状》《庭园草木疏》也非王方庆原本。《四库全书存目》中写有“《华光梅谱》宋释仲仁撰”，但宋元明间各家书目中均不见此书名。该书首次出现在明清间由陶珽刊刻之《重较说郛》卷九一中[4]。涵芬楼本《说郛》中却未收此书。鉴于周师厚《洛阳牡丹记》显系后人从《洛阳花木记》中摘录而成[5]，《华光梅谱》也有从另一书摘出来的可能。

[1] 事迹见《补元史艺文志》《画史会要》。

[2] 李国玲．宋僧著述考［M］．成都：四川大学出版社，2007：363．

[3] 邓椿．国画见闻志·画继［M］．米田水，译注．长沙：湖南美术出版社，2000：349．

[4] 华光道人．画梅谱［M］//陶宗仪，纂，张宗祥，辑．说郛．涵芬楼本．北京：中国书店，1986：4178-4182（卷26）．

[5] 久保辉幸．宋代牡丹谱考释［J］．自然科学史研究，2010，29(01)：51．

日本学者岛田修二郎将其与《松斋梅谱》对比之后，认定现传本《华光梅谱》是后人主要从《松斋梅谱》中抄写而成，并假托了仲仁之名[1]。涵芬楼本《说郛》未收《华光梅谱》，是古人（或是陶珽本人）有意自《松斋梅谱》摘录有关仲仁的文字而为之。本书将《华光梅谱》视为假托书。不过，这并不能说明该书的内容中完全没有出自仲仁之言。

在中国科学史上值得一提的是，该书写道："梅之有象，由制气也。花属阳而象天，木属阴而象地。而其故各有五，所以别奇偶而成变化。"从中不难看出撰者不仅有理学思想，还有基于易学的思维[2]。《四库全书总目提要》对于此种内容进行批判："其口诀一则，词旨凡鄙。其取象一则，附会于太极阴阳奇偶。旁涉讲学家门径。"[3]虽然记载的内容很拙劣，但撰者相信梅树的本质基于由气组成的简明规律，从而我们可以窥见当时文人是如何看待梅树中的"理"的。因此，谈到中国古代的植物知识时，不能简单地对这一部著作以"拙劣"一言蔽之。

今有刘向培整理校点本[4]。

[1] 島田修二郎．解題浅野本松斎梅譜について[A]//吳太素，広島市立中央図書館，編．松斎梅譜．広島：広島市立中央図書館，1988: 3-37.

[2]与北宋牡丹谱丘璿《牡丹荣辱志》相似。

[3]纪昀，永瑢，等．景印文渊阁四库全书：总目3[M]．台北：台湾商务印书馆，1983: 465.

[4]范成大．范村梅谱（外十二种）[M]．刘向培，整理校点．上海：上海书店出版社，2017: 62-70.

◎

第三节 兰花谱

在古代，无论“兰”是指兰科还是泽兰属植物[1]，中国人都把“兰”类植物当作清净雅洁的象征。因忧虑祖国前途而自沉于汨罗江的楚国诗人屈原以酷爱兰著称，因此后人常以爱兰的方式，追寻先贤屈原的精神境界。

前人研究指出，唐末时期陈处氏（士）撰《种兰篇》，失传[2-3]。著名唐僧贯休（832—913年）的文集《禅月集·书陈处士屋壁》有云：“有叟傲尧日，发白肌肤红。妻子亦读书，种兰清溪东（陈）处士有《种兰篇》……”[4]原注提到陈处士曾作《种兰篇》。据笔者考察，《文苑英华·诗·草木七》载陈陶《种兰》：“种兰幽谷底，四远闻馨香。春风长养深，枝叶趁人长……”[5]可知陈处氏应是陈陶（约807—879年）[6]，而《种兰篇》似乎不是一篇兰花专著，只是一首诗。《种兰（篇）》与咏物辞赋同样是一部韵文作品，不能称作兰花谱。

北宋时期，兰科植物似未得到士大夫的广泛关注，但一些南方出身的士大夫，如黄庭坚，已经开始对兰花情有独钟。宋朝南迁后，兰花逐渐得到广大人士的普遍喜爱。宋人所认识的“兰”跟现代人一样，是蕙兰的“兰”。南宋至元朝时期，“兰”升为“四君子”之一，成为一种主要的国画绘画题材，亦成为高尚品德的象征（图5-10）。

赵孟坚（1199—1295年）、郑思肖（1241—1318年）、赵孟頫（1254—1322年）等南宋末期至元朝的文人颇善画墨兰。明朝时期，很多文人仍然喜爱兰花，兰花也在有隐逸思想的人群中成为一种很重要的植物。另外，周师厚在《洛阳花木记》中提道：“兰出澶州者佳，春开紫色，秋兰，黄兰出嵩山。”与其他观赏植物比，兰花的品种极少，

[1]《中国植物志》以“泽兰”命名*Eupatorium*属（以“佩兰”*E. fortunei*为其代表性物种的分类属）。但现在不少人称*Lycopus -lucidus*为“泽兰”（《中国植物志》命名其为“地笋”），或混淆两者。两者在野生很容易辨识两者，尤其*L. lucidus*具有唇形科的典型特点，与菊科*Eupatorium*属植物的区别明显。《植物名实图考》的“兰草”图却指*Eupatorium*属。

[2]吴应祥．国兰拾粹[M]．昆明：云南科技出版社，1995：13.

[3]苏丽湘．中国兰花典籍书目考述·唐、宋、元代部分[J]．河南图书馆学刊，2008，28(06)：126-129.

[4]释贯休．禅月集[M]//四部丛刊初编．上海：商务印书馆，1929：5b-6a.

[5]彭叔夏，等．文苑英华：4[M]．北京：中华书局，1966：1697(卷327).

[6]陶敏．陈陶考[M]．上海：上海古籍出版社，1986：217-278.

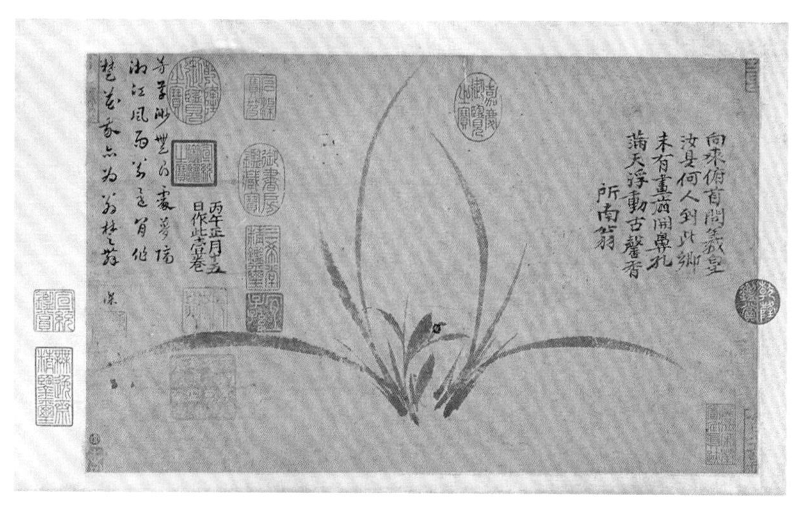

图 5-10　郑思肖《墨兰图》（1241—1318 年）。日本大阪市立美术馆藏

说明在北宋洛阳的园林中，兰花的地位不太高。

北宋时期，爱梅者有林逋，爱莲者有周敦颐，那么黄庭坚可谓是兰花的忠实推崇者[1]。虽然黄庭坚（1045—1105 年）没有留下兰花专谱（至少现存史料中未见），不过他的《书幽芳亭》可视为一篇兰花论。这篇文章对南宋的兰花文化颇有影响。

在此文中，黄庭坚引《孔子家语》《楚辞》等为证，论述兰花的美德。此外，陆游在其《梅花》一诗中说“家是江南友是兰”[2]，他虽曾作《彭州牡丹记》，却未作兰谱。第一部兰谱由赵时庚编撰，即《金漳兰谱》。其后不久，王贵学也著《兰谱》。两部兰谱虽然文字不同，但内容上有不少重复之处，尤其书中的结构很相似。就自序的年代顺序而言，《金漳兰谱》的赵时庚自序为先，王贵学也许是看过《金漳兰谱》后，才着手撰写兰谱的。

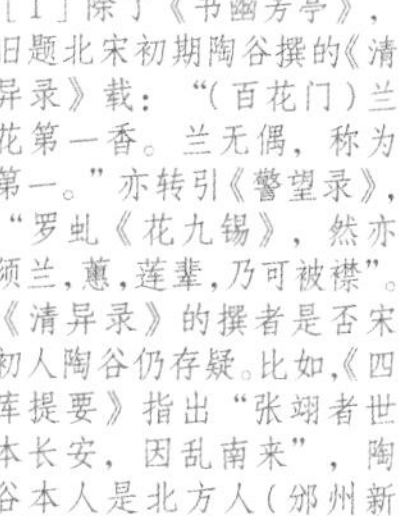

[1] 除了《书幽芳亭》，旧题北宋初期陶谷撰的《清异录》载：“（百花门）兰花第一香。兰无偶，称为第一。”亦转引《警望录》，“罗虬《花九锡》，然亦须兰，蕙，莲辈，乃可被襟”。《清异录》的撰者是否宋初人陶谷仍存疑。比如，《四库提要》指出“张翊者世本长安，因乱南来”，陶谷本人是北方人（邠州新平），而“南来”一句暗含撰者是南方人。从《清异录》的记载来看，撰者十分喜爱兰花，这一点也暗示了撰者是在南方撰写此书的。

[2] 陆游．剑南诗稿校注[M]．钱仲联，校注．上海：上海古籍出版社，2005：284.

◆《金漳兰谱》

赵时庚撰，1卷。绍定六年（1233年）自序。自序中提到了撰写此谱的缘由。赵时庚培育兰花30余年，有一天，来玩的朋友忽然向他问起兰花，在听了他的详细介绍后，感叹道："吁，亦开发后觉之一端也。岂子一身可得而私有，何不示诸人以广其传？"即劝他编写兰谱。于是，他仿效牡丹谱、荔枝谱等作者的做法，撰写了此兰谱。

一、作者

关于赵时庚，《四库全书总目提要》曰："以时字联名推之，盖魏王廷美之九世孙也。"据此，笔者查阅《宋史·宗室世系表》，其卷二三七中记有赵时庚[1]。其祖父是赵彦讴，彦讴次子赵棠夫是赵时庚的父亲[2]。现存的《宋会要》中有一则赵彦讴的事迹："（庆元六年十一月二十五日）赵彦讴新任常州指挥寝罢[3]，差主管台州崇道观，理作自陈。以臣僚言：'彦讴昨任南康，席卷公帑，今常州讲行荒政，必得贤二千石始可分顾忧。'"[4]这说明，赵彦讴曾于庆元六年（1200年）前知南康，可是嘉靖刻本《南康县志》中却未记载他知南康这桩事[5]。清乾隆二十七年（1762年）吴宜燮修《龙溪县志》记载赵彦讴于南宋淳熙二年（1175年）中举，并有传："赵彦讴，宗室广陵郡王之后。淳熙二年知临江军。好贤乐善。郡人

[1]脱脱，等．宋史[M]．北京：中华书局，1977：8145.

[2] 魏王赵廷美—广陵郡王德雍—南康侯承睦—成国公克戒—洋国公叔涉—诜之（《福建通志》有传）—公维—彦讴—棠夫—时庚—若王篆。

[3]寝罢，废止。

[4]徐松．宋会要辑稿[M]．北京：中华书局，1957：4055.

[5]陈策．南康县志[M]//天一阁藏明代方志选刊续编：44．上海：上海书店出版社，1990：891-897.

康庶精于天文，讴折节事之，及卒倾赀以恤。其后所居门宇庳隘。晚年筑小亭于湖上，以诗酒自娱。许褒光赠以诗有‘有官千里再分竹，无地半畦堪种瓜’之句。”[1]然而，《龙溪县志》未载赵棠夫、赵时庚父子的事迹。

《四库全书》本《金漳兰谱》中赵时庚自序曰：“予先大夫朝议郎，自南康解印还。”这里“先大夫朝议郎”的称呼有些不寻常。一般在《宋史》等历史文献中，“大夫”置于官职名后，如“朝议大夫”等[2]，而这里大夫却放在前面，而且“先”的语意不明。

《说郛》所收本的自序有不同之处：“先大父朝议郎彦[3]自南康解印，还里卜[4]居。”[5-6]据此，“先大夫”乃“先大父”之误，曾任朝议郎、知南康的人物就是他的祖父，并且迁居是他幼年之事。其情况符合《宋会要》的上述记载，也符合他自序的后面的一句“于时尚少，日在其中，每见其花好之”。赵时庚幼年时生活于他祖父的“小亭”，常观兰花。

另外，赵时庚自称自幼爱花，栽培兰花 30 余年。由此推测，他在绍定六年（1233 年）撰写兰谱之时，是四五十岁。

二、内容

《金漳兰谱》不同版本之间存在较大的差异。本书所根据的是民国时期张宗祥重辑的涵芬楼本《说郛》。《金漳兰谱》开头有赵时庚自序。内容共分 5 篇，第一篇为“叙兰容质”，首先提及紫花的 6 个品种（包括“仙霞”在内），然后解释奇品“金稜边”（品外之奇）、白花的品种（白

[1] 吴宜燮. 龙溪县志 [M]. 台北：成文出版，1967：140（卷 13），202（卷 15）.

[2]《宋史》卷 172：“朝议大夫，奉直大夫，朝请大夫，朝散大夫，朝奉大夫（以上料钱各三十五贯，春、冬绢各一十五匹，春罗一匹冬棉三十两）。”

[3]“彦”字后，应该缺“讴”字。

[4] 根据《重较说郛》本，“卜”作“十”。

[5] 陶宗仪. 说郛. [M] // 说郛三种. 上海：上海古籍出版社，1988：965-969（卷 63）.

[6] 陶宗仪. 重较说郛 [M]. 陶珽，重辑 // 说郛三种. 上海：上海古籍出版社，1988：4716-4722（卷 103）.

兰）15 种。第二篇是“品兰高下”，第三篇是“天地爱养”，第四篇是“坚性封植”，第五篇是“灌溉得易”，皆是栽培技术的记载。

赵时庚讨论兰花的各类高下取决于什么因素时，首先解释，世界土地广阔，到处有深山幽谷，随其“（地）气”不同（大约相当于自然环境等因素），兰花的种类也多种多样。兰花不仅生长在深山幽谷，近郊也会有值得欣赏的兰花。不过，近郊的兰花因为气的不同，叶子容易萎谢，花上滋生虫子，所以不适合栽培。兰花的栽培受地点的地气影响，但各个品种的基本特征还是不变，比如花色等（原句为“必因其地气之所种而然，意亦随其本质而产之欤”）。兰花等万物中突出的事物是天地造物施加于生物的“功”。 赵时庚总结为“岂予可得而轻议哉”。这句话可以看出他对自然有畏惧之感，认为自然现象是人力所未及之处，也存在不可测的原理[1]。

关于兰花品第，赵时庚没有提出明确的品第标准，他认为，兰花的“品第”高下是一定存在的。不囿于花朵的多少等各种因素，平心静气地看待每种兰花的整体，不会误判兰花之高下。之后赵时庚开始分别列举紫花、白花中的上品、中品、下品、奇品。

书的最后有李子谨的跋文。涵芬楼本《说郛》所载的李子谨跋文与《四库全书》本有些差异。例如，涵芬楼本所载的跋文作“澹斋赵时庚敬为一卷”，《四库全书》本的跋文作“澹斋赵时庚敬为三卷”等[2]。由于卷三的内容不太可能是赵时庚亲笔之作，所以原本应是一卷。李子谨是何人无从考证[3]。根据跋文内容，他似乎没有

[1] 不仅是赵时庚，宋代的士大夫们大都承认对自然现象有不可知之处，只有上天知之。花卉植物中可见到的生物变异，属于自然中的奇幻现象，所以可能同“不语怪力鬼神”的儒家思想也有几分相关。

[2]《四库全书》所收三卷本《金漳兰谱》以第四、第五章以及“紫花”“白花”为卷二，卷三为“奥法”。

[3]《金漳兰谱》似乎早期主要以抄本的形式流传，“谨”字是“譔”之误，还有“己卯”是“乙卯”之误等可能。

直接接触赵时庚，但同时也没有生于南宋以后的痕迹。他提到“（跋文写于）己卯岁”。赵时庚的自序写于绍定六年（1233 年），若李子谨的跋文制作于其后的己卯岁中和节，即延祐二年（1315 年）的农历二月一日，应该是赵时庚已辞世后。

三、版本

如上所述，《四库全书》本《金漳兰谱》似乎经过后人有意修改，出现不符合史实的地方。《说郛》所收本比它更可靠。

有人认为，该书收录于《百川学海》中[1]。但是，古刊本《百川学海》并没有收录此书。此书收录于武林读书坊刊本《百川学海·辛集》，那些人提到的《百川学海》应是明武林读书坊刊等明坊刻本。另，天野元之助指出：“陈明卿订（重编）《百川学海》辛集（《目录》误题‘兰谱 陈仁玉’。”[2]还有明刊《广百川学海》也将此书收入于其癸集中，但署名的作者为高濂，大概是因为《广百川学海》自《遵生八笺》转载，因此误为高濂撰。

总而言之，现存《说郛》所收本《金漳兰谱》虽有不少抄写时的讹谬，但与其他版本比较，仍有较高的可靠性。现存本《金漳兰谱》可能皆源于《说郛》所收本。顺便指出，明清刊本《重较说郛》所收本缺少李子谨的跋文（相当于《四库全书》所说之“下卷”）。如今有刘向培整理校点本[3]、郭树伟注译本[4]；此书还有日本佐藤武敏的日译本[5]。

[1] 周肇基，魏露苓．中国古代兰谱研究［J］．自然科学史研究，1998，17(01)：69-81

[2] 天野元之助．中国古农书考［M］．彭世奖，林广信，译．北京：农业出版社，1993：104.

[3] 范成大．范村梅谱（外十二种）［M］．刘向培，整理校点．上海：上海书店出版社，2017：71-85.

[4] 赵时庚，等．兰谱［M］．郭树伟，注译．郑州：中州古籍出版社，2016：9-41.

[5] 佐藤武敏．中国の花譜［M］．東京：平凡社，1997：144-167.

◆ 王贵学《兰谱》

王贵学撰。王贵学，字进叔，龙江人。自序写于淳祐七年（1247 年）。苏轼有“王进叔所藏画跋尾”五首，但是苏东坡逝于元符四年（1101 年）。因此，苏轼所认识的王进叔应另有其人。

一、内容（根据《说郛》本）

书首有叶大有序。序文开头，叶大有强调养花并非“玩物（丧志）”（见于朱熹《中庸章句》序），而是“格物（致知）”（见于《大学》）之一端，并引宋代理学开山鼻祖周敦颐（1017—1073 年）的事迹为证。周敦颐颇喜爱莲花，以其著作《爱莲说》闻名于世。所以，叶大有说“窗前有草，濂溪周先生盖达其生意”。开头的几句话实际上划定了王氏《兰谱》的性质，提醒读者不要将其看作一部“戏作”。接下来，叶大有介绍他与王贵学一起读书时，也曾一起培育兰蕙。他认为，赏花的枝、叶、香、色之不寻常，让耳、目、口、鼻都感受到特别的韵味，不观察兰花的生长历程很难发现这些。接着他赞扬王贵学，以兰花比喻他的学问。最后叶大有做总结，从一根草都可以领会仁意，何况是兰花，所以君子可以通过养兰修养德性（原句为“夫草可以会仁意，兰岂一草云乎哉？君子养德，于是乎在”）。

下有王贵学自序。他表示，正如圣贤、景星、凤凰、芝草一般，兰花也是美好的事物之一。在为世人称道的"岁寒三友"中，竹子有（气）节可惜没有花，梅花开的时候叶子没长出来，松缺少芳香，只有兰花完美无缺。然后，他以兰花比喻伯夷、叔齐、郭子仪、屈原，又说西施都比不上兰花之美。由于极度喜爱，他曾经寻求各种兰花，收集并栽培的有50多种。有个来客问他，为何自找麻烦栽培兰花？他回答说，声音寄耳，颜色（图像）寄目，气味寄鼻，味道寄口。欲绝声色臭味，等于是从天地万物断开自己。那么，如果将兰花等天地的优异物汇集于自己身边，其实反而省事。王贵学因此撰写了这本兰谱。从叶大有、王贵学的序文可以看出，当时有些人认为"养花"是玩物丧志的行为，并对此加以蔑视。王贵学强调了养兰赏花的实际意义，反驳了玩物丧志等观点。

在"品第之等"一篇中，作者简单概括了品种等级。紫花类的品第跟赵时庚《金漳兰谱》所载的大多一样，但白花类的品第差异稍微多些。另外，王贵学所提的花色比赵时庚的还细致，举有10个颜色的品种。此篇后，王贵学在"灌溉之候""分拆之法""泥沙之宜"讲述兰花的栽培技术。最后，王贵学详细介绍紫花兰及白花兰的品种。赵时庚的《金漳兰谱》中兰花品第有上、中、下之分，但王贵学不分。紫花兰中不见"赵十四"（《金漳兰谱》有此），取而代之有"赵十使"（《金漳兰谱》无此）[1]。另外，王贵学所举的紫花兰中"林仲孔"以下有"粉妆成""茅兰"两个品种，而《金漳兰谱》中"林仲孔"以下只有"妆观城"。白花兰，王贵学举"灶山"为首，而《金漳兰谱》以"济老"为首。两谱的品第顺序稍有差异，也有品种的

[1] 两个名称可能实际上是同一个，因"四"和"使"音相近。

出入。顺便提一下，王贵学在《兰谱》中提到一种兰名“陈梦良”。陈梦良是闽人，南宋馆阁见此名。

二、版本

除《说郛》本外，《兰谱》还有《群芳清玩》所收本。其题称“明人于锵校订、毛晋校本”，但有假冒之嫌。《说郛》本内容分为4篇，而《群芳清玩》所收本分为6篇[1]。

《群芳清玩》在《四库全书总目提要》中有解题：

无卷数，江西巡抚采进本。明李玙编。玙字惠时，苏州人。是刻为丛书十有二种……并题曰毛晋订。其书踳驳不伦，盖亦坊贾射利之本也。[2]

此书虽然收载王贵学撰《兰谱》，并题“毛晋订”，但是毛晋是否参与此丛书刊刻还无法断定。在毛晋的《汲古阁书跋》等记录中，笔者未见毛晋提及《兰谱》以及《群芳清玩》[3]。此处有可能是冒用毛晋之名。本书所用的版本是日本公文书馆内阁文库所藏本[4]。

天野元之助做过《说郛》本与《群芳清玩》本的比较：

“分拆之法”在（两种《说郛》本）文中也作“拆”，但毛氏（毛晋）刊本却作“折”。又“泥沙之宜”与“爱养之地”在毛氏刊本中是分开的，但《说郛》本却一起辑入“泥沙之宜”中，而且欠缺下面的“兰品之产”的标题，用“紫兰”“白兰”的标题列举各种兰的名品达七页之多。另一方面，毛氏刊本“兰品之产”只有一页半，而且即使是与《说郛》本相同的名品，文字上也有出入。又毛氏刊本“泥沙之宜”的末尾“此风植之法”，在《说郛》中已订正为“此封植之法”，但《说郛》本在这里直接接上“爱

[1] 王贵学，毛晋．王氏兰谱[M]//群芳清玩（第5册）．日本公文书馆内阁文库藏．索书号306-229.

[2] 纪昀，永瑢，等．景印文渊阁四库全书：总目：3[M]．台北：台湾商务印书馆，1983：840.

[3]《津逮秘书》等毛晋参与的丛书有他的跋文，但此兰谱没有。

[4] 李玙．群芳清玩[M]．日本公文书馆内阁文库藏．索书号306-0229.

养之地”的内容，没有另起一段。《四库全书总目》的解题也有若干错误。[1]

因此，阅读王氏《兰谱》时，必须参考两种《说郛》以及《群芳清玩》所收本。王毓瑚在《中国农书书录》中曾说《百川学海》亦收此书[2]。但是，此书未见收入于《百川学海》中。王贵学的《兰谱》现有刘向培整理校点本[3]。还有杨林坤等翻译的白话本[4]、郭树伟注译本[5]，日本佐藤武敏的日译本[6]。

◆【附】《兰谱奥法》(存疑)

涵芬楼本《说郛》将《兰谱奥法》收于《金漳兰谱》的后面，并指出撰者为“仝前”，即赵时庚。部分学者依此认为，赵时庚撰有《兰谱奥法》与《金漳兰谱》两部著作。但是，《兰谱奥法》中作者专述栽培技术，无序及跋文，而且宋元时期的书目中未见《兰谱奥法》，《重较说郛》也未载有《兰谱奥法》。另外，浙江范懋柱的家藏本（即日本天一阁藏本）为底本的《四库全书》所收本，《金漳兰谱》分为三卷，其中卷下实际上相当于《兰谱奥法》，最后有跋文，并且该跋文中又明确指出“澹斋赵时庚敬为三卷”[7]。纪昀等人认为，《金漳兰谱》原来是三卷。《金漳兰谱》中从赵时庚的自序到卷一、卷二的内容以及李子谨的跋文，似乎都有宋代古文的风格，而卷三（相当于《兰谱奥法》）的语言稍偏于白话，口吻显然不一。

[1] 天野元之助．中国古农书考[M]．彭世奖，林广信，译．北京：农业出版社，1992：107-108.

[2] 王毓瑚．中国农学书录[M]．第二版．北京：中华书局，2006：101.

[3] 范成大．范村梅谱(外十二种)[M]．刘向培，整理校点．上海：上海书店出版社，2017：86-98.

[4] 杨林坤，等．梅兰竹菊谱[M]．北京：中华书局，2010：33-112.

[5] 赵时庚，等．兰谱[M]．郭树伟，注译．郑州：中州古籍出版社，2016：42-77.

[6] 佐藤武敏．中国の花譜[M]．東京：平凡社，1997：170-194.

[7] 明清时期陶珽重编增补的《重较说郛》不分卷(或可称为一卷)。涵芬楼本《说郛》小字注有“一卷 全”。

例如，只有卷三使用相当于动态助词的“了”字[1]，将“用”字代替“以”字，有“如栽兰花法一般”等文字。卷三内容不像是与卷一、卷二出自同一人之手。

另外，现有学者认为《兰谱奥法》是“明人的伪托”，并怀疑周履靖是真正的作者[2]。明朝私人书坊确有编造书籍，伪托古人，以借其名声，便于销售书籍。但高濂在《遵生八笺》（1591年序）中转载《金漳兰谱》后，亦载“种兰奥诀”，其内容与《兰谱奥法》相同，其时间早于周履靖编《夷门广牍》[3]（1597年自序）收入的《兰谱奥法》。另外，涵芬楼本《说郛》收录《兰谱奥法》，说明张宗祥所参考之明抄本《说郛》以及香港大学冯平山图书馆藏沈瀚抄本《说郛》均含《兰谱奥法》。那么，仍然存在陶宗仪目睹此书，并曾收入于原本《说郛》中的可能。也就是说，元朝可能已经存有此书。因此，不能轻易将此书确定为明人伪托之作。

鉴于上述情况，笔者认为，还有一种可能：《金漳兰谱》的某一位读者实践赵时庚所提倡的栽培法之后，将自己的笔记写于书后。后来，此人无可考，后人将其笔记误认为是赵时庚之作。今参见《老乞大》《朴通事》等所载的元朝白话文已有很多与现代汉语相似之处[4]，笔者认为该书也十分可能为元朝人所作。

今有莫磊白话文翻译版文[5]。

[1]《证类本草》所引之南朝雷敩《雷公炮制论》(大约五世纪成)中亦多见此类“了”，并非元朝后才有。

[2]莫磊．兰花古籍撷萃：第2集[M]．北京：中国林业出版社，2007：13.

[3]对于《夷门广牍》丛书，在《四库全书总目提要》中被批判为“所收各书，真伪杂出，漫无区别。如郭橐驼《种树书》之类，殆於戏剧，其中间有一二古书，又删削不完”。

[4]汪维辉．朝鲜时代汉语教科书丛刊[M]．北京：中华书局，2005.

[5]同[2]3-41.

◆【附】《兰易》（存疑）

旧题“宋鹿亭翁”撰。明末清初冯京第所编的《艺海一勺》收此书。该书分为三个部分，一是原文，二是冯京第的第一后文，三是第二后文。第一部分中，原书撰者自十一月起，每个月分别对应卦名（复、临、泰、大壮、夬、乾、姤、遁、否、观、剥、坤），仿效《周易》，用易学理论对一年里每个月的兰花进行了解释。在第一后文中，冯京第介绍该书的由来。冯京第曰：

兰易一卷，受之四明山中田夫，书称宋鹿亭翁著。按：郡县志山有鹿亭，今迷不知处，无问作者姓氏矣，要是宋代隐士。易道盛于宋，授受明而家学众，不意更有兰易如此。兰于万物，一草也，而书可为易，岂即万物各一太极之旨耶？但其书都不言象数，直说真理，此固宋人之为易也与？其文拟易词，似善易者，用韵亦然，俗学鲜能通之、所论种溉之法，简而尽，近而不秽，君子随时育物，爱养之道，于兰必尽心焉，故有取乎此书。[1]

据传，他曾经从四明的农夫那里获得该书，书题有“宋鹿亭著”。

第二后文，是“古易氏”给作者冯京第的赞文[2]。

清初朱彝尊在其《经义考》中提到鹿亭翁《天根易》（一名《兰易》），并转载鹿亭翁自序，以及冯京第之文。今有莫磊白话文翻译本[3]、刘向培整理校点本[4]。

[1]这一部分应该视为《兰易》的后文或跋文（大概是冯京第之文）。所以，不应该根据后文有冯京第之名，而断定全书内容由冯京第伪作。

[2]朱彝尊．点校补正经义考：第8册［M］．林庆彰，蒋秋华，杨晋龙，等，编审．台北：中国文哲研究所筹备处，1999：215（卷272）．

[3]莫磊．兰花古籍撷萃：第2集［M］．北京：中国林业出版社，2007：19-41．

[4]范成大．范村梅谱（外十二种）［M］．刘向培，整理校点．上海：上海书店出版社，2017：99-112．

第六章

宋代花谱——其他花卉谱录

除牡丹、芍药以及梅、兰、竹、菊“四君子”的谱录外，宋代还有几种花卉谱录，其中海棠谱可数两部，还有《唐昌玉蕊辨证》《琼花记》，综合性花卉谱录《花木录》《洛阳花木记》和《四时栽接花果图》。

宋代还有一些方物志中也有与植物相关的记载，如宋祁的《益部方物略记》、郑樵的《通志·昆虫草木略》、范成大的《桂海虞衡志》等。而在陆佃的《埤雅》、罗愿的《尔雅翼》、吴仁杰的《离骚草木疏》、谢翱的《楚辞芳草谱》，以及王安石的《字说》（佚）、陆佃的《尔雅新义》、邢昺的《尔雅疏》、郑樵的《尔雅注》等训诂学文献中，也不乏与植物相关的记载和植物考证的独到见解。这些方物志、训诂书虽与植物谱录有交叉的部分，但在本书中均不视为植物谱录。

◎ 第一节 海棠、琼花、玉蕊谱录

宋代文人喜爱海棠花，除了《海棠记》《海棠谱》两部海棠谱，也有不少画有海棠的花鸟画（图6-1）。《海棠记》《海棠谱》的内容都是与海棠有关的文学作品和轶事。《唐昌玉蕊辨证》虽然是一部植物考证的作品，但内容还是以文学作品为主。《琼花记》也是一部收集故事的作品。这四部专题植物谱录都没有栽培技术、品种等方面内容的记载。还有，周必大考证玉蕊花，认为它不同于琼花。陈咏也在《全芳备祖》中把两者分别立项，从而可知他似乎支持周必大的看法。

图6-1 赵昌《画花鸟》。台北故宫博物院藏

◆《海棠记》

沈立（1007—1078年）撰，1卷，已佚。陈振孙曰："《海棠记》一卷，吴人沈立撰。"[1]其佚文见于陈思撰《海棠谱》。《海棠记》的序文以及正文收载于《海棠谱·卷上》，沈立所作的"五言百韵律诗一章""四韵诗一章"载于《海棠谱·卷中》。据《海棠记》序文，沈立在庆历年间（1041—1048年）知四川洪雅县，此时他可以看到四川的海棠。陈咏的《全芳备祖》、曾慥的《类说》[2]等南宋人著作中亦见沈立的《海棠记》佚文，《全蜀艺文志·卷五六》[3]（1693—1694年）亦载《海棠记》，内容与载于陈思《海棠谱》中的内容相同。

《海棠记》序曰："蜀花称美者，有海棠焉。然记牒多所不录。盖恐近代有之，何者古今独弃此而取彼耶。"据此可知，在沈立之前未有海棠的专著，只有《百花谱》中的一则涉及海棠。这促使沈立决心编一部海棠记。

南京林业大学的姜楠南概述了中国海棠观赏史[4]。

[1] 陈振孙．直斋书录解题［M］．上海：上海古籍出版社，1978：297-301．

[2] 曾慥．类说［M］//北京图书馆古籍珍本丛刊：62．北京：书目文献出版社，1998：133．

[3] 杨慎．全蜀艺文志［M］．刘琳，王晓波，校点．北京：线装书局，2003：1693-1694（卷56）．

[4] 姜楠南，汤庚国．中国海棠花文化初探［J］．南京林业大学学报（人文社会科学版），2007(01)：56-60，69．

◆《海棠谱》

陈思撰。自序作于开庆元年（1259 年）。陈思将其书分为三卷：上卷“叙事”，中卷“诗上”，下卷“诗下”。陈思未提海棠的品种，但“叙事”中转引《琐碎录》及其后收栽的与栽培技术相关的内容，还有《花木录》的引文。这些引文大概是已佚的北宋张宗诲的《花木录》。

陈思，字解元（或云“续芸”），生卒年不详，南宋著名书贾，同时也是利用私藏书拼凑大量“书本”并出售的“作家”。据《楹书隅录·卷四》记载，陈思大概是陈起之子，他们的书肆在杭州棚桥的北边。陈振孙为陈思所编的《宝刻丛编》作序：

都人陈思，卖书于都市。士之好古博雅，搜遗访猎，以足其所藏，与夫故家之沦坠不振，出其所藏以售者，往往交于其肆。且售且卖，久而所阅滋多，望之辄能别其真赝。

顾志兴认为，从陈振孙等人的序文可知，陈思开书肆收购旧书，出售自刻之书以及各种新旧书籍。陈思对书籍的知识颇为精熟，善于鉴别版本真伪[1]。除了《海棠谱》，他还刊刻了《唐女郎鱼玄机诗》（图 6-2）、《书小史》《宝刻丛编》《书苑英华》《小字录》以及《两宋名贤小集》。

《海棠谱》现存《百川学海》所收本、《群芳清玩》所收本、《山居杂志》所收本等版本，以及竹书堂仿宋刻的单行本。《丛书集成初编》中亦收此书[2]。另外还有王云整理校点本[3]。

[1] 顾志兴．南宋临安典籍文化［M］．杭州：杭州出版社，2008: 215-261.

[2] 佚名．扬州芍药谱及其他六种［M］// 丛书集成初编．北京：中华书局，1985.

[3] 欧阳修．洛阳牡丹记（外十三种）［M］．王云，整理校点．上海：上海书店出版社，2017: 48-85.

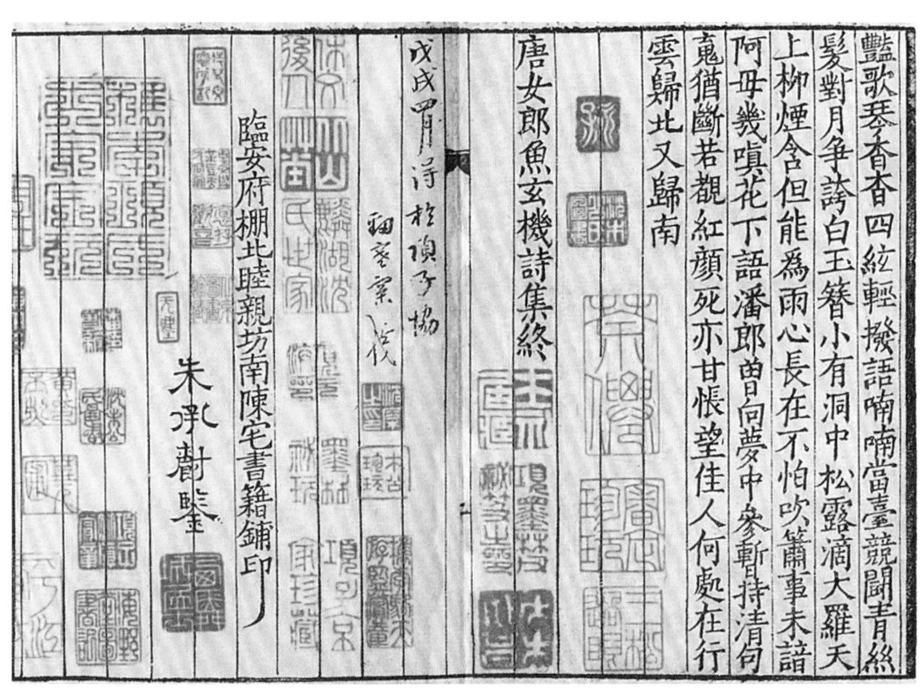
豔歌琴杳杳四紘輕撥語喃喃當臺競鬪青絲
髮對月争誇白玉簪小有洞中松露滴大羅天
上柳煙含但能爲雨心長在不怕吹簫事未諳
阿母幾嗔花下語潘郎曾向夢中參暫持清句
蒐猶斷若覩紅顔死亦甘悵望佳人何處在行
雲歸北又歸南

唐女郎魚玄機詩集終

臨安府棚北睦親坊南陳宅書籍鋪印

朱承爵鑒

图 6-2 临安府棚北睦亲坊南陈宅书籍铺印《唐女郎鱼玄机诗》尾页（《中华再造善本》）。仅有 1 卷 12 页的小册。临安陈氏书坊刻本十分精致。从前目录上不见鱼玄机的文集，似乎陈氏从自己的藏书摘录成该文集

注：图像源自鱼玄机《唐女郎鱼云玄机诗》，北京图书馆出版社 2003 年版，第 17 页。

◆《琼花记》

南宋人杜斿（一作“杜旂”）撰。此书是关于扬州琼花的笔记，约 800 字。在今传本《琼花记》的末尾，有杜斿自署：“金华杜斿绍兴二年记。”然而文中写道：“余闻绍兴辛巳（三十一年）之交金人入扬州。”“绍兴二年”应当为讹误，年号有可能是“绍熙”“绍定”等。程杰等人认为此应为“绍熙二年”（1191 年）[1]。

杜斿自称金华人，可知他是当时人们称誉为“金华五高”的杜氏五兄弟之一。元朝人吴师道《礼部集·杜端父墨迹》曰：“（杜汝霖）……有五子。（杜）旗伯高、（杜）旃仲高、（杜）斿叔高、（杜）旞季高、（杜）旝幼高……（杜）遊端平以布衣召入秘阁校仉（校雠？）……”[2]

据此可知，杜斿是杜汝霖的第三子，字叔高。再者，元《万姓统谱》曰：“杜叔高……（杜）遊端平初（1234 年），以布衣召入秘阁较雠，年八十余矣……”[3-4]据此推断，杜斿大约生于绍兴二十年（1150 年）前后。房日晰研究辛弃疾和杜斿的交流，其中涉及杜斿的事迹[5]。

南宋《全芳备祖·卷五》收载全文，但其日藏古刊本阙卷[6]。此外，《琼花记》被收入谢维新的《古今合璧事类备要别集·卷二三》、汪灏等人的《佩文斋广群芳谱》。明人杨端撰《琼花谱》（1487 年）亦收此文。祁振声等人做了宋代琼花的文献调查和研究[7]。

[1] 陈景沂．全芳备祖[M]．程杰，王三毛，校点．杭州：浙江古籍出版社，2014：146-147.

[2] 吴师道．吴礼部文集[M]．清抄本//北京图书馆古籍珍本丛刊：93.北京：书目文献出版社，1998：444-445.

[3]凌迪知．万姓统谱[M]//景印文渊阁四库全书子部：263.台北：台湾商务印书馆，2000：146(卷 77：18b-19a).

[4]凌迪知．万姓统谱[M]//景印文津阁四库全书子部：317.北京：商务印书馆，2005：615(卷 77).

[5] 房日晰．辛弃疾何以崇赏杜斿[J]．文学遗产，2005(03)：76-78.

[6] 同[1].

[7] 祁振声，唐秀光．为传统名花琼花和八仙花正名[J]．河北林果研究，2011，26(03)：314-317.

◆《唐昌玉蕊辨证》

周必大（1126—1204 年）撰，成书于庆元四年（1198 年）。周必大年轻时，曾在乾道年间（1067—1068 年）奉职于南宋馆阁修国史，与胡元质、范成大共事。淳熙十四年（1187 年）二月丁亥，周必大任右丞相[1]。庆元二年（1196 年），周必大主编的《欧阳文忠公文集》完成。同年，作《唐昌玉蕊辨证》跋文。庆元四年（1198 年）被韩侂胄列于“伪学党籍”，下台。同年，他写下“又跋”。

《唐昌玉蕊辨证》是一部诗文集，但撰者的编书目的在于考证玉蕊花。周必大在书中收载康骈、李德裕、白居易等唐人、北宋人所作的玉蕊花、琼花有关诗文并作跋文于结尾：

然二诗并序[2]。初未尝及玉蕊，止因好事者伪作唐人帖。故曾端伯、洪景卢皆信之。其实诸公偶未见此花，所谓信耳而不信目也。庆元二年三月二十六日，平园老叟周某题。

其后，周必大补加杨巨源的诗、晁补之的文以及《风俗杂志》之文，并再写一跋文：

以玉蕊为玚，起于曾端伯。予与段谦叔之子元恺同里巷，往还至熟。其父初无杨汝士帖，小说难信类此。尚有杨巨源绝句，合作冠篇。至于孙句、晁词差讹如前说，不必再论，姑附卷末。庆元戊午正月丙午子充题。

在宋代，鉴定玉蕊花是一个难题。宋祁怀疑玉蕊花

[1] 脱脱，等．宋史[M]．北京：中华书局，1977：686.

[2] 宋祁看作琼花；黄庭坚以为玚花。

是指琼花，黄庭坚以为不然。周必大亲自调查，发现前人的看法并不正确。我们可以从他的考证中窥见一些宋代士大夫的治学态度，即不盲信追随前贤之言，而是注重亲眼考证，并据此撰写自己的文章。

该书收载了周必大自选集《周益公集》200卷(似与《平园集》200卷同），由陆游作序。由于周必大遭弹劾，其作被列为伪学，文集初未刊刻。首次刊刻亦有“多及时事”的部分，未能全文刊刻。后来，郑子敬刊刻[1-2]，世始见完书，其中含有《唐昌玉蕊辨证》。因此，南宋人对《唐昌玉蕊辨证》的记录极少。《四库全书总目提要·文忠集》曰：“今雕本久佚，止存抄帙。”[3]南宋原刊本残本69卷藏于日本静嘉堂，两部2卷残本藏于中国国家图书馆，另外一部2卷在上海图书馆。《唐昌玉蕊辨证》除祁氏澹生堂抄本外，没有清初以前的本子[4]。清朝末期，欧阳棨所刊《庐陵周益国文忠公集》收《唐昌玉蕊辨证》。

还有，南宋《全芳备祖·卷六》收载其中的后跋部分，但其日藏古刊本阙卷。毛晋汲古阁丛书《津逮秘书》亦收此书。该版本书末有毛晋跋文，曰：“周文益公杂著二十余卷。独此卷辩证名花。真堪与六一居士《牡丹谱》并传……”[5]《四库全书总目提要·玉蕊辨证》著录内府藏本，并曰：“原载《平园集》中。此本乃毛晋摘出刻入《津逮秘书》者也。”[6]

如今有王云整理校点本[7]、白井顺等人的校点本[8]。

[1]《直斋书录解题》卷十八：“《周益公集》二百卷，年谱一卷，附录一卷。丞相益文忠公庐陵周必大子充撰。一字宏道。……托言未刊，人莫文见。郑子敬守吉募工人印得之。余在莆田借录为全书……”

[2]陈振孙．直斋书录解题[M]．徐小蛮，顾美华，校点．上海：上海古籍出版社，1987: 541.

[3]纪昀，永瑢，等．景印文渊阁四库全书：总目4[M]．台北：台湾商务印书馆，1983: 235-236（卷159).

[4]闫建飞．瀛本周必大文集版本源流考[J]．文献，2016(01): 15-25.

[5]毛晋．津逮秘书[M]．日本内阁文库所藏本．索书号371-2．第99册：75a-91a.

[6]纪昀，永瑢，等．景印文渊阁四库全书：总目3[M]．台北：台湾商务印书馆，1983: 532.

[7]欧阳修．洛阳牡丹记（外十三种）[M]．王云，整理校点．上海：上海书店出版社，2017: 36-47.

[8]白井顺．周必大全集[M]．王蓉贵，校点整理．成都：四川大学出版社，2017: 1722-1728，1904-1905.

◎

第二节 综合性花卉谱录

宋代赏花之风盛行，观赏植物的种类也十分丰富，从该时期的花鸟画中可以了解时人重视的植物（图 6–3、图 6–4）。宋代的植物谱录大多专题性较强，很多都是渚如牡丹、芍药、菊花、梅花、兰花的专著。此外，还有少数的综合性植物谱录，如张宗诲的《花木录》（佚）、周师厚的《洛阳花木记》等。另外还有温革的《分门琐碎录》，这是一部类书，内容不限于农业方面，但其佚

图 6–3　李嵩《花篮图》页。北京故宫博物院藏

文中的种植技术知识不见于他书，却是了解宋代农学知识不可忽略的一部文献，故下文附论《分门琐碎录》。此外，陈咏编撰的《全芳备祖》也是一部植物专题著作。陈咏收集诗文于此著作中，并按植物列举相关文学作品。这实际上是一部类书。本书暂不把它视为植物谱录，但鉴于其中也包含了其他植物谱录的佚文，在宋代植物文化史上有重要意义，下文还仍会对《全芳备祖》予以介绍。

图 6-4　艳艳女史《草虫花蝶图卷》（局部）。上海博物馆藏

◆《花木录》

7卷，张宗诲撰，已佚。《宋志·农家类》著录。杨宝霖指出曾慥的《类说》引了《花木录》中的“花木疏记”等5则[1]（图6-5）。陈思的《海棠谱》又引《花木录》曰“许昌薛能海棠诗叙，蜀海棠有闻，而诗无闻”“南海棠本性无异，惟枝多屈曲，数数有刺，如杜梨，花亦繁盛，开稍早”。

张宗诲生卒年不详。其父张齐贤（943—1014年）曾任北宋宰相。《宋史·张齐贤传》载：“（张）宗诲字习之，齐贤第二子也。少喜学兵法，阴阳、象纬之书无不通究。”[2] 康定元年（1040年）发生三川口之战时，张宗诲知鄜州。西夏李元昊攻入延安，迫近鄜州，鄜城却无备。宗诲使

[1] 杨宝霖．二、宋人张宗诲《花木录》书佚[J]．古今农业，1988(01): 63.

[2] 脱脱，等．宋史[M]．北京：中华书局，1977: 9158.

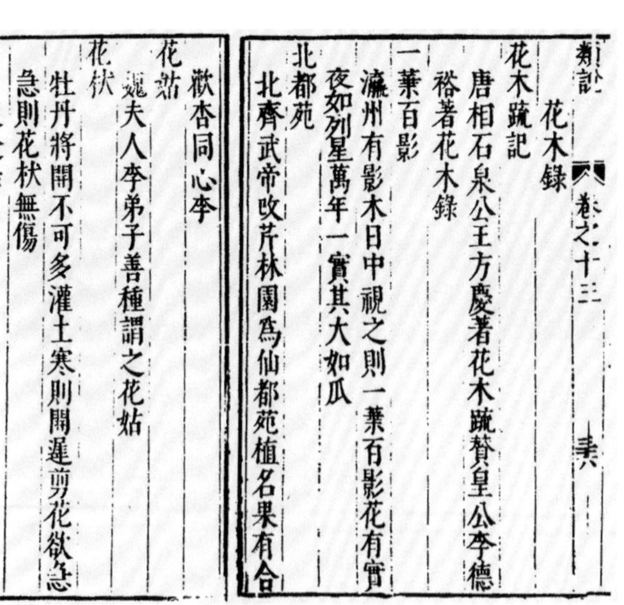
類說 卷之十三
花木錄
花木疏記
唐相石泉公王方慶著花木疏贊皇公李德
裕著花木錄
一葉百影
瀛州有影木日中視之則一葉百影花有實
夜如列星萬年一實其大如瓜
北都苑
北齊武帝改芹林園為仙都苑植名果有合
歡杏同心李
花姑
魏夫人李弟子善種謂之花姑
花伏
牡丹將開不可多灌土寒則開遲前花欲急
急則花杕無傷

图6-5 曾慥的《类说》所见之《花木录》佚文

注：图像源自《北京图书馆古籍珍本丛刊：62》，书目文献出版社1998年版，第238-239页。

老幼并力守御之，敌亦自退去。据此记载，即使张宗海在其父 50 岁时出生，三川口之战时张宗诲已 47 岁，那么张宗诲的卒年也离三川口之战不远，可以推断《花木录》的成书时间应在 11 世纪上半叶。

根据欧阳修《洛阳牡丹记》，鞓红、献来红两种花品原先是因张齐贤而流传于民间，该记还讲述了张齐贤将各种牡丹栽培在他位于洛阳的宅院中。可见，张宗诲从小就受此熏陶，因此悉知牡丹以及其他花木。

◆《洛阳花木记》

元丰五年（1082 年），周师厚撰。周师厚于熙宁年间（1068—1077 年）路过洛阳，时值农历三月，看到洛阳牡丹盛开。元丰四年（1081 年），周师厚调任洛阳，决心系统地记述洛阳花卉，并着手准备资料。他不但搜集了李德裕的《平泉山居草木记》等前人的相关文献，而且寻访各处花圃，亲自调查花木。洛阳的栽培牡丹之地十之七八他都考察过。元丰五年（1082 年）二月，他完成《洛阳花木记》。《洛阳花木记》不仅记载牡丹、芍药，还记载梅、桃、兰、菊各花品，并较详细地记载了嫁接技术，如“四时变接法”“接花法”“栽花法”“种祖子法”“打剥花法”“分芍药法”等。在现存宋代书籍中，此书可谓记载花卉园艺技术类书中最为详尽的一本。

关于撰者周师厚，元袁桷撰《延祐四明志》中有传曰：

“周师厚，字敦夫，鄞（今浙江鄞州）人。皇祐五年（1053年）进士，至朝散郎……娶范氏文正女。生子，曰锷，字廉彦。”[1]由此可知，周师厚是范仲淹之婿，官至朝散郎，子周锷。又，范仲淹之子，范纯仁（1027—1101年）作《祭周朝散文》于元祐二年（1087年）四月十日，附记有“字敦夫”。无疑此“周朝散”即周师厚，由此可推其辞世于元祐二年四月。《四明郡志》亦载周师厚为人如何：

问学该博，经史百家之书，手录几万余卷，皆能诵解……师厚平时静默沉晦，遇事义动于色，敢于有为，不为权利少折，仕四十年，虽名闻于时而多以不合去。[2]

《洛阳花木记》今收录于王云整理校点本（洛阳牡丹记）中[3]。

[1]袁桷．延祐四明志[M]//宋元方志丛刊：6．台北：大化书局，1987：6189-6190.

[2]佚名．四明郡志[M]//宁波市地方志编撰委员会，整理．宁波历史文献丛书：明代宁波府志（7）．宁波：宁波出版社，2013：521（卷8·5a）

[3]欧阳修．洛阳牡丹记（外十三种）[M]．王云，整理校点．上海：上海书店出版社，2017：108-130.

[4]董岑仕．论宋代谱录著述的历史变迁[J]．新宋学，2018（00）：39-66.

[5]程章灿．透过字面看风波——读《欧阳棐墓志铭》[J]．中国典籍与文化，1998（03）：69-73.

◆《花药草木谱》

欧阳棐撰，4卷，已佚。据考察，传世史书未著录，只在河南新郑市出土的欧阳棐墓志铭（1113年）上有记载。该石碑的拓本原作“花药草太谱”。“太”字似乎是“木”字的一竖只残留了底部的垂露所形成。顾名思义，《花药草木谱》是收录观赏草木以及药用植物的书。人民文学出版社的董岑仕对此书有所介绍，并认为其成书于绍圣年间（1094—1098年）[4]。

欧阳棐（1047—1113年），字叔弼，是欧阳修的第三子[5]。治平四年（1067年）进士乙科。历知襄州、潞州、蔡州。熙宁五年（1072 年）欧阳修去世，当时欧阳棐还不到 30 岁。

政和三年（1113 年）欧阳棐卒。其子欧阳愿为父亲撰文作志。欧阳棐墓志在清朝末期得到修建，后来又被破坏埋没，1985 年在埋葬欧阳修及其家人的新郑市欧阳寺村被发现。

欧阳棐的作品流传并不广泛，《花药草木谱》也不例外。四卷本《花药草木谱》在宋代谱录中是篇幅较大的书，这或许是流传有限的原因之一。根据其他同类著作推想，其书是类书型谱录。不过，失传的主要原因似乎与欧阳棐被蔡京列入“元祐党人”名单有关，他的著作大概也免不了被禁。

◆《四时栽接花果图》（《四时栽种记》）

1 卷，已佚。陈振孙的《直斋书录解题》著录[1]。据王毓瑚研究，《世善堂藏书目录·农圃类》也著录了此书，明代后期尚存[2]。顾名思义，此书是关于花木果树嫁接法的图解。郑樵《通志》（1161 年）著录：“《四时栽种记》一卷。”[3]但《通志》中不见《四时栽接花果图》，而《直斋书录解题》中不见《四时栽种记》。这两者可能是同一本书。以此推测，《四时栽接花果图》有可能早于郑樵《通志》。从书名来推测，书中内容实际上包含果树方面的知识，但花木内容分量似乎较重，故置于花卉类中。

[1] 陈振孙．直斋书录解题［M］．徐小蛮，顾美华，校点．上海：上海古籍出版社，1987：299-300.

[2] 王毓瑚．中国农学书录［M］．第二版．北京：中华书局，2006：63.

[3] 郑樵．通志二十略［M］．王树民，校点．北京：中华书局，1995：1593.

◆【附】《洛阳花品》《江都花品》

叶德辉整理的《秘书省续编到四库阙书目》著录："《洛阳花品》一卷、《江都花品》一卷阙。"[1]北宋谱录还有张峋所撰的《洛阳花谱》和李英撰的《吴中花品》，但《秘书省续编到四库阙书目》均未著录。或许《洛阳花品》实为《洛阳花谱》，而《江都花品》是《吴中花品》的别称。待考。

[1] 叶德辉．秘书省续编到四库阙书目［M］//丛书集成续编：67. 上海：上海书店出版社，1994：735（下）．

[2] 罗桂环．宋代的鸟兽草木之学［J］．自然科学史研究，2001，20(02)：56-67．

◆【附】《益部方物略记》

宋祁（998—1061 年）约于北宋嘉祐二年（1057 年）所撰。宋祁，字子京，雍丘人。他在四川做官时曾撰写了一部名为《益部方物略记》的动植物专著。书中记述动植物 65 种，正如罗桂环所说：

宋祁秉承了前人细致记载"异物"的传统，又有所创新，记述的都是当地动植物，具有较高的生物学价值。[2]

宋祁自序提到：

嘉祐建元之明年，予来领州，得东阳沈立所录剑南方物二十八种。按名索实，尚未之尽。故遍询西人，又益数十物，列而图之，物为之赞，图视状赞言生之所以然。更名益部方物略记。

可知，嘉祐二年宋祁在四川接触当地特产，于是编撰了这部兼具图鉴和方物志性质的著作。

◆【附】《分门琐碎录》

12 世纪上半叶，温革撰[1]。上海图书馆藏明清间抄本 57 页属于农桑部分[2]（图 6-6），可看作一部农书。清末姚文栋藏的元刻残本 6 卷 12 门，在 20 世纪上半叶的战火中被毁[3]。陈振孙在《直斋书录解题·小说类》介绍道："《琐碎录》二十卷，后集二十卷。温革撰，陈晔增广之。后录者书坊增益也。"[4]陈思在《海棠谱》中收载《分门琐碎录》两则引文的同时，另转引《分门琐碎录后集》两则。胡道静指出，《永乐大典》存《分门琐碎录》64 则[5]。张如安最近发现的宁波大学图书馆藏俞弁抄写的明抄本 95 面[6]，存"摄养""医药""诸疾"3 门。其中有花卉相关的记载：

茉莉花莫安床头引蜈蚣，小儿以促织笼放床头亦有此患。橘花不得便闻，盖花虿毒亦谓之鸡距子。有人曾闻尝，坏其鼻，臭不可近。蜡梅亦不可近，恐生鼻痔。不可菊花为枕，令人脑冷。

日本丹波嗣长在《遐年要钞·天象部》（1260 年）中引《分门琐碎录》。由此推测，《分门琐碎录》在 13 世纪已经传入日本。日本内阁文库现藏有日文抄本 18 卷 34 门[7]，但没有《遐年要钞》中所见的佚文，也没有元刻残本原有的"牧养""起居""服饰""诸疾"4 门。

[1]关于撰者温革的事迹，胡道静引《南宋馆阁录》卷八、《漳州府重建学记》等史料做了详细的研究。据此，温革是政和五年（1115 年）进士，最后于绍兴二十五年（1155 年）摄漳州府。北宋时还有江西藏书家温革（1006—1076 年）。现存的《分门琐碎录》抄本好像不含书坊增补的"后录"内容，并且书中有元丰年间（1078—1085 年）的内容。《分门琐碎录》的撰者大概不是北宋藏书家温革（不过也不能完全排除后世人窜入的可能性）。

[2]温革．分门琐碎录[M]//续修四库全书：975．上海：上海古籍出版社，2002：47-75.

[3]胡道静．上海图书馆所藏稀见与珍贵古农书对传统农学研究作出的贡献[G]//虞信棠，等．胡道静文集·农史论集、古农书辑录．上海：上海人民出版社，2011：64.

[4]陈振孙．直斋书录解题[M]．徐小蛮，顾美华，校点．上海：上海古籍出版社，1987：344.

[5]胡道静．稀见古农书录[J]．文物，1963（03）：12-17.

[6]张如安．新见明抄本《分门琐碎录》"医药类"述略[J]．宁波大学学报（人文科学版），2015，28(03)：43-46.

[7]34 门分别是：治己、接物、治家、教子、生业、莅官、农桑、种艺、虫、兽、饮食、食忌、相宅、洗浣、摄养、医药、方伎并杂术、器用、风土、艺文、广知、灵异、辨物、杂伎、藏贮、物理、旅寓、谚语、阴阳、十二月杂占、占晴雨、三教、仙、释。

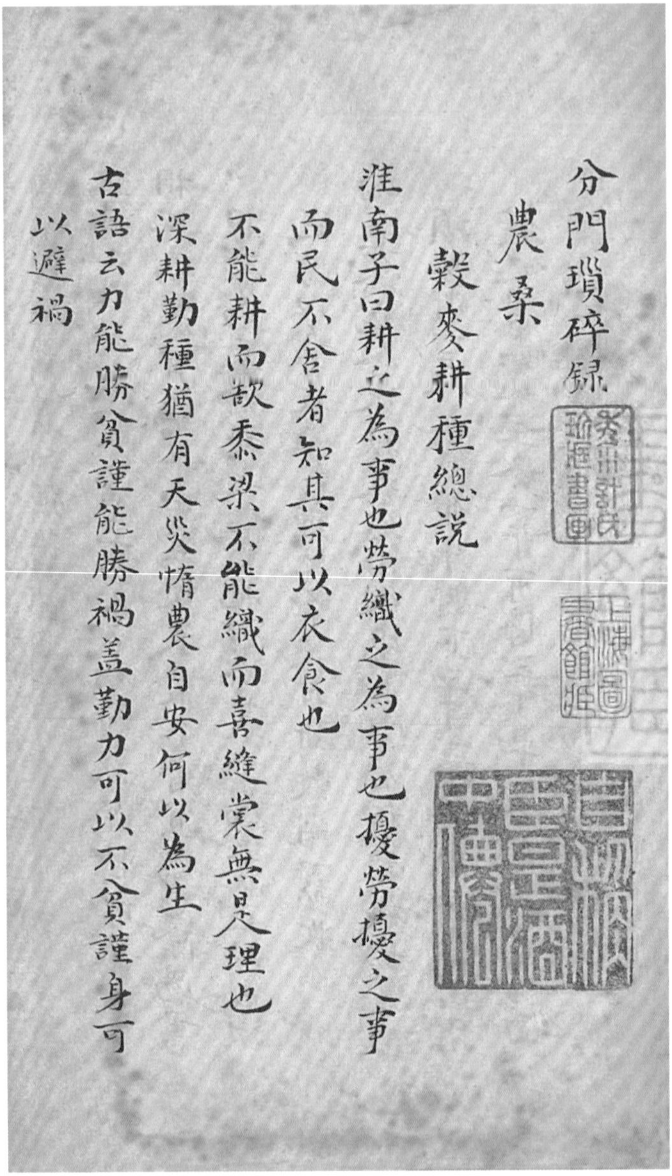

分門瑣碎録
農桑
穀麥耕種總説
淮南子曰耕之為事也勞織之為事也擾勞擾之事
而民不舍者知其可以衣食也
不能耕而欲黍梁不能織而喜縫裳無是理也
深耕勤種猶有天災惰農自安何以為生
古語云力能勝貧謹能勝禍蓋勤力可以不貧謹身可
以避禍

图 6–6 明抄本《分门琐碎录》第 1 页。上海图书馆藏

日文抄本应是节录本。另外，还有中国中医研究院图书馆藏《琐碎录·医家类》3卷，是日本学者从《医方类聚》摘录的辑佚本。

《分门琐碎录》在《直斋书录解题》中归于小说类，但胡道静认为《分门琐碎录》是一部类书，并指出温革转引了《齐民要术》《四时纂要》《梦溪笔谈》等文献的条文，但极少标明依据。笔者认为，此书与明代盛行的日用类书相似，可归为早期的日用类书。另外，《分门琐碎录》记载了不多见于他书的牡丹栽培的内容。而关于书中记载的技术成就，今人也已有一些研究[1]。

◆【附】《（天台陈先生类编花果卉木）全芳备祖》

约宝祐四年（1256年），陈咏编。陈咏，字景沂。日本宫内厅书陵部所藏本《全芳备祖》被视为唯一的古刊本，一般题为“宋本”。可是正如有人指出的那样，该版本与宋刊本有些出入[2-3]。对此，程杰等人重新审视版面，认为是南宋刊本无疑[4]。鉴于各家看法不一，笔者姑且只称作“古刊本”。

书中有6处陈咏以“陈肥遯”之名作注的地方[5]。另外，将现有南宋刊本的一些谱录与《全芳备祖》对比，容易发现陈咏的引文多为节略，（南宋刊本）误刻亦较多，但作为一部典故集使用，这种缺点影响不大。从宏观视

[1] 舒迎澜.《分门琐碎录》与其种艺篇[J].中国农史，1993(03)：103-110.

[2] 吴家驹.关于《全芳备祖》版本问题[J].图书馆杂志，1987(06)：52-53.

[3] 杨宝霖.《全芳备祖》刻本是元椠[J].黄石师院学报(哲学社会科学版)，1983(03)：72-76.

[4] 陈景沂.全芳备祖[M].程杰，王三毛，校点.杭州：浙江古籍出版社，2014：12-15.

[5] 陈咏的6处补充中，对荔枝的解释很详细。

角看，陈咏主要是为了文人的方便而专门撰写了这部植物典故集或类书，因而名为“备祖”。陈咏编写此书虽然持有宋代理学的观点和采用专门化（细化对象）的方法，但总体上还是以传统类书的方式进行编撰。有人将“世界上最早的植物学辞典”的桂冠加给《全芳备祖》。虽然这是一本以植物为专题的书，但是笔者认为这显然不属于纯粹的“植物学”著作，而是偏文学的文献。但无论如何，陈咏对类书的“专门化”强调十分明显。

另外，看《全芳备祖》的目录会发现，第一花不是牡丹，而是梅花，牡丹、芍药次之。其后紧接着又有红梅、蜡梅，可见陈咏颇重梅花。

此古刊本由农业出版社影印出版，为重抄本[1]。中国国内所藏的《全芳备祖》抄本[2]与《四库全书》所收本的关系还在调查中，尚未取得明确的结论[3]。

表 6-1　古刊本《全芳备祖》残存情况（仅限本研究相关的主要植物）

		现存	散佚
前集	卷十四至末卷（卷二十七）	牵牛花、橘花、柚花、山茶花、茶花、兰花等	梅花、牡丹、芍药、琼花、玉蕊、海棠、菊花等
后集	卷一至卷十三、卷十八至卷卅	荔枝、橘、柑、橙、金橘、梅、杨梅、笋、茶等	松、柏、椿、竹、桐等

陈咏刊刻《全芳备祖》时，祝穆曾经为他作校订，可见两人之间的交往密切。同一个时期，祝穆编撰了类书《古今事文类聚》，与《方舆胜览》一样，皆以诗文为主，

[1] 此重抄本为徐氏（徐乃昌，1886—1946 年）积学斋抄本。该抄本现藏于中国国家图书馆古籍馆，该重抄本现藏于华南农业大学农史研究室。

[2] 中国国家图书馆古籍馆徐乃昌积学斋本（农业出版社的影印本据此补缺页）、吉林省图书馆藏本、南京图书馆藏丁丙跋本。

[3] 以陈咏在后集“荔枝”中补充的荔枝品种名称为例作对比，古刊本《全芳备祖》作“蕙团荔支”“珍珠荔支”等，但汲古阁抄本、《四库全书》本作“蕙团”“珍珠”；古刊本作“钗头颗荔支”，汲古阁抄本、《四库全书》本作“钗头”。汲古阁抄本、《四库全书》本的款式也相似，独古刊本不同。可是，以蔡襄《荔枝谱》所载品种排序为例试着比较。宋代的各本《荔枝谱》中，作“小陈紫”“游家紫”“宋公荔”。这三种排序与古刊本、《四库全书》本《全芳备祖》相同，但汲古阁抄本《全芳备祖》却作“游家紫”“宋公荔”（“蓝家红”“周家红”）“小陈紫”。因而，《四库全书》本也好像出于明抄本，四库馆的官吏用他书修改文字。

亦可视为典故集。《全芳备祖》《古今事文类聚》两书中，常有同样的文献，比如两书均收录刘攽的《芍药谱》等。陈咏、祝穆两人各自参考的书大概也为同一版本。

程杰和王三毛以日本宫内厅藏本为底本，参照南京图书馆藏原八千卷楼丁丙跋本，于2014年出版校点本。

第七章

宋代茶书

正如前文所言，先秦时代的文献中尚未发现饮茶的确凿证据。出土文献中，一直追溯到四川老官山竹简为止都没有与茶有关的史料。一般认为最早提到茶的文献是王褒的《僮约》。虽然茶文化的发源地很难确定，但是从文献记载来看，早期饮茶习惯似乎兴于四川地区。吴国的孙皓在宴席中让臣下饮酒，然而韦曜不能多喝，于是“（孙皓）密赐茶荈以当酒”，破例允许他喝茶[1]。

《茶经》颇受后人重视，现存最早的是《百川学海》所收本，也有比其出土早的茶文献。日本茶史专家岩间真知子发现敦煌出土的《本草经集注·序录》中，针对“好眠”（多眠症）举了药材，其中有“茶茗”，也就是今天的茶[2]。被视为唐末人的“乡贡进士王敷”所撰的《茶酒论》（《茶酒论》）有如下内容：

……茶乃出来言曰：“诸人莫闹，听说些些，百草之首，万木之花……时新献入，一世荣华。自然尊贵，何用论夸！”

酒乃出来：“可笑词说！自古至今，茶贱酒贵……有酒有令，人义礼智。自合称尊，何劳比类！”

……两个政争人我，不知水在旁边。水为茶酒曰：“阿你两个，何用忿忿？阿谁许你，各拟论功……从今以后，切须和同。酒店发富，茶坊不穷。长为兄弟，须得始终。若人读之一本，永世不害酒癫茶疯。”[3]

这是茶和酒相互瘠人肥己，主张自己所长，最后水出面平息争端的故事。其文既有《庄子》等作品中的拟人修辞技巧，又有司马相如的《子虚赋》中习见的争奇斗胜的文学故事。

在宋代，丁谓、蔡襄等直接监督官焙的当地高级官

[1] 林长华，以茶代酒史话[J]．农业考古，1993(02): 22, 26.

[2] 岩間真知子．茶の医薬史：中国と日本[M]．東京：思文閣，2009: 201-216.

[3] 方健．中国茶书全集校证[M]．郑州：中州古籍出版社，2015: 245-262.

员撰写茶书。万国鼎在《茶书总目提要》中举出 25 种茶书。其中陶谷的《清异录・荈茗录》、沈括的《梦溪笔谈・本朝茶法》实际上分别是《清异录》《梦溪笔谈》中的一篇。茶书是否应被看作植物谱录也是一个难以说清楚的问题。在宋代私人书目上，《郡斋读书志》将茶书置于“农家类”[1]，《直斋书录解题》却将其归于“杂艺类”[2]。茶书的定义也是模糊的[3]。然而，从植物谱录的发展脉络起见，宋代茶书在宋代谱录中占有重要的位置。

日本专家对茶书的最新研究以介绍宋代茶书为主。研究宋代茶书的日本学者有诸冈存、青木正儿[4]和中村乔父子、布目潮沨[5]、高桥忠彦[6-7]（图 7-1）、岩间真知子[8]等。中国学者的研究成果有陈祖规、朱自振编著的《中国茶叶历史资料选辑》[9]，以及阮浩耕、沈冬梅、于良子合编的《中国古代茶叶全书》[10]。方健寻求历代茶书的最佳底本，进行校对、解读，或博搜辑佚，也充分地吸收了日藏善本、相关资料以及日本专家的研究成果，于 2015 年出版了《中国茶书全集校证》5 册。此套书收集了“唐宋茶书，收 35 种，内 20 种为辑本，其中 9 种首次收录茶书”，以及明清茶书 47 种（另有民国茶书 3 种）[11]。与其他同类书不同，全书使用竖排繁体字体。2016 年，文物出版社收集茶相关文献，也影印出版了《中国茶文献集成》（2016 年）。

上述的宋代茶书研究大多将专论茶法茶榷的书包括在内，但这些茶法茶榷的茶书已经偏离了植物“谱录”的范畴。因此，下文不再列举此类茶书[12]。下文分成北宋茶书和南宋茶书两节，共介绍 26 部茶书。

[1] 晁公武．昭德先生郡斋读书志［M］//四部丛刊三编史部：29. 上海：上海书店出版社，1985: 23b-25b（卷三上）.

[2] 陈振孙．直斋书录解题［M］. 徐小蛮，顾美华，校点．上海：上海古籍出版社，1987: 405-422.

[3] 蔡定益．古籍的析出涉茶文字能否算为茶书——以方健《中国茶书全集校证》为例［J］. 茶叶通讯，2017，44(02):54-57.

[4] 青木正兒．青木正兒全集：第 8 卷［M］. 東京：春秋社，1971.

[5] 布目潮渢，中村喬．中国の茶書［M］．東京：平凡社，1976.

[6] 高橋忠彦．東洋の茶［M］//茶道学大系．京都：淡交社，2000.

[7] 高橋忠彦．茶文化の歴史と重層性［M］//アジアの茶文化研究．東京：勉誠出版，2006: 85-97.

[8] 岩間真知子．茶の医薬史：中国と日本［M］. 東京：思文閣，2009.

[9] 陈祖规，朱自振，等．中国茶叶历史资料选辑［M］. 北京：农业出版社，1981.

[10] 阮浩耕，沈冬梅，于良子．中国古代茶叶全书［M］．杭州：浙江摄影出版社，1999.

[11] 方健．中国茶书全集校证［M］．郑州：中州古籍出版社，2015: 凡例 1.

[12] 高橋忠彦．中国喫茶文化と茶書の系譜［J］. 東京学芸大学紀要：人文社会科学系，2006，57: 209-221.

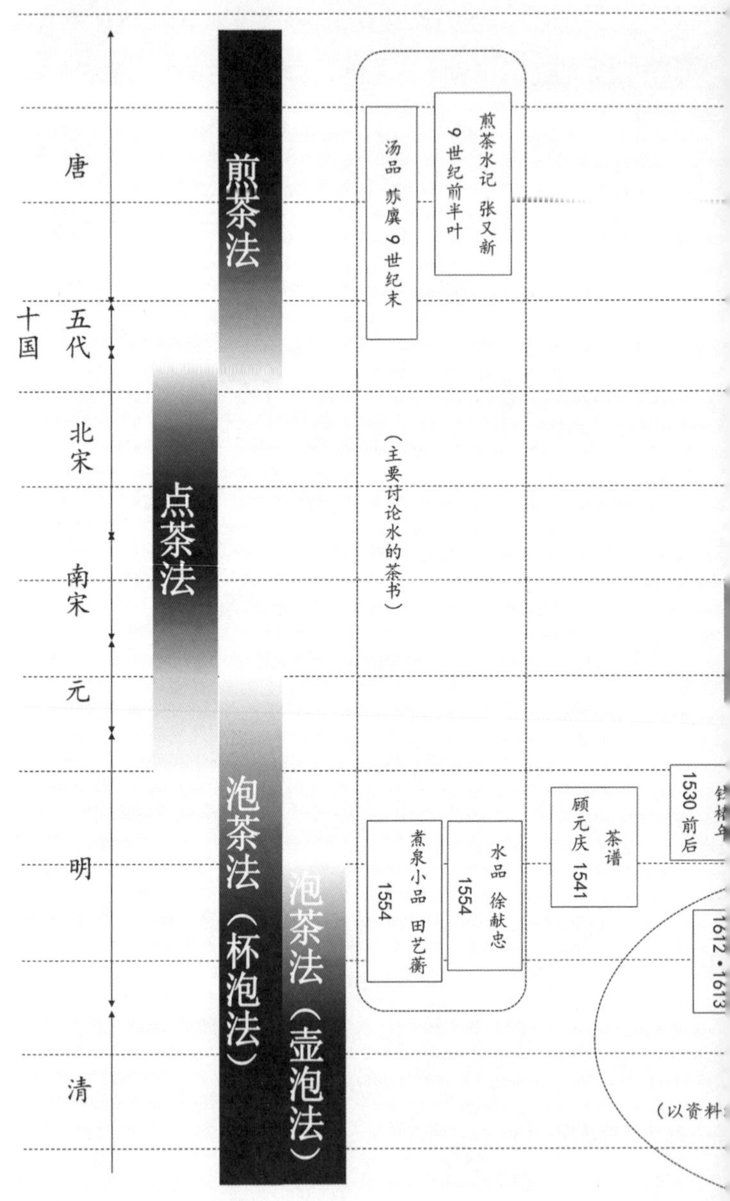

图 7-1　高桥忠彦《中国茶书年表》（笔者中译）

注：国像源自高桥忠彦《中国吃茶文化及茶书的谱系》，发表于《东京学艺大学纪要：人文社会科学系 I》第 57 集，第 209—221 页。

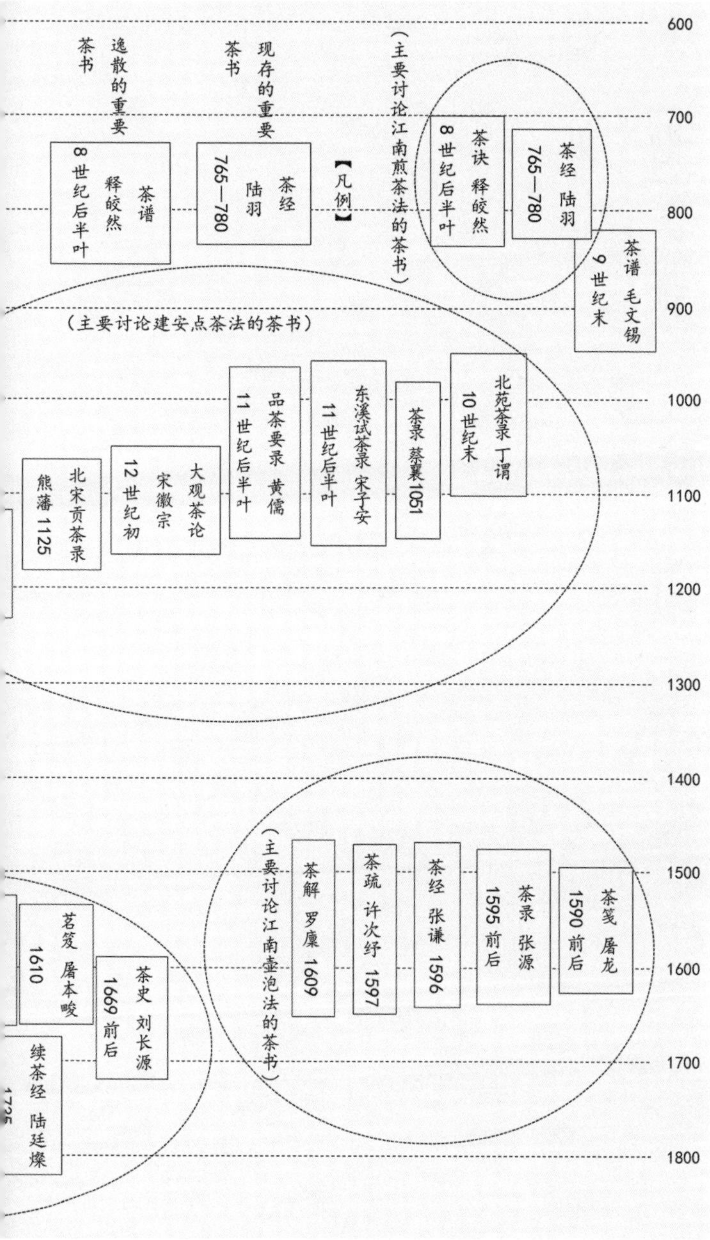

600
700
800
900
1000
1100
1200
1300
1400
1500
1600
1700
1800

【凡例】

现存的重要茶书：茶经 陆羽 765—780

逸散的重要茶书：茶谱 释皎然 8世纪后半叶

（主要讨论江南煎茶法的茶书）

茶经 陆羽 765—780

茶诀 释皎然 8世纪后半叶

茶谱 毛文锡 9世纪末

（主要讨论建安点茶法的茶书）

北苑茶录 丁谓 10世纪末

茶录 蔡襄 1051

东溪试茶录 宋子安 11世纪后半叶

品茶要录 黄儒 11世纪后半叶

大观茶论 宋徽宗 12世纪初

北宋贡茶录 熊蕃 1125

（主要讨论江南壶泡法的茶书）

茶笺 屠龙 1590前后

茶录 张源 1595前后

茶经 张谦 1596

茶疏 许次纾 1597

茶解 罗廪 1609

茗笈 屠本畯 1610

茶史 刘长源 1669前后

续茶经 陆廷燦 1725

第一节 北宋茶书

乾德三年（965年）九月，苏晓被任命为淮南转运使，开始在14所山场（官府从生产者处购入茶叶并将其卖给客商的机关）执行关于交易淮南六州生产的茶叶的政策。不久后中止，其后，茶法不断有变更。宋代，茶法改革十多次，如“三说法”“四说法”“贴射法”“见钱法”等；除了嘉祐四年（1059年）至建中靖国元年（1101年）实施过短期的通商法外，基本上都是实行榷茶[1]。宋代实施的茶法使福建产茶量增大，众多茶书也在这种背景下出现。

佐伯富认为，茶叶的专卖在宋朝国家岁入中占重要地位[2]。宋太宗至道三年（997年）的茶钱达到了285万余贯。至道年间的某一年的课入是1200万贯，由此可推茶钱占课入的比例为约24%，宋真宗景德元年（1004年）茶叶的岁课更是达到569万贯，足见茶钱在朝廷财政上的重要性。不过，梅原郁详细分析后写道，减除人事费、运营费用等，茶税在国库的占比不是特别高[3]。

民间普及饮茶是宋代涌现茶书的重要背景，但茶引的盛衰可能是更重要的因素。《续资治通鉴长编》记载：

然自西北宿兵既多，馈饷不足，因募商人入中刍粟，度地里远近，增其虚估，给券以茶偿之。后又益以东南缗钱、香药、象齿，谓之“三说”。[4]

据此，为了边防，朝廷招募商人输送军粮，但到边疆的商人不便收现金，于是政府发茶引（茶券）以代之。太宗在位期间的情况大概如此。从中可窥见，茶叶在宋代经济中的重要性颇高，交易网络很发达。但是，后来茶引泛滥，商人往往不能以原定价兑换茶叶，而需要等候几年，

[1] 陈祖规，朱自振．中国茶叶历史资料选辑［M］．北京：农业出版社，1981：26.

[2] 佐伯富．宋初における茶の専売製度［J］．京都大学文学部研究紀要，1956(04)：493-518.

[3] 梅原郁．宋代茶法の一考察［J］．史林，1972，55(01)：1-37.

[4] 黄仲昭．八闽通志［M］．福州：福建人民出版社，2006：991.

商人最终只好将茶引廉价卖给“交引铺”，随后交引铺再卖给茶商。因此，宋真宗下令林特、李薄、刘承珪重新修改茶法。北宋茶书就是在这样的背景下出现的。

◆《北苑茶录》（《建安茶录》）

约成书于咸平元年（998 年），丁谓撰，已佚。丁谓，字谓之，后改字为公言。

关于成书时间，万国鼎等人认为大约是在咸平年间。其主要依据是靖康之变（1127 年）前后的《宣和北苑贡茶录》中的记载“至咸平初，晋公漕闽，始载之于《茶录》”[1]（南宋初晁公武《郡斋读书志》中亦见同文）。但根据《宋史·丁谓传》以及池泽滋子的《丁谓年谱》，咸平初丁谓大概已离任福建，可能在开封，其后再也没有到过福建[2]。沈冬梅等人在《中国古代茶叶全书》中，引《（雍正）福建通志》、徐规的《王禹偁事迹著作编年》等，认为丁谓漕闽是在至道年间（995—997 年）[3]。

至道年间，朝廷实行专卖。转运使的职责范围中就有茶叶专卖管理。唐末福建建州产的茶叶已经有朝贡，后来因其中的一品龙凤团茶扬名，于太平兴国二年（977 年）开始朝贡此茶。据王象之的《舆地纪胜》记载，丁谓开始设置“龙焙”，进行岁贡。

对于丁谓的事迹，日本专家池泽滋子在《丁谓研究》中有详尽的记载，其中也涉及《北苑茶录》[4]。丁氏祖

[1] 方健．中国茶书全集校证：第 1 册［M］．郑州：中州古籍出版社，2015：352-388.

[2] 池泽滋子．丁谓研究［M］．成都：巴蜀书社，1998：256-335.

[3] 阮浩耕，沈冬梅，于良子．中国古代茶叶全书［M］．杭州：浙江摄影出版社，1999：56.

[4] 同［2］116-135.

籍在河北，为避战祸迁至长洲。祖父丁守节在吴越国做官。丁谓随父亲丁颢去过泾州，淳化三年（992 年）以第四名考中进士，淳化五年（994 年）任福建采访使，翌年回开封上奏福建茶盐利害。于是，朝廷任其为福建转运使（转运使亦称漕司，闽漕即福建转运使）。至道三年（997 年）三月宋太宗驾崩。丁谓在返回开封的路上，遇见王禹偁，由此可以推测他当时已经离任福建。宋真宗登基改元为“咸平”，咸平二年（999）丁谓赴四川任峡路转运使，后任夔州路转运使。由此也可以推测《北苑茶录》的内容是淳化五年到至道三年（994—997 年）之间的情况。高承《事物纪原》载：“《北苑茶录》曰：‘石乳太宗皇帝至道二年（996 年）诏道也。’”[1]根据这一条文，《北苑茶录》成书晚于至道二年。《北苑茶录》中使用赵光义（939—997）的庙号，因而其成书时间可定为丁谓离任福建转运使的咸平元年（998 年）或稍后（但不排除经后人删改的可能性）。

蔡襄的《茶录》曰：“丁谓《茶图》。”据此，丁谓的《北苑茶录》原有绘图。《北苑茶录》的佚文见于宋子安的《东溪试茶录》、熊蕃及其子熊克的《宣和北苑贡茶录》《事物纪原》。日本学者水野正明在前人研究的基础上，从《补笔谈·卷一》《东溪试茶录》等书中辑录佚文，加以校对，并翻译成日文[2]。另外，据衢州本《群斋读书志·补茶经》中的“丁谓以为茶佳不假水之助，（周）绛则载诸名水”[3]，可知《北苑茶录》的内容未涉及水品。

丁谓是北宋前期的重要宰相，虽然后世对他褒贬不一，但他无疑是一个颇有影响力的士大夫。《北苑茶录》

[1]高承．事物纪原[M]．北京：中华书局，1989：467.

[2]水野正明．宋初の茶書三種（輯逸）について[J]．汲古，2003，41：36-42.

[3]晁公武．衢本郡斋读书志[M]//宛委别藏：54，55．苏州：江苏古籍出版社，1988：352-353.

的名气没有蔡襄的《茶录》那么大，左圭《百川学海》中也没有收录，不过《百川学海》收藏的《东溪试茶录》中有其佚文（图 7-2），原因可能是丁谓在政治史上是有争议的人，有时甚至被视为佞臣。

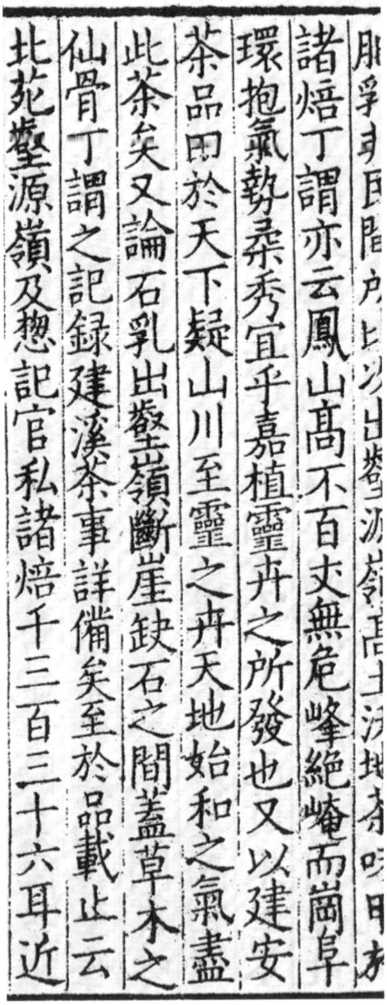

[illegible]以出壑源嶺高土沃地茶味甲於
諸焙丁謂亦云鳳山高不百丈無危峰絶崦而岡阜
環抱氣勢柔秀宜乎嘉植靈卉之所發也又以建安
茶品甲於天下疑山川至靈之卉天地始和之氣盡
此茶矣又論石乳出壑嶺斷崖缺石之間蓋草木之
仙骨丁謂之記録建溪茶事詳備矣至於品載止云
北苑壑源嶺及總記官私諸焙千三百三十六耳近

图 7-2　《东溪试茶录》中所见的《北苑茶录》佚文部分

注：图像源自左圭《百川学海》，北京图书馆出版社 2004 年版，第 53 册，第 32 页 b。

◆《补茶经》

11 世纪初，周绛撰，1 卷，已佚。《补茶经》的相关信息详见衢本《群斋读书志》：

《补茶经》一卷，又一卷。右皇朝周绛撰。（周）绛，祥符初知建州。以陆羽《茶经》不载建安，故补之。又一本有陈龟[1]注。丁谓以为茶佳不假水之助，（周）绛则载诸名水云。[2]

据此，其书的主要内容是建安茶品以及名水，成书时间应晚于大中祥符元年（1008 年）。以《（嘉庆）溧阳县志》中的“周绛传”[3-4]为依据，方健也认为《补茶经》成书于大中祥符年间[5]。

然而潘法连[6]、沈冬梅[7]等人认为，虽然《群斋读书志》《直斋书录解题》将《补茶经》视为大中祥符年间之作，但熊蕃的《宣和北苑贡茶录》记载周绛在景德年间任建安守时作此书，熊蕃之说最可信。而《福建通志》称天圣年间（1023—1031 年）周绛任建安守。《补茶经》的成书时间暂可看作大约景德年间至大中祥符年间（1004—1016 年）。

日本学者水野正明辑录《补茶经》两则：“芽茶只作早茶，驰奉万乘，尝之可矣。如一枪一旗，可谓奇茶也。”“天下之茶，建为最，建之北苑又为最。”[8]除上述两则，方健又从《苏轼诗集合注》摘录一则佚文：“点茶在瓯，浮颗如粟。”[9]

[1] 陈龟，何许人无可考。

[2] 晁公武．衢本郡斋读书志［M］// 宛委别藏：54，55．苏州：江苏古籍出版社，1988：352-353．

[3] 陈鸿寿．嘉庆溧阳县志［M］// 中国地方志集成 江苏府县志辑：32．南京：江苏古籍出版社，1991：316．

[4]《嘉庆溧阳县志·人物志（文苑）》曰：“幼入黄山观，从道士杨用柔为老子学，名智进。适县令，视水菑至观威仪甚肃，因悟所学之非，改业为儒，更名绛，攻苦问学，登太平兴国八年进士。第由都官员外出守昆陵郡。”

[5] 方健．中国茶书全集校证：第 1 册［M］．郑州：中州古籍出版社，2015：269-271．

[6] 潘法连．读《中国农学书录》札记之五（八则）［J］．中国农史，1992(01)：87-90．

[7] 阮浩耕，沈冬梅，于良子．中国古代茶叶全书［M］．杭州：浙江摄影出版社，1999：57．

[8] 水野正明．宋初の茶書三種（輯逸）について［J］．汲古，2003，41：36-42．

[9] 同［5］．

◆《北苑拾遗》

庆历元年（1041 年）序，刘异撰，1 卷，已佚。刘异，字成伯。水野正明、方健等认为，撰者姓名应作“刘异”，《宣和北苑贡茶录》作“刘異”是错误的。其兄弟的名均从“廾”，如刘弇、刘弈、刘戒[1]。据考察《说文解字》，其《収部》收“异”字，而《異部》收“異”字，可知“异”字并非“異”的异体字，而是通假字。

《郡斋读书志》说：“（刘）异，庆历初在吴兴采新闻，附于丁谓《茶录》之末。其书言涤磨调品之器甚备，以补谓之遗也。”[2]《直斋书录解题》言其“庆历元年（1041 年）序”[3]。

作者的祖父刘甫曾经臣事吴越国，父亲刘若虚为咸平五年（1002 年）进士，官至尚书郎。方健在《宋代茶书考》中有详细的考察[4]。刘若虚有两个儿子，刘弈（999—1051 年）、刘异，两人都是天圣八年（1030 年）进士。当地人颂扬刘若虚和刘弈、刘异为官清廉。他们的坟墓都在马鞍山[5-7]。蔡襄（1012—1067 年）与刘奕、刘异同年进士，与刘若虚一家的关系很密切。除撰刘若虚墓志铭之外，蔡襄还于嘉祐六年（1061 年）撰写《刘蒙伯墓碣文》（图 7-3）。刘异和蔡襄两家曾定下婚约，后来蔡襄官途亨通，而刘家逐渐衰败，刘异觉得不般配，就向蔡襄提出取消婚约。

梅尧臣（1002—1060 年）也跟刘异有交往，刘异曾赠送乳茶给他。梅尧臣作《刘成伯遗建州小片的乳茶十

[1] 方健．中国茶书全集校证：第 1 册[M]．郑州：中州古籍出版社，2015：272.

[2] 晁公武．衢本郡斋读书志[M]//宛委别藏：54，55．苏州：江苏古籍出版社，1988：352.

[3] 陈振孙．直斋书录解题[M]．徐小蛮，顾美华，校点．上海：上海古籍出版社，1987：418.

[4] 方健．宋代茶书考[J]．农业考古，1998(02)：269-278.

[5] 郝玉麟，等．福建通志[M]//景印文渊阁四库全书：530．台北：台湾商务印书馆，2000：229(卷 62：29b).

[6] 郝玉麟，等．福建通志[M]//文津阁四库全书史部：178．北京：商务印书馆，2005：926(卷 62).

[7]《(康熙)福建通志·古迹》无载。《四库全书》本《福建通志》中有记载：“刘若虚墓。在马鞍山……尚书屯田员外郎刘奕墓。在马鞍山，弟异屯田员外郎。”

图 7-3　刘蒙伯墓碣文，蔡襄书

注：图像出自林静，2018 年摄于福州。

枚因以为答》：

玉斧裁云片，形如阿井胶。春溪斗新色，寒箨见重包。价劣黄金敌，名将紫笋抛。桓公不知味，空问楚人茅。

梅尧臣又作《送刘成伯著作赴弋阳宰》：

我昨之官来，值君为郡掾。当年已知名，是日才识面……弦歌将有余，幸可穷经传。归来期著书，箧楮盈百卷……

《郡斋读书志》《直斋书录解题》《宋志·艺文》均著录此书。《宣和北苑贡茶录》及王文诰注《苏轼诗集》[1]引录中辑存两条。日本学者水野正明在前人研究的基础上，对之进行了辑佚、校对、日文翻译[2]。

[1] 王文诰．苏轼诗集[M]．孔凡礼，校点．北京：中华书局，1982：1207.

[2] 水野正明．宋初の茶書三種（輯逸）について[J]．汲古，2003，41：36-42.

◆《（述）煮茶泉品》

11世纪前期，叶清臣撰。叶清臣（1000—1049年），字道卿，苏州长洲人，天圣二年（1024年）进士，官至奉国军节度使。《宋史》有传云：

叶清臣字道卿，苏州长洲人。父参，终光禄卿。清臣幼敏异，好学善属文。天圣二年，举进士，知举刘筠奇所对策，擢第二。宋进士以策擢高第，自清臣始……数上书论天下事，陈九议、十要、五利，皆当世可行者。有文集一百六十卷。子均，为集贤校理。

陶珽的《重较说郛》收录《述煮茶泉品》，涵芬楼本《说郛》在《煎茶水记》后附录此文。根据其文中所说的"凡泉品二十，列于右幅"（右幅内容失传），认为高元濬的《茶乘》收此文而题作《煮茶泉品序》，方健认为原作品名应是《煮茶泉品》，后世只有其后序流传[1]。此文与《煎茶水记》《大明水记》一样，都是以品第江南泉水为主题的，现存佚文的内容涉及物类相感等，从中得以窥见叶清臣的哲理性思考。

[1]方健．中国茶书全集校证：第1册[M]．郑州：中州古籍出版社，2015：443-444.

◆《东溪试茶录》

11世纪中期，宋子安撰，1卷。宋子安，生卒年、事迹无可考。袁州本《郡斋读书志》著录："《东溪试茶录》

一卷，右皇朝宋子安集拾丁（谓）、蔡（襄）之遗。”[1]由《郡斋读书志》的著录可知，《东溪试茶录》最迟在南宋初已经存在。宋子安在自序中写道：“近蔡公作《茶录》。”据此，万国鼎推断《东溪试茶录》成书于1064年前后[2]；方健则认为是在皇祐至治平年间（1049—1067年）或稍后。表达上有所不同，但实际上两位学者取得了几乎一样的结论。

《百川学海》收此书，题为“宋子安集”全文约3900字，共有“总叙焙名”“北苑”“壑源”“佛岭”“沙溪”“茶名”“采茶”“茶病”8条，加之序文。在“总叙焙名”中，宋子安介绍了建安官私茶焙（制茶的场所）的总体情况。接下来，宋子安依次介绍“北苑”“壑源”“佛岭”“沙溪”4处的茶叶。这些地方相去不远，但宋子安详细观察了环境差异、茶叶特点等，内容很丰富。宋子安认为，除产地之间的差异，还需要了解三点。其一是“茶名”，书中介绍了7种茶树。其二为“采茶”，介绍摘叶及其后的加工方法。最后为“茶病”，介绍避免茶味受损的注意事项。

衢本《郡斋读书志》中载有《东溪试茶录》之序：

七闽至国朝，草木之异，则产腊茶[3]，荔子；人物之秀，则产状头，宰相，皆前代所未有。时而显，可谓美矣。然其草木厚味，味难多食；其人物虽多智，难独任，亦地气之异。[4]

《百川学海》本无此序。

[1] 晁公武．昭德先生郡斋读书志［M］//四部丛刊三编史部：29．上海：上海书店出版社，1985：25a（卷三上）．

[2] 万国鼎．茶书总目提要［M］//王思明，陈少华，编．万国鼎文集．北京：中国农业科学技术出版社，2005：331-343．

[3] 疑似“臈茶”是“腊茶”之讹。

[4] 晁公武．衢本郡斋读书志［M］//宛委别藏：54，55．苏州：江苏古籍出版社，1988：353-354．

◆《茶录》

嘉祐四年(1059年),蔡襄撰。前人已对蔡襄及其《茶录》作了许多研究。蔡襄(1012—1067年，图7-4)，字君谟，宋仁宗天圣八年(1030年)进士，兴化郡仙游县人。仙游蔡氏一族务农，蔡京(1047—1126年)是蔡襄堂弟[1]。蔡襄的母亲是惠安县名士卢仁的女儿，因而蔡襄从小受到良好的教育。同时，这种生活环境让他自然熟悉茶树、荔枝等植物。

[1]蔡金发．蔡襄及其家世[M]．福州：福建人民出版社，1990：274-276.

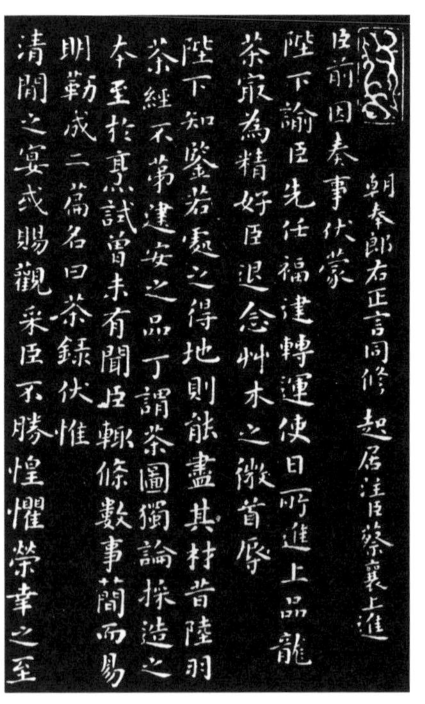
朝奉郎右正言同修 起居注臣蔡襄上進
臣前因奏事伏蒙
陛下諭臣先任福建轉運使日所進上品龍
茶最為精好臣退念艸木之微首辱
陛下知鑒若處之得地則能盡其材昔陸羽
茶經不第建安之品丁謂茶圖獨論採造之
本至於烹試曾未有聞臣輒條數事簡而易
明勒成二篇名曰茶錄伏惟
清閒之宴或賜觀采臣不勝惶懼榮幸之至

图7-4　茶录《拓本》奏文部分。国家历史博物馆藏

注：图像源自《中国书法全集32：宋辽金编蔡襄卷》，刘正成、曹宝麟主编，荣宝斋1995年版，第76页。

据《蔡襄集》[1]《蔡襄年谱简编》[2]等前人整理的资料，在此简单介绍蔡襄的仕途，及其与欧阳修的关系。欧阳修与蔡襄为同年进士，两人志趣相投，在文学、书法等方面互为师友，各取所长。约景祐元年（1034 年）春，欧阳修离任西京留守推官时撰写《洛阳牡丹记》，后将其赠给蔡襄，蔡襄执笔抄写并刻于家屋中。景祐三年（1036 年）蔡襄任西京留守推官赴洛阳，当年五月与欧阳修已来往频繁。庆历元年（1041 年）正月授著作佐郎、馆阁校勘，庆历三年（1043 年）被任为谏官，此时欧阳修也在知谏院。庆历五年（1045 年），欧阳修任滁州太守，蔡襄也授右正言、直史馆，知福州，庆历七年（1047 年）春改为福建转运使。蔡襄大致了解贡茶在福建的情况，认识到革新的需要。但翌年十一月其父卒，服丧。皇祐二年（1050 年）蔡襄授判三司盐铁勾院、同修起居注，翌年九月赴京到任，十一月上奏《茶录》。因此，5 年多的时间他一直在福建，也由于解任服丧，时间较充裕，可以研究饮茶方法等。《茶录》本来就是一份奏折。而且“修起居注”是记录宋仁宗言行、生活的官职，自然能意识到宫廷与福建民间之间饮茶习惯的差异。

至和二年（1055 年）四月，蔡襄授枢密直学士、起居舍人，知泉州军州事，但赴任途中长子蔡匀、妻子葛氏相继病逝。十二月到泉州。嘉祐二年（1057 年）二月，欧阳修主持进士考试。苏轼、苏辙、曾巩等北宋后期的著名文人均于此届科举及第。嘉祐四年（1059 年）八月蔡襄撰写《荔枝谱》，十二月，由他主导的万安桥工程竣工。翌年，召拜翰林学士、尚书吏部郎中、权知制诰，

[1] 蔡襄．蔡襄集［M］．吴以宁，校点．上海：上海古籍出版社，1996：929-978.

[2] 蔡金发．蔡襄及其家世［M］．福州：福建人民出版社，1990：98-104.

再赴京到任，主管朝廷财政。当时欧阳修在朝廷任枢密副使，嘉祐六年（1061年）任参知政事等，一直在开封。嘉祐八年（1063年）仁宗驾崩，英宗登基。治平元年（1064年）蔡襄重新撰写《茶录》，翌年拜端明殿学士、尚书礼部侍郎，知杭州。治平三年，其母卢氏病逝。治平四年授南京留守未行，但到莆田，蔡襄再执笔抄写《洛阳牡丹记》并寄给在开封的欧阳修。在欧阳修收到蔡襄墨迹之前，同年八月，蔡襄病故，享年55岁。

欧阳修作《端明殿学士蔡公墓志铭》："公为政精明，而于闽尤知其风俗。至则礼其士之贤者，以劝学兴善而变民之故，除其甚害。"欧阳修称赞蔡襄在闽中的廉政、善政。当地民众追慕蔡襄，其所著的《论忠孝》和《福州五戒文》皆被视为蔡氏家训，至今受到当地民众的重视。

《茶录》的后跋曰：

后知福州，为掌书记窃去藏稿，不复能记。知怀安县樊纪购得之，遂以刊勒行于好事者，然多外谬。臣追念先帝（仁宗）顾遇之恩，揽本流涕，辄加正定，书之于石，以永其传。治平元年五月二十六日，三司使给事中臣蔡襄谨记。

据此，蔡襄第二次任福州知事时，《茶录》的稿子被他的秘书偷走，因此时蔡襄已是顶级书法家，不太在乎被偷走的稿子。但此稿被怀安县（今属张家口市）樊纪购得并刊刻后，广泛流传。不过，讹谬太多不堪入眼。时值宋仁宗驾崩之际，蔡襄重新写了一份上奏宋英宗，同时刻于石碑以传世。国家博物馆所藏的拓本没有后跋，《中国书法全集》的编者推测此帖就是当年广泛流传的版本[1]。

[1] 刘正成，曹宝麟．中国书法全集32：宋辽金编：蔡襄卷[M]．北京：荣宝斋，1995：196.

《茶录》正文有上下两篇，前后有序与跋文。上篇论茶，分别有分色、香、味、藏茶、炙茶、碾茶、罗茶、侯茶、熁盏、点茶等 10 条；下篇论茶器，有各种茶具，分茶焙、茶笼、砧椎、茶钤、茶碾、茶罗、茶盏、茶匙、汤瓶等 9 条。

《茶录》的版本繁多，宋刻本有《莆阳居士蔡公文集》，这是王十朋出于敬佩蔡襄在泉州的善政，在乾道年间（1165—1173 年）任泉州知事时编写的版本。与《百川学海》所收本相比，该文集所收《茶录》更善。此外，亦有不少传世墨迹、拓本，但似乎也混淆了临摹本、伪作等，各家的看法并不一致（表 7–1）。

[1] 原藏于中国历史博物馆。2003 年，其与中国革命博物馆合并，改名为中国国家博物馆。

[2] 其中二开半为翁方纲临写。

[3] 标题意外完整存留。与蝉翅拓本比，行款一致，字迹相近。

表 7–1 蔡襄《茶录》善本对比

	国博藏拓本（图 7–4）	宋蝉翅拓本（图 7–5）	黄溍旧藏宋拓本	绢本（《古香斋宝藏蔡帖》）	墨迹本（似伪迹）	莆阳居士蔡公文集（图 7–6）	百川学海
所藏地点	国家博物馆[1]	上海图书馆	上海博物馆	国内外多所图书馆（哈佛大学等）	北京故宫博物院	国家图书馆	国家图书馆、日本宫内厅
书籍形态	拓本	经折装	经折装	经折装（宋珏临摹）	墨迹（元人伪作）	刊本	刊本
开本/篇幅	17 页	共八开半[2]	共七开[3]	共五开半	高 34.5 厘米，长 128 厘米	5 页	4 页
主要信息来源	《中国书法全集》	水赉佑	水赉佑（笔者未见）	布目潮渢等	《中国书法全集》	北京图书馆古籍珍本丛刊	陶湘景刻本多见

书法史专家水赉佑认为《茶录》应以宋蝉翅拓本为最善，但此版本的下篇《茶罗》之后的内容残缺，加之不少文字被磨灭，无法辨别。其次为上海博物馆所藏黄潛旧藏宋拓本，但他未提国家博物馆所藏宋拓本[1]。方健以宋珏临摹绢本（拓本）为底，参校国家博物馆所藏宋拓本，对《茶录》进行了校点，但未提水赉佑所重视的两部拓本。两位专家的学术领域虽然不同，但同样致力寻求蔡襄的真笔之作。

这些拓本之间也有文字上的不同，比如在“候汤”一条，绢本作“沉瓶中煮之”，而宋蝉翅拓本却作“况瓶中煮之”。可以看到，实际上有这么多源于宋代的珍贵资料，且各种版本之间在字体上差异极少，只是笔法粗细等差异较明显。布目潮沨指出，一些在拓本中缺失的文字也有出现在刻本中。《百川学海》《全芳备祖》《茶书全集》所收本在下篇“茶焙”中作：“纳火其下去茶尺许，常温温然，所以养茶色香味也。”而国家博物馆藏拓本、宋蝉翅拓本以及《莆阳居士蔡公文集》中无“常温温然”四字[2]。布目潮沨认为，与宋珏临摹绢本、《全芳备祖》本相比，《百川学海》本的文字更可信[3]。

宋珏临摹绢本，收录于美国哈佛燕京图书馆数字化善本《古香斋宝藏蔡帖》中，但内有破损，最后的刘克庄所作的跋文很不清晰。方健在《中国茶书全集校证》中也转载了全页。胡文焕校本《新刻茶录》被收于《中国古代茶道秘本五十种》[4]。蔡襄文集版本繁多，陈枚香等学者已整理并进行了深入探讨[5]，在此不再赘言。青木正儿[6]、中村乔[7]、布目潮沨[8]、福田宗位[9]、高桥忠彦[10]等作了日译。

[1] 水赉佑．蔡襄《茶录》帖考[J]．中国书画，2006(06): 183-184.

[2] 布目潮渢．中国茶書全集：上[M]．東京：汲古書院，1987: 22-26.

[3] 布目潮渢．布目潮渢中国史論集：下[M]．東京：汲古書院，1987: 311-316.

[4] 姜亚沙．中国古代茶道秘本五十种：第一册[M]．北京：全国图书馆文献缩微复制中心，2003: 238-249.

[5] 陈枚香．蔡襄文集刊刻考述[J]．图书馆理论与实践，2013(11): 68-70.

[6] 青木正兒．青木正兒全集：第8卷[M]．東京：春秋社，1971: 260-276.

[7] 布目潮渢，中村喬．中国の茶書[M]．東京：平凡社，1976: 173-192.

[8] 千宗室，等．茶道古典全集：第1巻[M]．京都：平凡社，1957.

[9] 福田宗位．中国の茶書[M]．東京：東京堂出版，1974: 101-105.

[10] 高橋忠彦．茶経：喫茶養生記，茶録，茶具図讃（現代語でさらりと読む茶の古典）[M]．京都：淡交社，2013.

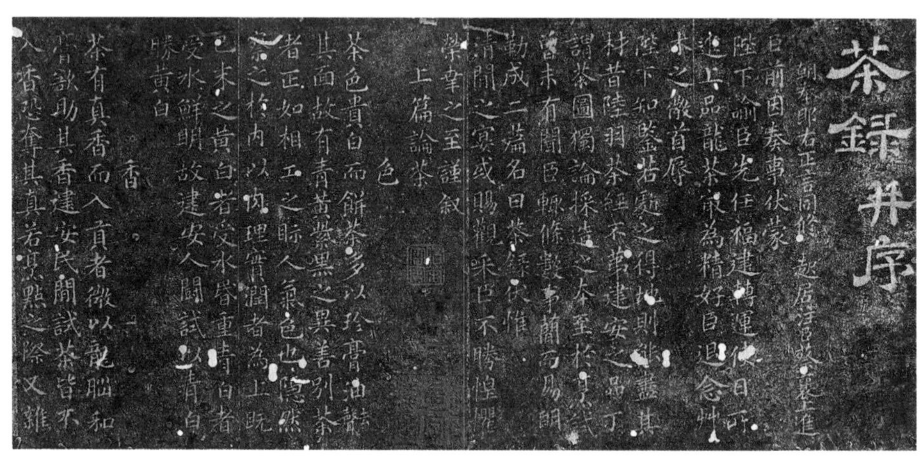

茶錄并序
朝奉郎右正言同修起居注臣蔡襄上進
臣前因奏事伏蒙
陛下諭臣先任福建轉運使日所
進上品龍茶最為精好臣退念草
木之微首辱
陛下知鑒若處之得地則能盡其
材昔陸羽茶經不第建安之品丁
謂茶圖獨論採造之本至於烹試
曾未有聞臣輙條數事簡而易明
勒成二篇名曰茶錄伏惟
清閑之宴或賜觀采臣不勝惶懼
榮幸之至謹敘
上篇論茶
色
茶色貴白而餅茶多以珍膏油
其面故有青黄紫黑之異善別茶
者正如相工之瞟人氣色也隱然
察之於內以肉理實潤者為上既
已末之黄白者受水昏重青白者
受水鮮明故建安人鬭試以青白
勝黄白
香
茶有真香而入貢者微以龍腦和
膏欲助其香建安民間試茶皆不
入香恐奪其真若烹點之際又雜

图 7-5　吴荣光旧藏本《茶录》前半部分（蝉翅拓本）

注：图像源自《上海图书馆善本碑帖综录 3》，上海图书馆编，上海书画出版社 2017 年版，第 1281-1282 页。

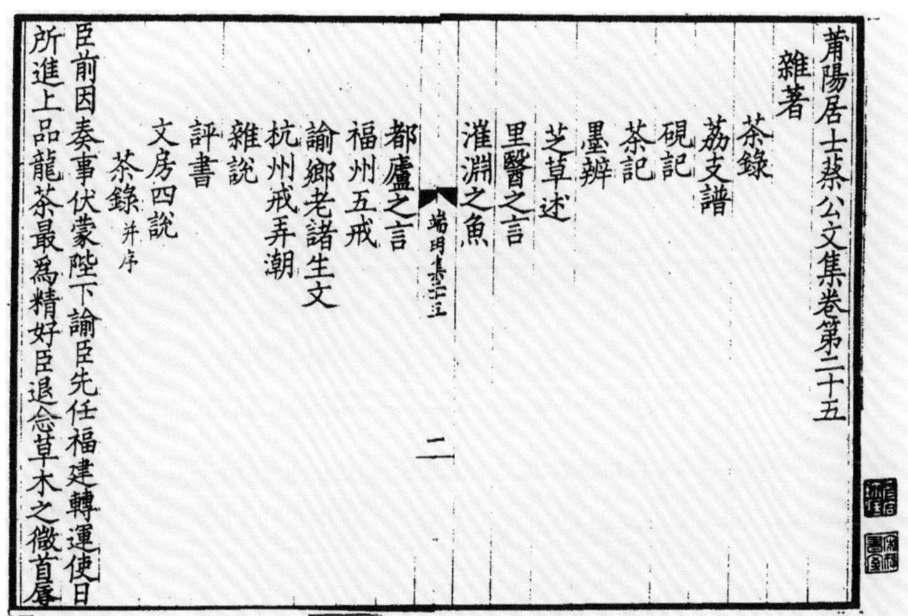

莆陽居士蔡公文集卷第二十五
雜著
茶錄
荔支譜
硯記
茶記
墨辨
芝草述
里醫之言
灌淵之魚
端明集二十五　二
都盧之言
福州五戒
諭鄉老諸生文
杭州戒弄潮
雜說
評書
文房四說
茶錄 并序
臣前因奏事伏蒙陛下諭臣先任福建轉運使日
所進上品龍茶最為精好臣退念草木之微首辱

图 7-6　《莆阳居士蔡公文集 · 杂著》目录

注：图像源自《北京图书馆古籍珍本丛刊 86 册 · 集部 · 宋别集类 · 莆阳居士蔡公文集》，北京图书馆古籍出版编辑组编，书目文献出版社 1998 年版，第 223 页。

◆《茶苑总录》

大约熙宁年间（1068—1077年）成书，曾伉撰，已佚。曾伉（？—1084年），字公立，福建侯官人，师从周希孟，皇祐五年（1053年）进士。据方健考察，此书是曾伉于熙宁年间在福建任兴化军判官、监建州买纳茶场时所作[1]。尤袤的《遂初堂书目》著录《茶苑录》[2]，大概是《茶苑总录》之讹。

《宋志》著录曾伉《新修尚书吏部式》3卷、《元丰新修吏部敕令式》15卷[3]。曾伉专长于法制。据《宋史·食货》，熙宁元年（1068年）吴充上奏新法导致弊端，宋神宗决定派遣曾伉等人调研。

◆《茶法易览》（《茶法要览》）

沈立撰，10卷（《通志》作“一卷”），已佚。沈立，字立之。沈立生平参照前文所述的《牡丹记》。沈立墓碑《故右谏议大夫赠工部侍郎沈公神道碑》见于杨杰撰的《无为集》[4]。如孙亚蒙等人指出[5]，沈立之父沈平于天圣二年（1024年）去世。比沈立小五岁的蔡襄为此撰《赠光禄少卿沈君墓志铭》（1062年），足见蔡襄与沈立有交往。

方健在《宋代茶书考》中指出，《宋志》作“茶法要览”，《通志》、沈立墓碑等作“茶法易览”，后者更为适当。

[1] 方健．宋代茶书考[J]．农业考古，1998(02)：269-278.

[2]尤袤．遂初堂书目[M]//丛书集成．上海：商务印书馆，1935：24.

[3]脱脱，等．宋史[M]．北京：中华书局，1977：5141，5143.

[4]杨杰．无为集[M]//中华再造善本．北京：北京图书馆出版社，2003：7b-11b（卷12）.

[5]孙亚蒙，包阿古达木．沈立生平研究[J]．商，2015(50)：115.

◆《品茶要录》

元祐年间（1086—1093年）以前，黄儒撰，1卷。黄儒，字道辅，建安人，熙宁六年（1073年）进士。陈振孙曰："建安黄儒道父撰。元祐中东坡尝跋其后。"[1]据此，成书时间应早于元祐年间。

内容可分为四大部分："总论""茶病""辨壑源、沙溪""后论"。其中，黄儒用了大半的篇幅介绍茶病（造茶工程上的禁忌），分为9条："采造过时""白合盗叶""入杂""蒸不熟""过热""焦釜""压黄""渍膏""伤焙"。

如今有宋一明译注本[2]。方健依据《苏轼诗注》《茶书全集》《程氏丛刊》《四库全书》等进行校勘、校点[3]。

[1] 陈振孙，直斋书录解题[M]．徐小蛮，顾美华，校点．上海：上海古籍出版社，1987：419.

[2] 宋一名．茶经译注（外3种）[M]．上海：上海古籍出版社，2009：93-111.

[3] 方健．宋代茶书考[J]．农业考古，1998(02)：269-278.

[4] 方健．中国茶书全集校证：第7册[M]．郑州：中州古籍出版社，2015：3770-3771.

◆ 沈括《茶论》（《本朝茶法》）

北宋中期，沈括撰，已佚。方健根据《梦溪笔谈》中的"予山居有《茶论》"一句，认为沈括著有一部茶书。[4]沈括（1031—1095年），字存中，号梦溪丈人，杭州钱塘县人，嘉祐八年（1063年）进士，官至三司使。宋神宗登基后，王安石于熙宁三年（1070年）任宰相，推动新法。当时沈括因其母病故正服丧。熙宁四年（1071年）沈括回朝廷复职，参与王安石推动的熙宁新政。熙宁九年（1076年），沈括被任命为翰林学士、代理三司使。

但此时，王安石罢相。熙宁十年（1077年）沈括也被贬至宣州。元丰三年（1080年），沈括知延州。延州是对抗西夏的前线。元丰五年（1082年）西夏出兵，永乐城陷落。沈括引咎贬谪官，留在随州。后来，迁居润州（今属江苏省镇江市），造园林，名曰梦溪园。在隐居生活中，沈括撰写了著名的随笔作品《梦溪笔谈》。其中的《官政二》中载有记录茶榷的文章《本朝茶法》。熙宁年间，他任三司使。三司指盐铁、户部、度支（统计与开支）三个部署。茶务由盐铁部门管辖，因此他有必要亲自研究茶法。

沈括也精通医学。沈括拥护王安石的新政，跟苏轼等旧法派的关系并不好。其与苏轼联合署名的《苏沈良方》是后人拼凑的医书。程永培跋曰："沈括则博闻精见，格物游艺，旁通医药，尤所以足成一家之书也。"[1]

◆《壑源茶录》

约崇宁年间（1102—1106年），章炳文撰，1卷，已佚。章炳文，字叔虎，京兆人。《福建通志·卷八》记载：

（兴化军莆田县）章公桥：旧为斗门。宋崇宁二年通判章炳文造因名。绍兴十四年知军汪待举重修，为斗门三间，陈俊卿有记。后废为桥……[2]

据此可以推测，章炳文在崇宁年间任兴化军通判，《壑源茶录》所记内容也大概是这个时候的。万国鼎在《茶

[1] 方健.中国茶书全集校证：第7册[M].郑州：中州古籍出版社，2015：3770-3771.

[2] 黄仲昭.（弘治）八闽通志：上[M]//北京图书馆古籍珍本丛刊：33.北京：书目文献出版社，1988：249.

书总目提要》写道：

炳文事迹无考。此书见《宋史·艺文志》农家类。今佚。壑源是建安地名，邻近北苑。《陕西经籍志》作"京兆章炳文撰"，以为炳文是陕西人，不识有何根据？[1]

潘法连指出：

《宋志·小说类》又有章炳文《搜神秘览》三卷，据陈振孙《直斋书录解题》著录说为"京兆章炳文叔虎撰"。由此可知，章炳文字叔虎，当是北宋时期京兆人。[2]

南宋临安尹家书籍铺刻本《搜神秘览》今存于日本京都福井氏崇兰馆。1935 年，张元济将之作为《续古逸丛书》的一部分影印出版。从《搜神秘览》的序文来看，章炳文对宋代理学有一定的了解：

大块既散，二气莫穷，万物不齐，变化异数……人有贵贱，有贫富……为士，为农，为工，为商，为神，为圣，则天地人物，皆不可得而齐矣，此自然之为理也……予因暇日，苟目有所见，不忘于心，耳有所闻，必诵于口……政和癸巳叙。[3]

他又写"予因暇日……随而记之"，可知，章炳文作序于政和三年（1113 年）。

[1] 万国鼎．茶书总目提要[M]//王思明，陈少华，编．万国鼎文集．北京：中国农业科学技术出版社，2005：331-343.

[2] 潘法连．读《中国农学书录》札记之五（八则）[J]．中国农史，1992(01)：87-90.

[3] 章炳文．宋本搜神秘览[M]．上海：商务印书馆，1935：序文 1ab.

◆《大观茶论》（《（圣宋）茶论》）

大观年间（1107—1110年），宋徽宗敕撰，1卷。由于《宋志》未著录宋徽宗敕撰的《茶论》，引起后人质疑。但如中村乔、游修龄等所示，南宋图书目录对此有著录，并称宋徽宗御制[1-2]。此书冠以“大观”者亦不足怪。宋徽宗在位时期官撰本草书称谓为《经史证类大观本草》《政和经史证类备急本草》。宋徽宗力图出版官撰书籍，间有多种版本，书名以年号区分，如官撰方剂书有《政和圣剂总录》等。

[1] 布目潮渢，中村喬．中国の茶書[M]．東京：平凡社，1976: 193-236.

[2] 游修龄．《大观茶论》作者问题的探讨[J]．农业考古，2003(04): 262-265.

《大观茶论》序文的开头很有趣，把植物转喻为“首地而倒生，所以供人求者”。序文第一段的大意是很多植物平时都是日常所需，所以没有兴废；但茶树不一样，“非遑遽之时可得而好尚矣”。序文之后，共有20则内容。此书结构很像蔡襄的《茶录》，但比其更实用、更详细。头6则分别是“地产”“天时”“采择”“蒸压”“制造”“鉴辨”，介绍茶的生长、采摘及其生产过程。接着介绍“白茶”认为它是“崖林之间偶然生出”的凤毛麟角。接下来的5则是对5种茶具的介绍：“罗碾”“盏”“筅”“瓶”“勺”。其中的茶筅引起日本专家的注目，其在日本茶道中是具有象征意义的事物。“盏”是“盏色贵青黑，玉毫条达者为上”。著名的曜变天目茶碗是建窑产的黑釉茶盏，被列为日本国宝，是陶瓷古玩中最被推崇的茶器之一。“水”一则劝告人们使用干净的山泉水，江河水即使口感良好也不宜选用，同时介绍烧水的要点。接着，“点”一则特别详细介绍倒入热水、击拂等点茶的技巧。他书未见如此细节，足见可贵。其后3则介绍“味”“香”“色”。“藏焙”一则介绍为储存茶叶而焙的方法。“品名”一则介绍各地的名茶。名茶的产地不断变化，因而会有过去不被视为佳品而今天却备受推崇的茶叶。最后一则“外焙”介绍正焙（北苑）外的茶叶。

早期版本只有《重较说郛》所收本和涵芬楼本《说郛》所收本。《说郛》原为元朝末年陶宗仪所编，共100卷（一说，原书70卷）。《说郛》所收谱录类著作[1]多与《百川学海》重复，陶宗仪所用底本中可能有《百川学海》。然而《说郛》原书很早失传，元明时期也几乎没有《说郛》的刊刻痕迹，只有几种抄本流传。陶宗仪的后裔、明末清初的陶珽忧虑《说郛》抄本之讹误甚多、篡改严重，重新校订《说郛》，并做了增补。这就是宛委山堂本《重较说郛》120卷[2-3]。

民国时期，涵芬楼本《说郛》问世[4]。日本学者渡边幸三在1938年指出，涵芬楼本《说郛》中也混有明人之作，如《钱谱》《格古论》《劝善录》《效颦集》[5]。昌彼得指出《说郛》与《百川学海》重复者有72种，其分布集中在《说郛》卷67后[6]。

方健认为《重较说郛》本《大观茶论》的文字好些，以它为底本进行校点。高桥忠彦以方健校点本为底本，重新校点。如今有施由民等人的不少研究，方健校点、沈冬梅等翻译的白话文本。以及佐伯太、福田宗位、青木正儿、中村乔等的日译本。不过，前人的研究没有充

[1]《洛阳花木记》《洛阳名园记》《桂海虞衡志》《酒谱》《竹谱》《续竹谱》《平泉山居草木记》，刘蒙《菊谱》《石湖菊谱》，史老圃《菊谱》《牡丹荣辱志》，王观《芍药谱》《海棠谱》《刀剑录》《橘录》《南方草木状》《物类相感志》。

[2]刘广定．中国科学史论集[M]．台北：台湾大学出版中心，2002：191-200.

[3]此版本比陶宗仪的原书多20卷，改变了陶宗仪的原书结构等，已经失去了《说郛》的原貌，加上增补，留有不少可疑的拼凑之处。典型的例子如书中收录的洪迈《糖霜谱》、周师厚《洛阳牡丹记》、田锡《曲（麴）本草》三书皆有伪书的嫌疑。洪迈撰《糖霜谱》实为洪迈《容斋随笔》的一篇，周师厚撰《洛阳牡丹记》可能原来是《洛阳花木记》中的一篇。

[4]大概在民国八年（1919年），因京师图书馆（位于今国家图书馆北海分馆）藏有《说郛》明抄本，供职于教育部的鲁迅建议张宗祥校订该抄本，整理出版。张宗祥花了6年完成该任务，民国十六年（1927年）由涵芬楼出版。这就是涵芬楼本《说郛》。可以认为，此书比《重较说郛》更近于陶宗仪原本。比如，涵芬楼本《说郛》均不收录上述的《糖霜谱》《洛阳牡丹记》《曲（麴）本草》《园林（庭）草木疏》。通常是学界研究、考证的主要依据。

[5]渡邊幸三．説郛考[J]．東方学報，1938(03)：218-260.

[6]昌彼得．说郛考[M]．台北：文史哲出版社，1979：13-19.

分利用明抄本，比如张宗祥据6种明抄本进行校勘，但没有参照沈瀚抄本等台湾、香港的明抄本。笔者在研究《列仙传》时，曾于香港大学冯平山图书馆亲眼目睹沈瀚抄本《说郛》[1-2]，并与涵芬楼本《说郛》进行比较，发现两者相差较大。沈瀚抄本《说郛》第一册收《品茶要录》《大观茶论》两书。不过，美国印第安纳大学的艾骛德（Christopher P. Atwood）以《圣武亲征录》为例，重审《说郛》的刊本和抄本[3]，不认为沈瀚抄本更优。《说郛》的整理校勘待进一步完善。

◆《建安茶记》

北宋后期，吕惠卿撰，已佚。衢州本《郡斋读书志》著录："《吕惠卿建安茶记》，右皇朝吕惠卿撰。"[4]万国鼎写道："《郡斋读书志》《通考》《宋史》都有记载，但《宋史》作《建安茶用记》二卷。"[5]建安（今建瓯）位于福建北部，北苑茶庄就在建安的凤凰山（东峰镇）。

吕惠卿（1032—1111年），字吉甫，福建泉州晋江人，嘉祐二年（1057年）进士。《宋史·艺文志》著录："吕惠卿《建安茶用记》二卷。"[6]《宋史·奸臣》载有其传：

（吕）惠卿起进士，为真州推官。秩满入都，见王安石，论经义，意多合，遂定交。熙宁初，安石为政，惠卿方编校集贤书籍，（王）安石言于帝曰："惠卿之贤，岂特今人，虽前世儒者未易比也。学先王之道而能用者，

[1]饶宗颐．说郛新考[M]//选堂集林·史林．香港：中华书局，1982：654-666.

[2]饶宗颐得见香港大学平山图书馆所藏之明人沈瀚抄本《说郛》六十九卷，认为该抄本比涵芬楼本更近于陶宗仪原本。饶宗颐引其跋文及叶昌炽《缘督卢日记》等为证，认为《说郛》原本是七十卷。

[3]艾骛德．《说郛》版本史——《圣武亲征录》版本谱系研究的初步成果[A]．马晓林，译//北京大学国际汉学家研修基地，编．国际汉学研究通讯：第九期．北京：北京大学出版社，2014：397-438.

[4]晁公武．衢本郡斋读书志[M]//宛委别藏：54，55．苏州：江苏古籍出版社，1988：354.

[5]万国鼎．茶书总目提要[M]//王思明，陈少华，编．万国鼎文集．北京：中国农业科学技术出版社，2005：339.

[6]脱脱，等．宋史．北京：中华书局，1977：5206.

独惠卿而已。

王安石曾高度评价并提拔吕惠卿，他也协助王安石推进青苗法等新法。不久吕惠卿任参知政事，后与王安石失和。长期以来，吕惠卿被认定为因附会王安石而被重用的佞臣。但像丁谓一样，后来对他也有正面的评价。其著作有《孝经传》《道德经注》《论语义》《庄子解》等。另外，俄罗斯探险家伊万·伊万诺维奇·柯兹洛夫在黑水城遗址发现吕惠卿的《吕观文进庄子义》残本。

方健指出，施元之（1102—1174 年）的《施注苏诗》中有两处转引吕仲吉的《建安茶录》，但无法确定是否是吕惠卿的《建安茶记》。此外，施元之的注中还有两处《茶录》佚文。方健在《中国茶书全集校正》中摘录了 4 条佚文[1]。

[1] 方健．中国茶书全集校证：第 1 册[M]．郑州：中州古籍出版社，2015：392-394.

[2] 同[1] 467-469.

◆《斗茶记》

政和二年（1112 年），唐庚撰。唐庚（1071—1121 年），字子西，眉州丹棱人。绍圣元年（1094 年）进士。《斗茶记》曰："政和二年三月壬戌（五日），二三君子相与斗茶于寄傲斋。"[2] 斗茶是品茶的一种方式，往往也是一类绘画题材（图 7-7）。

方健指出，《眉山唐先生文集》收录了《斗茶记》，惠州州学主管郑康左编的绍兴二十一年（1151 年）刊本现存于国家图书馆。另有唐玲、张霞对唐庚文集的整理

图 7–7　徐庄《斗茶图》。美国哈佛艺术博物馆藏

研究[1-2]。另外，陶珽的《重较说郛》也收录了《斗茶记》。唐庚亦作《失茶具图说》。

◆《茶山节对》《茶谱遗事》

北宋，蔡宗颜撰，已佚。潘法连发现，寇宗奭在《本草衍义》中提到“蔡宗颜《茶山节对》”[3]（图7-8）。由此可知，在《本草衍义》刊刻的政和元年（1111年）以前已经有此书。《本草衍义》曰：“茗，苦樣。今茶也。其文有陆羽《茶经》、丁谓《北苑茶录》、毛文锡《茶谱》、蔡宗颜《茶山节对》。”[4]四种茶书的顺序不反映成书时间先后。南宋陈振孙在《直斋书录解题》说：“摄衢州长史蔡宗颜撰。”[5]邱志诚认为，衢州是蔡宗颜的故乡[6]。如果能确定蔡宗颜临时任衢州长史的时间，成书年份也能更清楚，待后考。另外，郑樵的《通志》著录“《茶山节对》一卷，蔡宗颜撰”之外，又著录“《茶谱遗事》一卷，蔡宗颜撰”[7]。可知，蔡宗颜另有一部茶书。据方健所述，此书被《秘书省续编到四库阙书目》著录，似是毛文锡《茶谱》的补遗[8]。

[1] 唐玲．《眉山唐先生文集》版本考略[J]．新世纪图书馆，2011(04): 62-66.

[2] 张霞．宋本《唐先生文集》校读劄记[J]．新国学，2012，9(00): 376-399.

[3] 潘法连．读《中国农学书录》札记之五（八则）[J]．中国农史，1992(01): 87-90.

[4] 唐慎微，艾晟，木村康一．經史証類大観本草[M]．東京：廣川書店，1970: 722.

[5] 陈振孙，直斋书录解题[M]．徐小蛮，顾美华，校点．上海：上海古籍出版社，1987: 418.

[6] 邱志诚．宋代农书考论[J]．中国农史，2010，29(03): 20-34.

[7] 郑樵．通考二十略[M]．王树民，校点．北京：中华书局，1987: 1594.

[8] 方健．宋代茶书考[J]．农业考古，1998(02): 269-278.

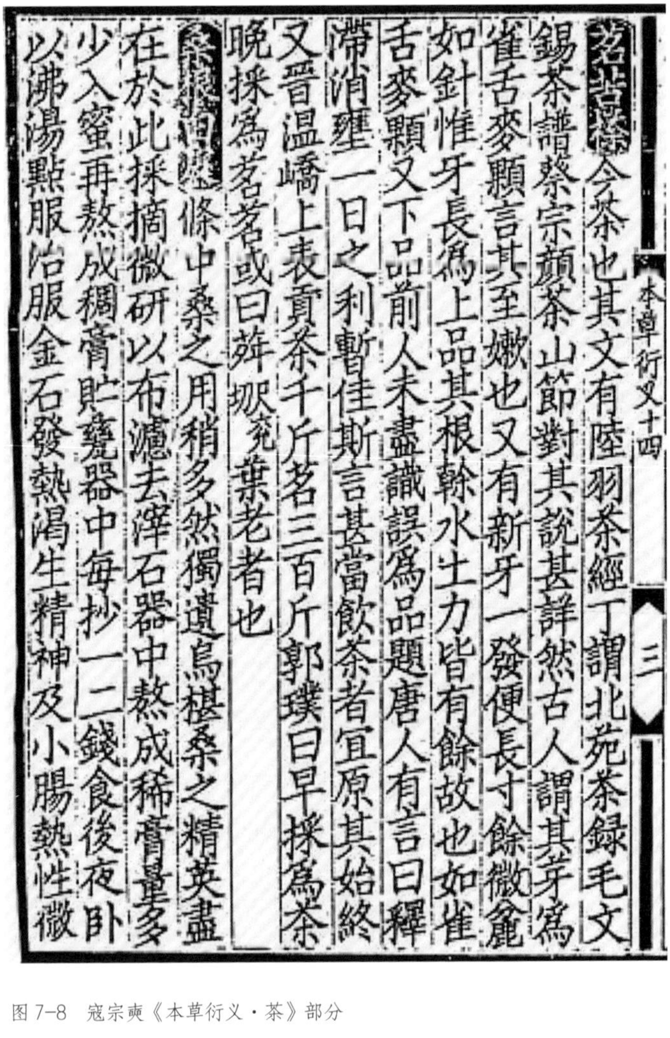

本草衍义十四　三

茗苦搽　今茶也其文有陸羽茶經丁謂北苑茶録毛文錫茶譜蔡宗顏茶山節對其說甚詳然古人謂其芽爲雀舌麥顆言其至嫩也又有新牙一發便長寸餘微麄如針惟牙長爲上品其根幹水土力皆有餘故也如雀舌麥顆又下品前人未盡識誤爲品題唐人有言曰釋滯消壅一日之利暫佳斯言甚當飲茶者宜原其始終又晉温嶠上表貢茶千斤茗三百斤郭璞曰早採爲茶晚採爲茗茗或曰荈[illegible]荈葉老者也

桑根白皮　條中桑之用稍多然獨遺烏椹桑之精英盡在於此採摘微研以布濾去滓石器中熬成稀膏量多少入蜜再熬成稠膏貯甆器中每抄一二錢食後夜卧以沸湯點服治服金石發熱渴生精神及小腸熱性微

图 7-8　寇宗奭《本草衍义·茶》部分

注：图像源自《经史证类大观本草》，唐慎微撰，艾晟校订，木村康一、吉琦正雄编，东京广川书店 1970 年版，第 722 页。

◆《（雅州）蒙顶茶记》

大约北宋末，王庠撰。方健从《舆地纪胜》中发现其书，并对王庠其人进行考察。据说，北宋有两个叫王庠的人，其一是荣州（今四川荣县）人，字周言。

据《宋史》记载，其父王梦易在皇祐年间（1056—1063年）及第，而“尝摄兴州，改川茶运，置茶铺免役民，岁课亦办。部刺史恨其议不出己，以他事中之，镌三秩，罢归而卒”。王梦易改革四川运输茶叶的方法，减轻百姓负担，但被人陷害后罢官，不久后去世。当时，王庠年仅13岁。王梦易生前很期望王庠参加科举考试，王庠也已备考，不难想象这幼年的记忆给他的官途所带来的影响。北宋元祐年间王庠被吕陶推举当官。宋徽宗在位时蔡京等弹压旧法派士大夫（元祐党籍），虽然王庠未受直接影响，但由于旧法派士大夫对他的提拔，及其与苏轼、苏辙、范纯仁、黄庭坚、王巩等人的频繁交流，他以伺候母亲为由罢官。南宋孝宗追谥“贤节”，史书称赞其晚节。

虞文霞曾发现《全宋文》从《国朝三百家明贤文粹·卷146》中转载的《（雅州）蒙顶茶记》全文，并在其《宋代两篇名茶重要文献考释》中对全文进行校勘[1-2]。

［1］虞文霞．宋代两篇名茶重要文献考释［J］．农业考古，2013(05)：303-306.

［2］虞文霞亦介绍《紫云平植茗灵园记》。北宋大观三年（1109年）十月二十三日刻，王敏撰。这是石碑，记载从福建建溪移植茶树的简单的原委。宋哲宗元符二年（1099年）王雅和王敏获得建溪的绿茗（茶树），种植于紫云平（坪）。从此经过12年，仍有茶树而且比以往还旺盛，为纪念作此碑。

◆《龙焙美成茶录》

北宋末，范逵撰，已佚。方健从熊蕃《宣和北苑贡茶录》的自注中发现《龙焙美成茶录》佚文[1]。《宣和北苑贡茶录》曰：“累增至元符，以片计者一万八千，视初已加数倍而犹未盛，今则为四万七千一百片有奇矣。”自注：“此数皆见范逵所著《龙焙美成茶录》。逵，茶官也。”根据熊蕃所见，得知其成书时间早于《宣和北苑贡茶录》。范逵，史书未见事迹。书名上“美成”二字的词义等难以理解，疑是原文有讹字、漏字。

[1]方健．宋代茶书考[J]．农业考古，1998(02)：269-278.

[2]周树棠．吉水县志：卷31[M]．清道光五年（1825年）刻本．艺文书籍图表 2a.

[3]万国鼎．茶书总目提要[M]//王思明，陈少华，编．万国鼎文集．北京：中国农业科学技术出版社，2005：331-343.

◆王端礼《茶谱》

大约北宋末期，王端礼撰，已佚。王端礼，字懋甫，吉水人。元祐三年（1088年）进士。

《吉水县志》艺文书籍图表记载：“王端礼。《易解》《强仕集》《论语解》《疑狱集》《字谱》《茶谱》。”[2]据王国鼎所述，王端礼官至富川令，年四十致仕而归[3]。

◆《宣和北苑贡茶录》

宣和三年至七年（1121—1125年）或稍后，熊蕃撰；淳熙九年（1182年），熊克增补，1卷。熊氏父子的事迹见于《（嘉靖）建阳县志》[1]《（乾隆）武夷山志》[2]。熊蕃，字叔茂，建阳人。生卒年不详，但根据其子生于宋徽宗政和八年（1118年），《宣和北苑贡茶录》亦在宋徽宗在位期间编撰，因而得知他生卒年大概于11世纪末至12世纪。熊蕃不应科举，在武夷山结庐隐逸。他敬仰王安石之学问，擅长撰写文章，文字富有条理。《宣和北苑贡茶录》的文字确实简明易懂，文章结构很有条理。据《武夷山志》，他有《文稿》3卷传世。然而，笔者尚未闻其文集现存，似乎已经失传。

[1] 黄璿.（嘉靖）建阳县志［M］//天一阁藏明代地方志选刊. 上海：上海古籍书店，1962：15b（卷10），7ab-8a（卷12）.

[2] 董天工. 武夷山志［M］. 台北：成文出版社，1974：1121（卷17）.

熊克（1118—1189年），字子复，建宁建阳人，绍兴二十一年（1151年）进士，官至起居郎兼直学士院。《宋史·文苑（列传）》有其传："克博闻强记，自少至老，著述外无他嗜。尤淹习宋朝典故，有问者酬对如响。""家素俭约，虽贵不改。"熊克多次晋谒宋孝宗建言献策，例如抗金策略："金人虽讲和，而不能保于他日，今宜以和为守，以守为攻。当和好之时，为备守之计，彼不能禁吾不为也……"等。

《宣和北苑贡茶录》虽然没有分章节，但结构清晰，间有大量的自注和熊克补注，提供了许多宝贵的佚文。内容可分为六大部分。熊蕃在《宣和北苑贡茶录》的开

头陈述，有人认为唐代的陆羽、裴汶没有去过福建，因此未提建茶，但实际上建茶在唐代末期方为众人所知。接着介绍五代十国和北宋时期的饮茶文化概况，最后提及宋徽宗在《大观茶论》中的白茶，并介绍大观、政和年间制造的各种茶叶。这是第一部分。第二部分介绍茶芽的分类，其中以“小芽”为最佳，其次是“拣芽”等。第三部分介绍约47种宋徽宗在位时期的饼茶(含粗色者)。第四部分是附图，介绍饼茶上的图案。第五部分则是熊克补入的熊蕃《御苑采茶歌》十首及其序。最后一部分有熊克跋文：

先人(熊蕃)作茶录，当贡品极盛之时，凡有四十余色。绍兴戊寅岁，(熊)克摄事北苑，阅近所贡皆仍旧，其先后之序亦同，惟跻龙园胜雪于白茶之上，……先人(熊蕃)但著其名号，(熊)克今更写其形制，庶览之者无遗恨焉。

关于成书过程以及版本，潘法连、方健、董岑仕等专家进行了深入的整理研究[1-3]。据中村乔所言，《永乐大典》收《宣和北苑贡茶录》，《四库全书》转载之，而《读书斋丛书》再转载《四库全书》本。另外，《说郛》和涵芬楼本《说郛》均收录此书，但缺自注及图。清朝汪继壕(汪辉祖子)将《四库全书》本和《重较说郛》本进行校合、加注，后被收于顾修辑的《读书斋丛书》(1799年)中。

方健对此做了详细的注释。如今有青木正儿的译本[4]，中村乔以青木正儿的译本为基础，进一步研究、翻译[5]。另外有福田宗位的译注[6]。

[1] 潘法连．读《中国农学书录》札记之五(八则)[J]．中国农史，1992(01): 87-90.

[2] 方健．中国茶书全集校证：第1册[M]．郑州：中州古籍出版社，2015: 352-388.

[3] 董岑仕．《宣和北苑贡茶录》《北苑别录》版本系统考[J]．版本目录学研究，2018(00): 165-209.

[4] 青木正兒．青木正兒全集：第8卷[M]．東京：春秋社，1971: 295-304.

[5] 布目潮渢，中村喬．中国の茶書[M]．東京：平凡社，1976: 237-246.

[6] 福田宗位．中国の茶書[M]．東京：東京堂出版，1974: 123-144.

◎ 第二节 南宋茶书

宋代的茶书大多在北宋出现，南宋开始茶书的数量大幅下降。虽然有几部时间不太确定的茶书，但大势不受影响。其原因之一可能是在靖康之变后的宫城南迁。临安（杭州）以及周围的确都是茶叶的生产地，但这样的环境却使茶书撰写的意义变小了。下文介绍《北苑煎茶法》《茹芝茶谱》《北苑修贡录》《北苑别录》《茶杂文》《茶具图赞》6 种茶书。此外，还附加一部日文著作《吃茶养生记》的介绍。

◆《茹芝茶谱》（《茹芝续茶谱》）

南宋初，桑庄撰，已佚。据方健考察，桑庄，字公肃，高邮人，南宋建炎年间（1127—1130 年）摄天台县主簿，卒于乾道二年（1166 年）。《（嘉定）赤城志》载曰："桑庄《茹芝续谱》云：'天台茶有三品，紫凝为上，魏岭次之，小溪又次之。'"[1]

[1] 齐硕修，陈耆卿．嘉定赤城志［M］// 中华书局编辑部．宋元方志丛刊：7. 北京：中华书局，1990: 7559-7560(卷 36).

◆《北苑修贡录》

南宋初，撰者不详，已佚。据方健研究，此书见于南宋前期周煇（1126—1198 年）的《清波杂志》和赵汝砺的《北苑别录》。赵汝砺得其书，并在《北苑别录·跋》中概括了其内容："遂摭书肆所刊《修贡录》，曰几水，曰火几宿，曰某纲，曰某品若干云者，条列之。”此外，《北苑修贡录》佚文又见于《山谷全集·史容注》：“茶有小芽、有中芽。小芽者，其小如鹰爪。”[1]

◆《北苑煎茶法》

方健在《宋代茶书考》中指出，郑樵的《通志·艺文略》著录《北苑煎茶法》，今失传，无可考证。《通志·艺文略》著录12部茶书[2]：

《茶经》三卷，唐陆羽撰。《茶记》三卷，陆羽撰。《采茶录》三卷，唐温庭筠撰。《煎茶水记》一卷，唐张新撰。《茶谱》一卷，伪蜀毛文锡撰。《北苑茶录》三卷，宋朝丁谓撰。《茶山节对》一卷，蔡宗颜撰。《茶谱遗事》一卷，蔡宗颜撰。《北苑拾遗》一卷，丁谓撰[3]。《北苑煎茶法》一卷，《茶苑总录》十四卷，曾伉撰。《茶法易览》十卷。

《通志·艺文略》没有注明《北苑煎茶法》的作者，当时已经不知道作者为何人。郑樵著录的都是从唐代到北宋的茶书，没有南宋的茶书。另外，郑樵的《通志》成书于绍兴三十一年（1161年），即靖康之变不久。从这一点来看，《北苑煎茶法》有可能是北宋茶书。但目前没有把它视为北宋茶书的充分证据，只能说在绍兴三十一年前已有《北苑煎茶法》。暂且归为南宋茶书。

[1] 黄庭坚．山谷外集诗注［M］// 山谷全集．史容，注．上海：中华书局，1936：211（卷5）.

[2] 郑樵．通考二十略［M］．王树民，校点．北京：中华书局，1987：1594.

[3]《北苑拾遗》应为刘异所编，是丁谓《北苑茶录》的补编。《通志·艺文略》有误。

◆《北苑别录》

淳熙十三年（1186 年）跋，赵汝砺撰，1 卷。赵汝砺，生卒年不详。《四库全书总目提要》尝云："汝砺行事无所见，惟《宋史·宗室世系表》汉王房下，有汉东侯宗楷曾孙汝砺，意者即其人欤。"然而，方健经深入考察，发现宋宗室另有两个名为汝砺的人，其中赵元份（宋太宗第四子，969—1005 年）的后裔赵汝砺最有可能是《北苑别录》的撰者。

《北苑别录》的序文介绍北苑的地理位置和简史。正文第一则"御园"介绍 46 所北苑官焙。第二则"开焙"仅有两句话："惊蛰节万物始萌，每岁常以前三日开焙；遇闰则反之，以其气候少迟故也。"第三则"采茶"是摘叶的管理方法和注意事项，如"每日常以五更挝鼓，集群夫于凤凰山，山有打鼓亭。监采官人给一牌，入山，至辰刻复鸣锣以聚之。恐其逾时，贪多务得也"《北苑别录》认为，用铜锣将采叶时间控制在早晨，并强调要用指甲摘叶。这一点亦见于《大观茶论》中。接下来有"拣茶"（挑选茶叶）、"蒸芽""榨茶"等加工方法的介绍。"研茶"介绍研磨茶叶的方法，"造茶"为团茶的凝固法，"过黄"介绍加热的方法。接着，在"纲次"中以"龙焙工新"为首，依次列举茶品。"开畲"一则介绍维护茶园的方法，如"草木至夏益盛，故欲导生长之气，以渗雨露之泽。每岁六月兴工，虚其本，培其土，滋蔓之草，遏郁之木，悉用除之”其后的“外焙”介绍石门、乳吉、香口的三处。

赵汝砺跋文：

舍人熊公（熊克）博古洽闻，尝于经史之暇，辑其先君所著《北苑贡茶录》，锓诸木以垂后。漕使、侍讲王公（王师愈）得其书而悦之，将明摹勒，以广其传……（赵汝砺）遂摭书肆所刊《（北苑）修贡录》，曰几水……又以所采择、制造诸说，并丽于编末，目曰《北苑别录》。

可知在王师愈重刊《北苑贡茶录》时，赵汝砺参考《北苑修贡录》编成《北苑别录》，并附于其后。如今有方健的校点本，青木正儿[1]和中村乔等人的日译本[2]。

◆《茶杂文》

方健在《宋代茶书考》中指出，晁公武（约1104—约1183年）的《郡斋读书志》著录《茶杂文》。《郡斋读书志》，原来由其门生杜鹏举出版问世，初版为四卷本，但该版本中似乎未著录《茶杂文》。南宋末期游钧在淳祐九年（1249年）所刊的衢州本共有20卷，其卷一二著录《茶杂文》：“右集古今诗人[3]及茶者。”[4-5]据此可知，淳祐九年前已有此书。《郡斋读书志》还有袁州本（又有两种系统）。宋宗室的赵希弁得到原刊四卷本，发现衢州本著录图书数量比原刊本多。在翻刻原刊四卷本时，赵希弁列举了衢州本著录中多出来的那一部分图书，编成《后志》2卷。袁州本的《后志》（《续古逸丛

[1] 青木正兒．青木正兒全集：第8卷[M]．東京：春秋社，1971：306-315.

[2] 布目潮渢，中村喬．中国の茶書[M]．東京：平凡社，1976：247-262.

[3] “人”，经孙猛校勘后改为“文”。

[4] 晁公武．昭德先生郡斋读书志[M]//四部丛刊三编史部：29．上海：上海书店出版社，1985：12ab（卷12）.

[5] 晁公武．郡斋读书志校证[M]．孙猛，校．上海：上海古籍出版社，1990：538.

书》本）中有著录《茶杂文》[1]。待后考。

◆《茶具图赞》

咸淳五年（1269 年）序，审安老人撰。审安老人，何许人不详。《茶具图赞》是一本以茶具为主题的戏作（图 7-9）。该书的编撰形式在植物谱录的历史上有不少先例。最早采用“图赞”形式的谱录是南宋后期宋伯仁的《梅花喜神谱》。从元朝开始，《竹谱详录》等图画谱录逐渐增多，多以绘画技巧以及摹本为主，诸如《芥子园画传》等。研究宋人所用的茶具时，还可以参考刘松年的《撵茶图》等宋画（图 7-10）。

审安老人将 12 种茶具拟人化。高桥忠彦认为，这是仿照唐宋诗人“十二先生”（杜甫、欧阳修等人）的做法，并指出：

> 文人将工具比作人，写一种戏文。这种做法，以唐人韩愈将毛笔比作人的《毛颖传》为首，出现在许多作品之中。唐宋文人之间把文具等看作玩赏物的趣味高涨，这也有一定的关系的。顺便一提，苏轼的《叶嘉传》、明末杨维桢的《清苦先生》是将茶比作人的作品。[2]

明人沈津的《欣赏编十种》，汪士贤的《山居杂志》《格致丛书》《百名家书》，喻政的《茶书全集》，郑熜的《茶经》等均收录此书。方健指出，郑熜的《茶经》等“漆雕秘阁”与“陶宝文”的图和赞存在明显错位的情况，应当互换。

［1］晁公武，赵希弁．郡斋读书志［M］//续古逸丛书．上海：商务印书馆，1936：2-8b（后志卷）．

［2］高橋忠彦．茶経：喫茶養生記，茶録，茶具図讃（現代語でさらりと読む茶の古典）［M］．京都：淡交社，2013：249.

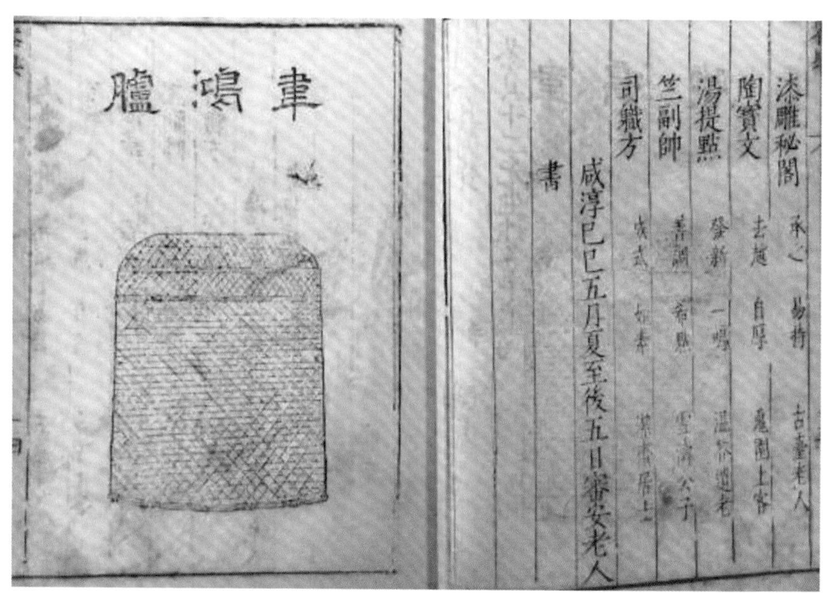

韋鴻臚

漆雕秘閣　承之　易持　古臺老人

陶寶文　去越　自厚　兔園上客

湯提點　發新　一鳴　溫谷遺老

竺副帥　善調　希點　雪濤公子

司職方　成式　如素　潔齋居士

書

咸淳己巳五月夏至後五日審安老人

图 7-9　和刻本《茶具图赞》序目。日本内阁文库藏

图 7-10　刘松年《撵茶图》。台北故宫博物院藏

顺便提一下，明人顾元庆的《茶谱》仿效《茶具图赞》，以“苦竹君”（指一种装茶叶的篮子）为首列举8种工具，可见《茶具图赞》对后世也有一定的影响。日文译本有福田宗位[1]、高桥忠彦[2]的版本。

◆【附】《吃茶养生记》

约嘉定七年（1214年），日本僧人荣西撰，2卷。据岩间真知子整理[3]，荣西生于绍兴十一年（1141年）四月。备中（今日本冈山县）吉备津神社的神官一族之子。乾道四年（1168年）四月，时年28岁的荣西从博多渡海至明州，与日本僧人重源相识并同行去天台山。同年九月回到日本。淳熙十四年（1187年）荣西再次入宋，在天台山万年寺师从临济宗黄龙派虚庵怀敞，随师迁至天童寺。荣西于绍熙二年（1191年）获得印可状，回到日本。嘉定四年（1211年）完成《吃茶养生记》第一稿，即“初治本”。嘉定七年（1214年）二月，荣西将这部茶书上奉镰仓幕府将军源实朝（1192—1219年），其稿被视为第二稿，即“再治本”。嘉定八年（1215年）七月荣西圆寂。

荣西用中文撰写《吃茶养生记》，序曰：“茶乃养生之仙药，延龄之妙术。山若生之，其地则灵。人若饮之，其寿则长。”（图7-11）书中内容也充满了神仙道法和医药知识。上卷为“五脏和合门”，其中有六目，“明茶名字”“明茶形容”“明茶功能”“明茶采时”“明

[1] 福田宗位．中国の茶書[M]．東京：東京堂出版，1974: 145-158.

[2] 高橋忠彦．茶経：喫茶養生記，茶録，茶具図讃（現代語でさらりと読む茶の古典）[M]．京都：淡交社，2013: 222-252.

[3] 岩間真知子．栄西と『喫茶養生記』[M]．静岡：静岡茶葉会議所，2013.

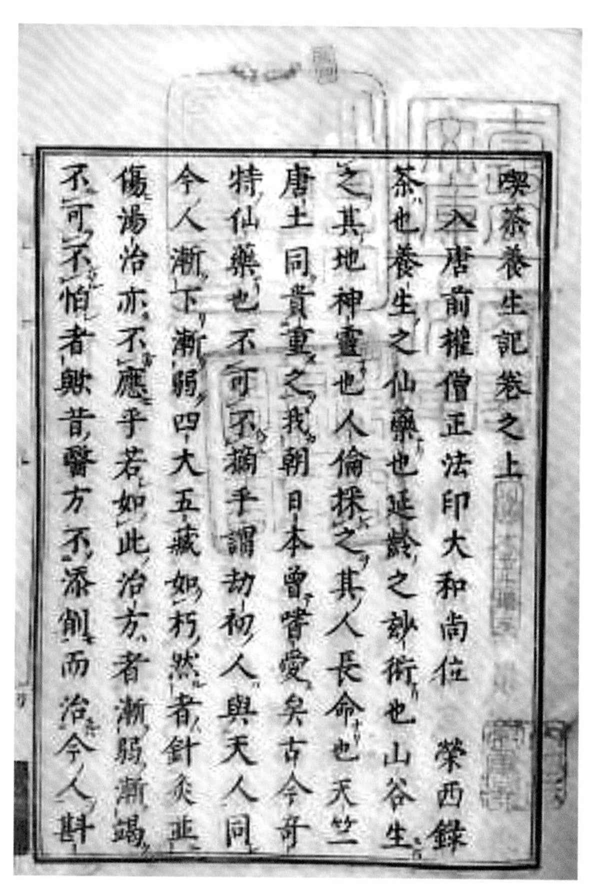

喫茶養生記卷之上
入唐前權僧正法印大和尚位　榮西錄
茶也養生之仙藥也延齡之妙術也山谷生
之其地神靈也人倫採之其人長命也天竺
唐土同貴重之我朝日本曾嗜愛矣古今奇
特仙藥也不可不摘乎謂劫初人與天人同
今人漸下漸弱四大五藏如朽然者針灸並
傷湯治亦不應乎若如此治方者漸弱漸竭
不可不怕者歟昔醫方不添削而治今人斟

图 7-11　荣西《吃茶养生记》卷首。日本内阁文库藏

采茶样”“明茶调样”。下卷的前一半是“遣除鬼魅门”，其中有“饮水病”“中风”“不食病”“疮病”“脚气病”；后一半力图介绍桑树的功能等，如“桑粥法”“服桑木法”“含桑木法”“桑木枕法”“服桑叶法”“服桑椹法”“服高良姜”“喫茶法”“服五香煎法”。廖育群曾经从佛教医学的角度详细研究《吃茶养生记》，发表了一些文章，从中可以很好地了解《吃茶养生记》的内容[1]。

[1] 廖育群.《吃茶养生记》——一个宗教医学典型案例的解析[J]. 中国科技史杂志，2006(01): 32-43.

第八章

宋代食用植物谱录

食用植物的谱录，可以追溯到赞宁的《笋谱》。其后从北宋到南宋，蔡襄的《荔枝谱》刊出后，又出现柑橘、甘蔗、蘑菇、禾稻等食用植物的谱录。由于《笋谱》已在第三章讲述过，不再赘述。下面仅对荔枝（图 8-1、图 8-2）、禾稻、柑橘、甘蔗、菌类的各部谱录进行探讨。另外，由于当时通常用稻米酿酒，因而本章第三节附论酒书。宋代的动物谱录包含几部食用动物的专著，故此在第四节附论四部宋代动物谱录，以便读者对宋代生物谱录著作有一个系统的了解。

◎

第一节 荔枝谱

荔枝，亦作荔支、离支等。司马相如在《上林赋》中提到“荔枝”[1]，《史记》《汉书》皆载此赋，今本《史记》中也作“荔枝”[2]；而《汉书》则作 “离支”[3]。据日本学者加纳喜光考察，古人的词源学说中对其名有一些解读，譬如，因为果实从树枝分离后，过一天色变，过两天香变，过三天味变，四五天后色香味全失，故名为“离枝”。又有说法称，“荔”字通“劙”字，且因果实的蒂部切断时容易伤果皮，采摘时往往砍断（即劙）荔枝的树枝，因而得名。加纳喜光指出，“荔”原先指马蔺（*Iris lacteal* var. *chinesis*），有弯转曲折的含义，荔枝可能因其树枝也有类似特点而得名[4]。

在唐代，杨贵妃很喜欢吃鲜荔枝。《新唐书·后妃传》记载：“妃嗜荔枝，必欲生致之，乃置转传送，走数千里，味未变，已至京师。”唐代的荔枝上贡产地主要在四川东部，因为它离长安比较近。白居易调任南宾守（忠州刺史），即现在的重庆市一带，撰写了《荔枝图序》。

后来，北宋末苏轼在《惠州一绝·食荔枝》中咏荔枝：“罗浮山下四时春，卢橘杨梅次第新。日啖荔枝三百颗，不辞长作岭南人。”[5]宋徽宗曾作《宣和殿移植荔枝》一诗，给予荔枝高度评价，同时还画过多幅荔枝图（图 8-1、图 8-2）。南宋范成大在《吴船录》中提到当时四川东部的荔枝栽培。他在淳熙四年（1177 年）七月十四日写道，（四川）自涪州至眉州、嘉州一带产出荔枝，唐时皇帝命涪州以荔枝为贡品。因荔枝是杨贵妃爱吃的水果，离涪州数里有一家果园就叫“妃子园”。不过，其所产荔枝实际上不是上等品。当时闽中产的荔枝为天下第一，闽中

[1]司马相如《上林赋》：“……于是乎卢橘夏熟，黄甘橙楱，枇杷橪柿，楟柰厚朴，梬枣杨梅，樱桃蒲陶，隐夫郁棣，榙遝荔枝，罗乎后宫，列乎北园……沙棠栎槠，华泛檘栌，留落胥余，仁频并闾，欃檀木兰，豫章女贞。”

[2]司马迁．史记[M]．裴骃，集解．北京：中华书局，2013: 3647.

[3]班固，颜师古．汉书[M]．北京：中华书局，1962: 2559.

[4]加纳喜光．植物の漢字語源辞典[M]．東京：東京堂出版，2008: 239-241.

[5]苏轼．苏轼诗集[M]．王文诰，辑注，孔凡礼，校点．北京：中华书局，1982: 2194.

图 8-1　宋徽宗《翠禽荔枝图》。台北故宫博物院藏

图 8–2　宋徽宗《荔枝图》。台北故宫博物院藏

又以莆田县的陈家紫为最好。四川、广东、广西的荔枝，新鲜的时候还能保持美味，汁水丰盈，一旦烘干，果肉会变得很薄，但闽中产的荔枝不会这样[1]。此外，淳熙四年（1177 年）七月七日、十七日也有关于荔枝的记载。因为范成大的母亲是蔡襄之女，所以他可能从小就听说过蔡襄之事，应该也读过蔡襄的《荔枝谱》。

宋代的荔枝类著作，已经有一些学者进行研究，如周肇基的《历代荔枝专著中的植物学生态学生理学成就》[2]、罗桂环的《中国栽培植物源流考》[3]等。笔者在前人研究的基础上，加以一些考证，介绍宋代荔枝谱。

[1] 范成大．吴船录[M]．// 范成大笔记六种．孔凡礼，校点．北京：中华书局，2002: 215.

[2] 周肇基．历代荔枝专著中的植物学生态学生理学成就[J]．自然科学史研究，1991(01): 35-47.

[3] 罗桂环．中国栽培植物源流考[M]．广州：广东人民出版社，2018: 302-315.

◆《荔枝谱》(附:《荔枝故事》)

嘉祐四年(1059年),蔡襄撰。蔡襄自幼知晓荔枝,曾两次知福州,分别为庆历四年的四月或十月至七年庆历(1044—1047年)、嘉祐元年八月至嘉祐三年六月(1056—1058年)[1]。蔡襄第二次出知福州回来后,翌年撰该谱。

蔡襄是著名的宋代四大书法家之一[2]。欧阳修曾赠其《洛阳牡丹记》,蔡襄执笔抄写《洛阳牡丹记》作为回礼。据陈振孙记述,欧阳修撰《牡丹谱》一卷,由蔡君谟抄录,盛行于世。后来,蔡襄亦亲自抄录《荔枝谱》,赠与欧阳修,欧阳修为此作《书荔枝谱后》。

《荔枝谱》的结构与《洛阳牡丹记》不同,有点类似于陆羽的《茶经》、赞宁的《笋谱》。《荔枝谱》内容共7篇[3]。第一篇首先介绍了荔枝的历史记载,接着写道:"予家莆阳,再临泉、福二郡,十年往还,道由乡国。每得其尤者,命工写生。"由此可知,他长期调查各种荔枝,并制作写生画。第二篇专门解释杰出品种"陈紫"。第三篇介绍福建荔枝农家的情况。第四篇介绍食荔枝的好处。以《列仙传》中一位仙人吃荔枝而升仙的故事为例,他强调说:"盖虽有其传,岂果能哉!亦谏止之词也。"第五篇介绍荔枝的生态。第六篇专述"红盐法"。第七篇分别解释了32种荔枝的特点、形态、来源,以及利用方法、栽培技术等。欧阳修为《荔枝谱》作《书荔枝谱后》:"善为物理之论者曰:天地任物之自然,物生有常理,

[1]吴廷燮.北宋经抚年表;南宋制抚年表[M].张忱石,校点.北京:中华书局,1984:3925.

[2]一说,宋代四大书法家中有蔡京。但蔡京有引起北宋灭亡的罪过,人们以蔡襄取代蔡京。实际上,蔡襄的书法作品在当时就受到欧阳修和苏轼等人的激赏。苏轼在《东坡题跋》中称之为"当朝第一",蔡襄也受到后世人的欣赏。

[3]原书中没有篇名,只是标为"第一""第二"等。《四库全书总目提要》将其分为7篇:原本始、标尤异、志贾鬻、明服食、慎护养、时法制、别种类。

斯之谓至神……”可见撰《荔枝谱》也有着“格物致知”的含义。

《荔枝谱》的版本极多，现在流行的本子通常是以《百川学海》所收本为底本印制的。除了《百川学海》所收本，其他版本有南宋刻本的《莆阳居士蔡公文集》所收录的《荔枝谱》（《古籍珍本丛刊》[1]《中华再造善本》[2]）、宋珏所编的天启六年（1626年）刊《古香斋宝藏蔡帖》《宋端明殿学士蔡忠惠公文集》的收录本等。《历代荔枝谱校注》也有收录蔡襄的《荔枝谱》[3]。此外，还有黄纯艳、战秀梅校点本。

其中，《古香斋宝藏蔡帖·第三帖》是石刻本的宋拓本，这是蔡襄于嘉祐五年（1060年）三月十二日，在福建泉山安静堂誊清，并刻于石碑的版本。陈振孙写道：

（蔡襄）书而刻之，与牡丹记并行。闽无佳石，以板刊，岁久地又湿，皆蠹朽。至今犹藏其家，而字多不完，可惜也。[4]

该石碑似乎早已消失了。

清朝孙承泽的《庚子销夏记》中写道：

《荔枝谱》书法颜鲁公，体格相媲，风骨则逊，世代使之然也。然宋季诸公，能存晋、唐法者，指不多屈也。[5]

由此看来，石碑上的文字确实系蔡襄亲笔之作。据该石碑所记，蔡襄是在完成《荔枝谱》的翌年将其刻于石碑。如果石刻之字确是蔡襄的亲迹，其石刻本可谓是最好的版本。笔者未见中国历史博物馆所藏的拓本。今有《蔡襄书法史料集》[6]《中国书法全集：蔡襄卷》[7]中排印的《荔枝谱》，但其中似乎有错字[8]。

《宋志》载有《荔枝故事》一卷，但无撰者名。《郡

[1] 蔡襄．莆阳居士蔡公文集［M］//北京图书馆古籍珍本丛刊：86. 北京：书目文献出版社，1998: 225-229.

[2] 蔡襄．莆阳居士蔡公文集［M］//中华再造善本．北京：北京图书馆出版社，2004: 卷二五．

[3] 彭世奖．历代荔枝谱校注［M］．北京：中国农业出版社，2008.

[4] 陈振孙．直斋书录解题［M］．徐小蛮，顾美华，校点．上海：上海古籍出版社，1987: 299.

[5] 孙承泽．庚子销夏记［M］//新文丰出版公司编辑部．石刻史料新编：第四辑（六）. 台北：新文丰出版公司,2006 : 647(卷7).

[6] 水赉佑．蔡襄书法史料集［M］．上海：上海书画出版社，1983: 116-172.

[7] 刘正成，曹宝麟．中国书法全集32: 宋辽金编: 蔡襄卷 ［M］．北京：荣宝斋，1995: 206-208.

[8]《中国书法全集：蔡襄》本的第一篇有“答逮”，但是根据拓本的照片，应作“答遝”。《中国书法全集：蔡襄》含有这一类的错误。

斋读书志》曰：“《荔枝谱》一卷，《荔枝故事》一卷，皇朝蔡襄撰，记建安荔枝味之品第，凡三十余种，古今故事。”因此，此书可能是蔡襄所作。

陈咏在《全芳备祖·后集》中续蔡襄《荔枝谱》，还列举了荔枝的 24 个品种。他写道：“君谟谱所论名目三十有三[1]已详矣。间有不论或论未备及有遗者，今论于后。”[2]

◆《莆田荔枝谱》

徐师闵撰，1 卷，已佚。据清代林扬祖所修的《莆田县志稿》，徐师闵，字圣徒，嘉祐四年（1059 年）以部员外郎知兴化军（即莆田），至嘉祐七年（1062 年）[3]。《莆田荔枝谱》大概是其时记录荔枝的谱录。《姑苏志》载有关于徐师闵的文章[4]。《宋会要》载：“宝元二年（1039 年）十月五日，大理评事徐师闵献所业，命学士院召试赋三下诗四下，诏特与亲民差遣。”[5]

◆《增城荔枝谱》

张宗闵撰，1 卷，已佚。陈振孙载其序：

福唐（福建福清）人，熙宁九年。承乏增城，多植荔枝。盖非峤南之火山，实类吾乡之晚熟，搜境内所出得百

[1]《四库全书》本《全芳备祖》作“三十有二”。据各种宋本《荔枝谱》，“三十有二”种是准确的。但“三十有三”是原样，属于陈咏之笔误或误刻。

[2] 陈景沂．全芳备祖［M］．北京：农业出版社，1982: 853-855.

[3]张琴．莆田县志稿[M]//方宝川，陈旭东，主编．福建师范大学图书馆藏稀见方志丛刊: 29. 北京：北京图书馆出版社，2008: 443.

[4] 林世远，等．姑苏志［M］//北京图书馆古籍珍本丛刊: 26. 北京：书目文献出版社，1998: 759-760（卷 49）.

[5] 徐松．宋会要辑稿［M］．北京：中华书局，1957: 4731.

余种。其初亦得闽中佳种植之，故为是谱。

据此可知，撰者于熙宁九年（1076年）到增城，即广东。《通志》亦载此书，并题为张宗闵撰[1]。据《淳熙三山志》："张宗闵，字尊道，闽县人，嘉祐二年（1057年）进士，终从政郎、建阳令。"[2]可知籍贯、生活的时期皆与陈振孙之言相符[3-4]。

[1] 郑樵．通志［M］．杭州：浙江古籍出版社，2000: 784（卷66）．

[2] 梁克家．淳熙三山志［M］．林材，订正．崇祯十一年刻本//华东师范大学图书馆藏稀见方志丛刊：8．北京：北京图书馆出版社，2005: 53（卷26）．

[3]《宋会要》有一则张宗闵的事迹。但好像是稍早于南宋绍兴二年（1132年）七月十四日的事。

[4] 徐松．宋会要辑稿［M］．北京：中华书局，1957: 7500．

[5] 吴廷燮．北宋经抚年表；南宋制抚年表［M］．张忱石，校点．北京：中华书局，1984: 335．

◆《荔枝录》

北宋元丰年间（1078—1085年），曾巩撰。曾巩（1019—1083年），字子固，《宋史》有传。他与韩愈、柳宗元、欧阳修、王安石以及"三苏"同列为"唐宋八大家"。熙宁十年（1077年）八月至翌年八月己酉曾巩曾知福州[5]。其间他加深了对荔枝的了解。元丰四年（1081年）七月己酉，宋神宗诏曾巩"充史馆修撰，专典史事"。《荔枝录》是《元丰类稿》卷三六所载的奏状《福州拟贡荔枝状》的附件，收载34个品种。据该奏状，虽然福州每年向皇宫进贡荔枝，但曾巩发现进贡之品都是普通的品种。这种惯例由来已久：

其尤殊绝者，闽人著其名至三十余种。然生荔枝留五七日辄坏，故虽岁贡，皆干而致之。然贡概为常品，相沿已久。其尤殊绝者，未尝以献……当陛下之时，方以恭俭寡欲为天下先，固不可得而议及于此也？至于岁贡，既干而致之，然顾以常品。其尤殊绝者，则抑于下土，使田夫野叟往往属厌。而太官不得献之于陛下，陛下不得献之于宗庙两宫。使劳人费财如此可也？

从文字来看，可知是他在知福州时写的奏状。后来，他到了开封，上疏“议经费”。宋神宗回答说：“（曾）巩以节用为理财之要，世之言理财者，未有及此”。他平时忧虑宋朝的财政问题，在上疏的奏状中也可见一斑。

另外，彭世奖指出：

《荔枝录》，实际上是一篇记录荔枝品种性状的短文，共收荔枝 34 种，除“一品红”和“状元红”2 种外，其余 32 种悉与蔡襄《荔枝谱》相同，编排次序亦同，文字稍有出入而较简略，有可能是据蔡谱转化而来。

蔡襄虽然曾经撰写《茶录》呈献宋仁宗、宋英宗，但未呈献《荔枝谱》。如果曾巩的奏状属实，蔡襄不呈献《荔枝谱》可能是因为担忧别人利用贡品荔枝作为政治斗争的工具。曾巩或许也是为了避免牵连蔡襄一族，虽摘录了蔡襄《荔枝谱》的内容，但未在《荔枝录》中提到蔡襄。

《四部丛刊》、国家图书馆再造善本皆为元刻本《元丰类稿》的影印件。此外，中华书局《曾巩集》中亦有收录[1]。

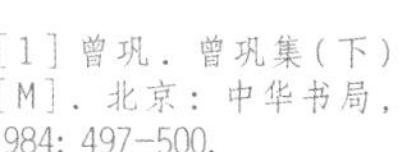

[1] 曾巩．曾巩集（下）[M]．北京：中华书局，1984: 497-500.

◆《续荔枝谱》

南宋，陈宓撰，已佚。刘克庄（1187—1269年）的《后村居士诗集》中见《陈寺丞续荔枝谱》，曰：

蔡公绝笔山川歇，荔子萧条二百年。选貌略如唐进士，葺名几似晋诸贤。岂无品劣声虚得，亦有形佳味不然。题徧贵家台沼后，请君物色到林泉。[1]

辛更儒认为陈寺丞即陈宓。陈宓（1171—1230年）[2]，字师复，号复斋，莆田人，其父是宋孝宗年间任丞相的陈俊卿。陈宓拜朱熹为师。宝庆二年（1226年），除直秘阁，主管崇禧观，后去世。陈宓是刘克庄的先辈，刘克庄作《陈寺丞续荔枝谱》后，陈宓也作《次刘制干潜夫趣续谱韵》。另外，《（正德）福州府志》载："陈刚中，字彦柔，祥道从子。绍兴初（1131年）……迁太府寺丞……"[3]陈刚中曾任太府寺丞，而陈宓作此谱更为可信。

《骈字类编》载："《续荔枝谱》广中荔枝二十五种，有红罗、牂牁、焦核、沉香、丁香等名。"[4]但所举品种都是广中所产荔枝，且与郑熊的"广中荔枝"很相似。此《续荔枝谱》非陈宓的荔枝谱。

[1] 刘克庄．刘克庄集笺校［M］．辛更儒，校注．北京：中华书局，2011：131-132.

[2] 李娟．陈宓研究［D］．上海：华东师范大学，2012：4-9.

[3] 叶溥，张孟敬．（正德）福州府志［M］//方宝川，陈旭东，主编．福建师范大学图书馆藏稀见方志丛刊：3．北京：北京图书馆出版社，2008：146-147.

[4] 张廷玉，等．骈字类编（7）［M］．北京：中国书店，1984：5b（卷141）.

◆《广中荔枝》(附：《番禺杂记》)

郑熊撰，已佚。此书通常被认为是宋初的著作，被誉为“中国历史上最早的荔枝谱”。但潘法连对于郑熊与蔡襄的生活时期提出了质疑[1]，玛蒂娜·斯柏特也对此做了一些考证[2]。为此，笔者较深入地考察了郑熊其人及其著作。下面对文献名称、成书时间、郑熊其人三个方面加以考证。

[1] 潘法连．读《中国农学书录》札记之三[J]．中国农史，1989(04): 96-101.

[2] SIEBERT M. Pulu 谱录 Abhandlungen und Auflistungen zu materieller Kultur und Naturkunde im traditionellen China [M]. Wiesbaden: Otto Harrassowitz Verlag, 2006: 156.

宋朝南迁之前，无一人提及郑熊及“广中荔枝”。“广中荔枝”始见于南宋初吴曾的《能改斋漫录》中，列举了22个“广中”的荔枝品种。但《能改斋漫录》只是写到“郑熊亦尝记广中荔枝”，没有明确指出郑熊曾作谱。还有，作为第一部荔枝谱，名称上冠以“广中”也不免令人产生疑惑，这暗示着在郑熊作谱之前还有他人作过荔枝的谱录，郑熊需要写明区别。

清代，奉康熙皇帝圣旨，汪灏等官员对明代王象晋编著的《群芳谱》进行增补，由此而得《广群芳谱》（1708年）。《广中荔枝谱》的书名是在上书编撰过程中忽然出现的。其引文实与《能改斋漫录》的引文相同。因为《能改斋漫录》一书在明朝似乎没有流传，因而王象晋无法得知。清朝藏有《永乐大典》本《能改斋漫录》，后来被收入《四库全书》，又作为《武英殿聚珍本丛刊》系列刊刻，始广泛流传。清朝官员扩充《群芳谱》时，从皇宫所藏《能改斋漫录》抄本摘出该佚文，并起名为《广中荔枝谱》。

因此，《广中荔枝谱》不一定是一部可称为“谱录”的书。

关于成书时间，王毓瑚认为《广中荔枝谱》是唐代著作，其依据是《重较说郛》中收载该文时写的是“《番禺杂记》，唐郑熊”[1]。但众所周知，《重较说郛》讹谬非常多，不能轻易相信其中《广中荔枝谱》成书于唐代的说法。陶珽以为郑熊是唐人，恐无所据。

《番禺杂记》被著录于南宋陈振孙的《直斋书录解题》，并有如下记述：

《番禺杂记》，南海主簿郑熊撰。国初人也。莆田借李氏本录之。盖承平时旧书，末有“河南少尹家藏”六字，不知何人也。

可见，南宋时有郑熊《番禺杂记》的抄本流传。吴曾在《能改斋漫录》转载的“广中荔枝”也有可能是摘自《番禺杂记》中的记载[2]。

此外，陈振孙以郑熊为宋初人，因此周肇基认定该谱成书于960年前后。天野元之助曾写“北宋郑熊《广中荔枝谱》（971年）记广东荔枝品种凡二十二”[3]；《历代荔枝谱校注》的校注说明中也写“公元971年北宋郑熊已写成了记载广东荔枝的《广中荔枝谱》”[4]。

据考证，在宋朝建国的建隆元年（960年），南唐（937—975年）、南汉（917—971年）等中国南方各国尚未服从于宋朝。开宝三年（970年）九月，宋军进攻南汉。翌年（971年）二月南汉陷落。从《类说》《说郛》等留下来的《番禺杂记》佚文中不难看出所载内容多为福建、广东地区的纪事。据此推之，如果这些纪事写于950—970年，说明郑熊当时在南汉政权下。南汉可能有主簿这

[1] 王毓瑚．中国农学书录［M］．第二版．北京：中华书局，2003: 51.

[2] 杨宝霖．关于《读〈中国农学书录〉札记》中一些问题与潘法连先生商榷［J］．中国农史，1992(04): 95-98.

[3] 天野元之助．中国古农书考［M］．彭世奖，林广信，译．北京：农业出版社，1992: 66.

[4] 彭世奖．历代荔枝谱校注［M］．黄淑美，参校．北京：中国农业出版社，2008: 2.

种官职，但南海主簿似乎是宋朝才有的官名。因此，《番禺杂记》的成书最早也应是在971年后战乱平息的时候。

陈振孙好像只是根据《番禺杂记》抄本上的“河南少尹家藏”的六字，推断郑熊是北宋人，因为宋朝在靖康之变时失去了河南地区。广州的各种地方志均不见郑熊之名[1]，只是《宋会要辑稿》中有一则提及“郑熊”的记载：“（淳熙十六年七月）二十七日诏新知南康军郑熊，黄倬放罢。以臣僚论当官权出吏胥，倬懵不如书，故有是命。”[2]这位郑熊曾经知南康[3-4]，是淳熙年间（1174—1189年）人，稍微晚于吴曾（生活于南宋绍兴年间，1131—1162年）。不过因为《番禺杂记》始见于吴曾、陈振孙等南宋人之笔下，要是吴曾直接认识郑熊的话，仍然有《番禺杂记》为南宋郑熊所作的可能。“广中荔枝”可能是《番禺杂记》的一篇，而不是一部完整的谱录。

[1] 根据宋朝的官职，南海县县令、县丞、主簿等各一人。（王永瑞．新修广州府志[M]// 北京图书馆古籍珍本丛刊：39. 北京：书目文献出版社，1998: 518.）

[2] 徐松．宋会要辑稿[M]．北京：中华书局，1957: 4014.

[3] 笔者还考虑到，曾任浦城主簿的郑昭先（字景绍，闽县人，淳熙十四年进士）、郑昭光（见《宋会要》），因为“昭先”“昭光”皆容易讹误为“照”“熊”等字。但笔者未找出他赴任南海、广中等地的历史记载。《广东通志初稿·卷八》亦载南宋福建人“郑勋（勳）”。

[4] 戴璟，张岳，等．广东通志初稿 // 北京图书馆古籍珍本丛刊：38. 北京：书目文献出版社，1998: 167.

第二节 其他食用植物谱录

宋代出现了多部食用植物谱录，其中以荔枝谱居多，有 6 部之数。除荔枝谱外，还有以甘蔗及其他水果、谷物、真菌等为研究对象的作品以及 3 种食谱。其中 5 部荔枝谱以及《笋谱》《禾谱》均是北宋时期的植物谱录，《糖霜谱》《疏食谱》《橘录》《菌谱》《山家清供》《本心斋疏食谱》6 部是南宋的谱录。实际上，是否应将 3 种食谱看作植物谱录，也是一个存在争议的问题。曾安止的《禾谱》与陈翥的《桐谱》都很重视观察，都是从"劝农"的立场撰写的植物谱录。

◆《禾谱》（附：《农器谱》）

曾安止撰，5 卷，已佚。今人在江西泰和县的《匡原曾氏重修族谱》中发现了部分《禾谱》的佚文[1-2]，以及苏轼《秧马歌》的诗碑。此外，《（乾隆）泰和县志》也载有《禾谱》的片段。曾雄生深入地研究了此谱[3-4]，游修龄和曾雄生的《中国稻作文化史》中对此谱也有详细的介绍[5]。

已发现的佚文包括元丰四年（1081 年）程祁的题序和曾安止（1048—1098 年）的自序。自序首先赞扬夏商周三代农经之兴隆，制度之完备，再说秦汉之后，制度之败坏，民生之困顿。唯独曾安止生活的吉州地区（今江西吉安地区）仍能保有三代遗风，专心稼穑。曾安止写作《禾谱》的目的就在于推广家乡的经验，而各类品

[1] 曹树基．《禾谱》及其作者研究[J]. 中国农史，1984(03): 84-91.

[2] 曹树基．《禾谱》校释[J]．中国农史，1985(03): 74-84.

[3] 曾雄生．宋代耒阳县令曾之谨对于中国农耕文化的贡献[A]//许焕杰，主编．神农创耒与农耕文明．长沙：岳麓书社，2004: 148-155.

[4] 曾雄生．中国稻史研究[M]．北京：中国农业出版社，2018: 131-149.

[5] 游修龄，曾雄生．中国稻作文化史[M]．上海：上海人民出版社，2010: 115-118.

种的水稻则是他关注的重点。他对当时士大夫偏爱花卉植物而不顾农事的现象不以为然，序中写道：

士大夫之好事者，尝集牡丹、荔枝与茶之品，为经及谱，以夸于市肆。予以为农者，政之所先，而稻之品亦不一，惜其未有能集之者。

现已发现的《禾谱》佚文中所载水稻的品种数量达44种。除水稻品种的介绍外，《禾谱》也写到了中国江南水稻栽培的情况。

绍圣元年（1094年），苏轼被贬南迁。途经卢陵（又作庐陵，今江西吉安）时，他见到了曾安止，并读其作《禾谱》，大为赞赏，称其“文既温雅，事亦详实”。但同时，苏轼也对其中缺少农器的记载这一点感到有些遗憾，于是便将他所作的《秧马歌》附于《禾谱》之末。据苏轼的记叙，除农器外，曾安止全面记载了其他与水稻有关的事物。

《禾谱》撰成约百年之后，曾安止的侄孙，南宋耒阳县县令曾之谨深感《禾谱》的重要性，于是补充撰写了《农器谱》，使《禾谱》得以进一步完善。《农器谱》写成之后，曾之谨曾求其同乡周必大为之作序，还将《禾谱》和《农器谱》二书寄给陆游求诗。陆游与其祖父陆佃一样，对农事颇为关心，拿到二书后甚兴，写下《耒阳令曾君寄禾谱农器谱二书求诗》：

欧阳公谱西都花，蔡公亦记北苑茶。农功最大置不录，如弃六艺崇百家。……我今八十归抱耒，两编入手喜莫涯。神农之学未可废，坐使末俗惭浮华。

周必大与陆游都是当时著名的文人，曾之谨想借助他们的声望，使《禾谱》和《农器谱》得以更广泛地流传，主要目的还在于“劝农”，即通过《禾谱》以及《农器谱》推广当时最新的农业知识、技术、作物品种以及农具，以进一步改善农民的生活。

◆《（颐堂先生）糖霜谱》

南宋绍兴二十四年（1154年），王灼撰。王灼，字晦叔，号颐堂，四川遂宁人。书中内容分为7篇，第一篇题名为“原委”，其余6篇都没有题名。此书涉猎古今记载，首先考察了制糖历史，其次介绍了当时的制糖户情况、制糖技术等，最后援引本草书，提及糖霜的药用。书中的记载虽然着重于制糖技术方面，与植物学相关的内容并不多，但作为以甘蔗为研究对象的专著，在植物学史上仍具有一定的价值。

现存早期的版本有赵琦美校并跋的明抄本、汲古阁清初抄本[1]以及《楝亭藏书十二种》（1706年）、《四库全书》（1781年）、《学津讨源》（1805年）、《美术丛书》（1921年）、《丛书集成》等书的所收本。[2]此外，还有黄纯艳、战秀梅校点本[3]。

季羡林撰写的《中华蔗糖史》中转引了全文[4]。最近，李孝中和侯柯芳辑注的《王灼集》收录了《糖霜谱》[5]，以已出版的《美术丛书》本为底本。辑注者对于选择《美术丛书》的理由作如下解释：“《美术丛书》本末署卧

[1] 中国国家图书馆，索书号 08196（赵琦美校并跋本，胶卷 2416）；12101（清初汲古阁抄本，胶卷 1356）。赵琦美校并跋明朝本的卷末（第9页b）有朱笔，曰：“万历丁未七月十三日黎明阅此卷王□（华？）冈原本，清常道人题。”

[2]《重较说郛》收录洪迈撰《糖霜谱》（涵芬楼本《说郛》无此文），但其实为《容斋随笔》中的一篇。如上所示，南宋人洪迈目睹《糖霜谱》后，摘录其一部分而成一篇文章，并非是一部谱录。

[3] 黄纯艳，战秀梅．宋代经济谱录［M］．兰州：甘肃人民出版社，2008：1-7.

[4] 季羡林．文化交流的轨迹——中华蔗糖史［M］．北京：昆仑出版社，2010：124-131.

[5] 王灼．王灼集［M］．李孝中，侯柯芳，辑注．成都：巴蜀书社，2005：311-328.

云庵守元书于绍兴二十四年（1154年）三月初六所书跋，是或源自宋本。今以之为底本点注。”不过，辑注者的判断可能有误。经笔者考察，虽然《楝亭藏书十二种》所收本确实无其跋文[1]，但是明抄本和清初抄本的《四库全书》所收本皆有该跋文。

另外，《全芳备祖》《古今事文类聚》中见《糖霜谱》第一篇的节略[2]。虽是节略本，但为南宋刻本，可谓珍贵，可用于校对。比如《四库全书》《美术丛书》《工灼集》各本作“书付纸系钱”，而明朝本、清初抄本、南宋本《全芳备祖》皆作“书寸纸系钱缗”。除此之外，《容斋随笔》中对此书也有摘录[3]。

◆《疏食谱》

北宋，郭长孺。原姓或是虢，名未详，字长孺，私谥“善乐先生”。邱志诚对夏讷斋《本心斋蔬食谱》的论考中提到此书[4]。杨天惠作致悼辞《乐善郭先生诔》其中列出其著作《疏食谱》一卷。杨天惠（约1053—1123年），字祐甫，郪县（今四川三台）人[5]。郭长孺逝世早于杨天惠，由此可知郭长孺是北宋后期人。《乐善郭先生诔》避讳他原名，写道：“先生讳某字长孺，自言本虢叔后，虢与郭声相似，故转为郭。其迁徙入蜀，初莫详也。今为成都人。”[6]他父亲早年去世，但以学问、文学出名，郭长孺幼时学于其父，读父亲的著作。郭长孺生活穷困，

[1]《楝亭藏书十二种》的编辑者曹寅似乎是根据内府藏本（好像是那些明抄本或清初抄本）刊刻。《楝亭藏书十二种》中收录不少稀见本，黄大舆《梅苑》也是其一。清康熙四十五年（1706年）扬州诗局刊刻。后来，上海的古书流通处1921年影印《楝亭藏书十二种》出版。《楝亭藏书十二种》所收本确实没有其跋文。曹寅可能因其跋文非属王灼之笔，而删除之。

[2]陈景沂．全芳备祖[M]．北京：农业出版社，1982: 927.

[3]《四部丛刊》的《容斋随笔》据南宋本影印，缺卷以明弘治活字本补。因而有参考价值。

[4]邱志诚．《本心斋蔬食谱》作者考略[J]．中国农史，2011，30（01）：139-142.

[5]李延芳，杨兴涓．杨天惠生平考[J]．安徽文学（下半月），2016(01)：1-2，13.

[6]袁说友，等．成都文类[M]．赵晓兰，整理．北京：中华书局，2011: 981.

不求名利，不仕官。他遵守儒家传统思想，墓侧结庐守墓三年，从此素食成习。

杨天惠还提到：

（郭长孺）平生惟好书无他，嗜丹铅。点勘笔不去手，自经史百代之书浮屠黄老之教，下暨阴阳地理医卜之艺吐纳煅炼之术皆研尽……《易解》十卷、《书解》七卷、《老子道德经解》二卷、《三教合辙论》二卷、《疏食谱》一卷、《歌诗杂文》十卷，以为立身扬名莫如孝作《孝行图》，守节高蹈莫如隐作《高逸图》，善恶之应犹影响作《阴德杂证图》，各为之论述，传于其徒。

可知郭长孺对史学、炼丹、医学等都有研究，纵观儒佛道三教统合等。因平时吃素食，对素食很有研究，所以他专门撰写了《疏食谱》。

◆《（永嘉）橘录》

淳熙五年（1178年）十月序，韩彦直撰。韩彦直，字子温，绍兴十八年（1148年）进士。其父是抗金名将韩世忠，《四库全书总目提要》说“彦直有才略，而文学亦优”，可见韩作为文官颇为出色。

据其自序，韩彦直于淳熙四年（1177年）秋天来到温州，初次见到柑橘开花，并且吃到了这些柑橘。《橘录》分为上中下三卷，上卷分别解释了柑类的8个品种和“橙子”；中卷载橘类的14个品种以及“朱栾”“香栾”“香圆”“枸橘”；下卷载有“种治”“始栽”“去病”“浇灌”“收藏”“采摘”“制治”“入药”。浙江柑橘研究所的徐建国等学者曾对《橘录》有深入的研究[1]。曾雄生也曾在相关的研究中，详尽地分析了《橘录》的特点[2]。另有黄纯艳、战秀梅校点本[3]。

此外，关于橘柚的栽培，司马光记录了一则有趣的故事：“(胡顺之)不肯输租，畜犬数十头，里正近其门，……绕垣密植橘柚，人不可入，每岁，里正代之输租。”[4]这些记载和《橘绿图》(图8-3)等宋画也为解读《橘录》提供了一定的帮助。

版本以《百川学海》所收本最好，但该版本的“包橘”一则中有一个墨钉。2010年彭世奖校注的《橘录》由农业出版社出版。国外有麦克·J．哈格蒂于1923年发表的英译本。1946年，李约瑟和鲁桂珍于上海购买了一本“淳熙本”《橘录》，并在1960年英国举办的宋代艺术展中展出[5]。然而，钱存训认为此是明刊本。笔者亦在剑桥

图8-3　林椿《橘绿图》页。台北故宫博物院藏

[1] 徐建国，林显荣．泥山乳柑何以成为韩彦直《橘录》中的“第一”[J]．浙江柑橘，2004，21(04)：40-41.

[2] 曾雄生．橘诗和橘史——北宋陈舜俞《山中咏橘长咏》研读[C]//香港城市大学中国文化中心．九州学林 2011，夏季．上海：上海人民出版社，2012：146-164.

[3] 黄纯艳，战秀梅．宋代经济谱录[M]．兰州：甘肃人民出版社，2008：78-88.

[4] 司马光．涑水记闻[M]．北京：中华书局，1989：109.

[5] 李约瑟．中国科学技术史：第6卷：第1分册：植物学[M]．袁以苇，等，译．北京：科学出版社，上海：上海古籍出版社，2006：312.

看到该本的复印件，正如钱存训说的那样，它跟上海博古斋 1921 年影印出版的版本很像。

◆《菌谱》

陈仁玉撰，淳祐五年（1245 年）九月自序。其序介绍，蘑菇不像高等植物那样每年生长在固定的地方，给人感觉没有规律。陈仁玉在仙居（浙江台州）享受到多种蘑菇的美味后，想更深入地了解蘑菇，辨别可食、有毒等性质，因而写了此谱。诚如《四库全书总目提要》所评："此一篇亦博物之一端也。"[1]

书中载有 15 种蘑菇。自序中提到异地产的著名蘑菇有：商山的"芝"、天台山的"天花"、12 种食用蘑菇[2]，以及 1 种有毒的"杜蕈"。其中容易判别出来的是"芝"（灵芝）、"合蕈"（香菇）、"松蕈"（松茸）、"麦蕈"（松露）、"玉蕈""杜蕈"（毒蝇伞、豹斑鹅膏菌等）[3]。其他名称的考订较困难，一个蘑菇名称也不一定归纳于现在的一个属。笔者参考相关的研究，试着将陈仁玉所举蘑菇名称考订出其对应学名。

（1）"天花"应是平菇（*Pleurotus ostreatus*）。元代吴瑞的《日用本草》[4]、农司农编纂的《农桑辑要》中也有记载。

（2）"稠膏蕈"，产于仙居西北的孟溪山。陈仁玉说只有此处产出，看来其分布不广。鉴定略有些困难，

[1] 纪昀，永瑢．景印文渊阁四库全书：总目 3．台北：台湾商务印书馆，1983：511-512（卷 115）．

[2] 董新篁算入"特蕈"。不知董新篁所据的版本，恐误。《百川学海》，蕈字为尊（"宜特尊之以冠诸菌"）。

[3] 毒鹅膏菌属的毒菇，如豹斑鹅膏菌（*Amanita pantherina*）等。毒蝇伞具有鲜红色的伞，较容易辨别，但豹斑鹅膏菌与可食种赭盖鹅膏菌（*Amanita rubescens*）的外貌很相似。

[4] 此文转引自《本草纲目》："天花菜出自山西五台山，形如松花而大，香气如蕈，白色，食之甚美。"

董新篁鉴定其为乳香鱼属（*Lactarius*）的一种，这是有可能的。

（3）“栗壳蕈”，“（众多蘑菇）寒气至，稠膏将尽。（然而）栗壳蕈者，则其续也（黏液不尽），尚有典刑焉（子实体不融化，可保持其形）”。董新篁认为这是冬菇（构菌）[1]。但笔者认为，与其不同科的滑子蘑（*Pholiota microspora*）的黏液颇多，几乎覆盖整个子实体，而且其伞上的颜色更似栗壳，因此滑子蘑更有可能是所谓的“栗壳蕈”。

（4）“竹蕈”，陈士瑜等学者做了深入的考证，认定是“朱红蜡伞”（*Hygrophorus miniatus*）[2]。

（5）“黄蕈”，因丛生，亦称“黄缵蕈”。其一种有“鈍黄”，以“殊峭鲠（硬）”为特征。董新篁以此鉴定其为“金顶侧耳”（*Pleurotus citrinopileatus*）[3]。但鉴于外形挺拔直立，所以可能是野生的金针菇（*Flammulina velutipes*），即毛柄冬菇（构菌）。

（6）“紫蕈”，“赪紫色，亦山中产。俗名紫富蕈”。“山中产”说明其自土壤中生长。因此，这可能是紫丁香蘑（*Lepista nuda*）。

（7）“四季蕈”，“生林木中，味甘而肌理粗峭（糙）”。从名称来判断，这种蘑菇不在固定时节生长，四季都可采摘。大部分蘑菇的子实体都在固定的季节生长，而且很快会消失。但木耳不同，且生长于树皮上，味微甘。所以，此种可能是木耳科（*Auriculariaceae*）蘑菇[4]。

（8）“鹅膏蕈”大概是类似赭盖鹅膏菌（*Amanita rubescens*）的可食用的鹅膏菌属蘑菇。虽然很难与鹅膏菌

[1] 董新篁.《菌谱》表达的内容及其与食用菌发展的关系[J].生物学通报，1999(10): 41-42.

[2] 陈士瑜，陈启武．竹蕈考——《菌谱》名称考订之一[J]．中国农史，2003(01): 48-52.

[3] 同[1].

[4]《本草纲目》卷五二：“时珍曰．木耳生于朽木之上，无枝叶，乃湿热余气所生……北人曰蛾，南人曰蕈。”

属的有毒种辨别开来，但在日本的一些山区，居民会采摘，煮熟后食用。

《百川学海》收录《菌谱》；《丛书集成初编》据宋本《百川学海》排印《菌谱》。日本真菌专家小林义雄[1]撰写了中国和日本的真菌文献的历史研究，其中也包含陈仁玉的《菌谱》等中国古代菌类文献[2]。最近，芦笛发表了几篇相关论文[3-4]，法国专家梅泰里教授也较深入地研究过《菌谱》[5]。此外，还有黄纯艳、战秀梅校点本[6]。

[1] 小林义雄曾经在长春“伪满皇宫博物院”任职，战后留在中国，担任长春大学教授。1947 年回日本。

[2] 小林義雄．日本中国菌類歴史と民俗学[M]．東京：廣川書店，1983.

[3] 芦笛．《菌谱》的校正[J]．浙江食用菌，2010，18(03): 54-59.

[4] 芦笛．《菌谱》的研究[J]．浙江食用菌，2010，18(04): 50-52.

[5] MÉTAILIÉ G. Science and Civilisation in China: Volume 6, Biology and Biological Technology, Part 4, Traditional Botany: An Ethnobotanical Approach[M]. Cambridge: Cambridge University Press, 2015: 352-353.

[6] 黄纯艳，战秀梅．宋代经济谱录[M]．兰州：甘肃人民出版社，2008: 120-122.

◆《山家清供》（附：《山家清事》）

南宋后期，林洪撰，2 卷。林洪，字龙发，号可山，自称是林逋七世孙（《山家清事》称“七世祖逋寓孤山”）。《山家清供》是一部食谱，多以菜名立项。

“苜蓿盘……偶同宋雪岩（伯仁）访郑埜野钥，见所种者，因得其种并法。”可见，林洪与宋伯仁（1199 年—？）有所往来。一说“林洪，绍兴年间进士”，然而林洪若与宋伯仁相识，说他在绍兴年间中进士有点过早。又从“檐卜煎”一则得知，林洪曾在拜访刘宰（1167—1240 年，绍熙元年进士）时被邀请留下喝酒。在“玉井饭”中林洪还提到了章鉴（1214—1294 年）。所以林洪应当是南宋末期的人。绍定二年（1229 年）进士名单中有“林洪”的名字，但林洪这个名字比较容易重名，不敢贸然

断定是否为此林洪。

书中介绍了使用梅花花瓣制作的“蜜渍梅花”“梅粥”，使用牡丹花瓣制作的“牡丹生菜”，嫩笋、小蕈、枸杞头组成的“山家三脆”等。此外，林洪还介绍了紫英菊、荸荠、苍耳、芋、雪梨、山药、豆腐、莴苣、白扁豆、山栗、橄榄、牛蒡等食材。

《山家清供》有《说郛》《夷门广牍》等版本。如今有乌克注释本[1]、章原译注本[2]。另外还有陈达叟的版本[3]。《山家清供》中的一篇《新丰酒法》有中村乔的日译版[4]。法国高等社会科学院萨班（Françoise Sabban）对《山家清供》作了诠释，深入分析宋代隐逸者对饮食的追求，同时也把《山家清供》中的菜名翻译为法语[5]。

林洪又撰有《山家清事》，记载了“种竹法”“插花法”等园艺相关内容。“插花法”中载：

插梅每旦当刺以汤。插芙蓉当以沸汤，闭以叶少顷。插莲当先花而后水。插栀子当削头而槌破。插牡丹、芍药及蜀葵萱草之类，皆当烧枝则尽开。能依此法则造化之不及者全矣。[6]

可以从此窥见当时的花艺技巧。

[1]林洪．山家清供[M]．乌克，注释．北京：中国商业出版社，1985.

[2]林洪．山家清供[M]．章原，编著．北京：中华书局，2013.

[3]陈达叟，等．蔬食谱·山家清供·食宪鸿秘[M]．杭州：浙江人民美术出版社，2016.

[4]中村喬．中国の酒書[M]．東京：平凡社，1991: 122-125.

[5]SABBAN F. La diéte parfaite d'un lettré retiré sous les Song du Sud. Études Chinoises[J]. Association française d'études chinoises, 1997, 16(01): 7-57.

[6]陶宗仪．说郛[M]．张宗祥，辑校．涵芬楼本．北京：中国书店，1986: 29b（卷22）.

◆《本心斋蔬食谱》

南宋末，本心斋（夏讷斋）口述，陈达叟编。邱志诚深入考察了本心斋其人，得出他就是夏讷斋的结论。[1]今从之。这实际上是一部菜谱。本心斋在书中介绍了 20 种食品，并表示每一餐凑齐其中的四分之一就足够。所载食品分别是豆腐（黄豆）、根菜（可做羹汤）、粉糍（用米粉制作的糕点）、韭菜、小麦、山药、龙眼干、炊饼（玉砖）、咸腌菜、水团（用秫粉做的汤圆）、笋、藕、萝卜、栗、芋、枸杞、荠菜、绿豆粉、紫蕈、米饭。其后有何梦桂（1229—1303 年）跋。《百川学海》收此书，但缺其跋。杜若彬（Robban Toleno）博士曾对《本心斋蔬食谱》有深入的研究。

[1] 邱志诚．《本心斋蔬食谱》作者考略［J］．中国农史，2011，30：139-142.

◎ 第三节 宋代酒书

茶与酒都是以植物为主要原料制作的饮品，其中糖类、脂肪、蛋白质等基本营养物质的含量并不高。茶、酒对人而言不是必需品，但由于它们对神经系统有较强的作用——茶中含有可以刺激神经的咖啡因，酒中含有可以麻痹神经的乙醇，人类对茶酒非常重视。酿酒和饮酒的历史比饮茶更悠久，可追溯到史前时代，源头无法考证。含糖量高的水果会自然发酵，糙米泡水放在户外也会自然产生酒精，许多植物可以作为酒的原料，所以古人发现乙醇发酵的制酒法也不足为奇。

隋唐文人嗜好喝酒，而宋代文人更喜爱喝茶。似乎是因为这个原因，宋代的酒书比茶书少很多。酒书首见于隋唐时期，隋朝刘炫撰《孝酒经》，但如今失传。袁州本《郡斋读书志》载："《续酒谱》十卷。右唐郑遨云叟撰辑，古今酒事以续王绩之书。"郑遨（866—939年），字云叟，滑州白马人。王绩（约589—644年），字无功，绛州龙门人。朱肱的《北山酒经》载：

昔唐逸人追术焦革酒法，立祠配享，又采自古以来善酒者以为谱。其书脱略卑陋，闻者垂涎；酣适之士，口诵而心醉，非酒之董狐，其孰能为之哉。[1]

中村乔认为，朱肱等人在这里提到的酒书大概就是王绩的《酒谱》，宋代尚未完全失传，存有一部分[2]。

宋代酒书主要有窦苹的《酒谱》、朱肱的《北山酒经》以及葛澧的《酒谱》等。纵观窦苹、朱肱等人的酒谱，没有看到对稻米品种的分类或介绍，与植物相关的内容不多见。他们特别注重曲霉的培养技术，介绍了多种酒曲的制造法。当时，他们对曲霉没什么了解，甚至不知

[1] 朱肱，等．北山酒经（外十种）[M]．任仁仁，整理校点．上海：上海书店出版社，2016: 44-68.

[2] 中村喬．中国の酒書[M]．東京：平凡社，1991: 129.

道这是否是一种生物，不过在酿造的过程中他们会特别用心，不让其被杂菌污染，反复强调要把用具洗干净、晾干后再使用。总而言之，如茶书一样，酒书的内容偏重于技术和工艺方面。

尤袤的《遂初堂书目》载："《北山酒经》《酒谱》《酒经》。"[1] 可知，除窦苹、朱肱的酒谱，还有另外一部酒类谱录。而袁州本《郡斋读书志》著录："《酒谱》三卷，右皇朝朱肱撰，记酿酒诸法并曲蘖法。"[2] 此《酒谱》就是《山水酒经》。

此外，还有林洪撰写的《新丰酒法》。此文是《山家清供》的最后一章，阐述了广东新丰县的酿酒方法。由于它不是单刊书，因而不列于此。

[1] 尤袤．遂初堂书目［M］．上海：商务印书馆,1935:24.

[2] 晁公武．昭德先生郡斋读书志［M］// 四部丛刊三编史部：29. 上海：上海书店出版社，1985: 25b(卷三上).

[3] 陈振孙．直斋书录解题［M］．徐小蛮，顾美华，校点．上海：上海古籍出版社，1987: 419.

[4] 中村喬．中国の酒書［M］．東京：平凡社，1991: 128-130.

[5] 石祥．窦苹其人及其《酒谱》的创作心境［J］．名作欣赏，2011(29): 110-112.

◆ 窦苹《酒谱》

元丰七年（1084年），1卷，窦苹撰。窦苹，字子野，汶上人，生卒年、事迹不详。陈振孙曰："《酒谱》，汶上窦苹叔野撰。其人即著《唐书音训者》。"[3] 中村乔、石祥详细考察了窦苹的生平。窦苹在《酒谱》的末尾写道："因管库余闲，记忆旧闻，以为此谱。一览之自适……览者无笑焉。甲子六月既望日，在衡阳，次公窦子野题。"中村乔、石祥根据"甲子六月"推定其成书时间为元丰七年（1084年）六月，当时窦苹在衡阳负责管库[4-5]。

《百川学海·乙集》（弘治本《壬集》）、《四库全书》

收录《酒谱》，但是仅有15条，不全。涵芬楼本《说郛》收《酒谱》上、下两卷。上卷包括“酒之源”“酒之明”“酒之事”“酒之功”“温克”“乱德”“诫失”7门；下卷包括“神异”“异域”“性味”“饮器”“酒令”“酒之文”“酒之诗”（阙）“总论”8门。《重较说郛》同样收15门，但不分卷。

如今有中村乔的日语译注本[1]、石祥的注译本[2]、黄纯艳等人的校点本[3]、任仁仁的整理校点本[4]。

◆《东坡酒经》

北宋末，苏轼撰。苏轼（1037—1101年），字子瞻，号东坡居士，北宋时期著名士大夫。

《东坡酒经》全文见《东坡后集·杂文十八首》[5]。全文不到400字，是一篇介绍酿酒方法的散文。关于酿酒步骤的第一步，苏轼写道：“南方之氓，以糯与杭，杂以卉药而为饼。”做了饼后，将之悬挂，是为了促使天然曲霉生长。发酵时，先放少量米饭，之后分别再放两次米饭。分三次放米饭，可以在等候酵母菌增殖的同时使之保持适合发酵的酸度。如青木正儿所述[6]，如今日本的清酒酿造法也是分三次放入米饭。

苏轼在其诗文中留下了有关茶、酒及荔枝等多种食品的文章，为我们了解宋代的饮食文化提供了很大的帮助。比如他品尝荔枝，觉得味道极好，便作诗《四月十一

[1] 中村喬．中国の酒書［M］．東京：平凡社，1991: 131-279.

[2] 石祥．酒谱[M]．北京：中华书局，2010.

[3] 黄纯艳，战秀梅．宋代经济谱录［M］．兰州：甘肃人民出版社，2008: 183-207.

[4] 朱肱，等．北山酒经（外十种）［M］．任仁仁，整理校点．上海：上海书店出版社，2016: 44-68.

[5] 苏轼．重刊苏文忠公全集［M］．日本公文书馆内阁文库藏．索书号315-0084．吉州：［出版者不详］，1468: 17b-18a（卷9）.

[6] 青木正兒．青木正兒全集：第9卷［M］．東京：春秋社，1970: 56-57.

日初食荔支》。他是这么描述荔枝的：“……海山仙人绛罗襦，红纱中单白玉肤。不须更待妃子笑，风骨自是倾城姝。……”后来又作了一首脍炙人口的《惠州一绝·食荔枝》：“罗浮山下四时春，卢橘杨梅次第新。日啖荔枝三百颗，不辞长作岭南人。”

如今有中村乔的译注本[1]、任仁仁的整理校点本[2]。

◆《北山酒经》

大约大观元年至政和六年（1107—1116年）成书，朱肱撰，3卷。早在19世纪，英国传教士伟烈亚力已用英语介绍过此书[3]。陈振孙认为《北山酒经》的撰者为“大隐翁”[4]，而大隐翁是朱肱的号。朱肱（活跃于1088—1118年），字翼中，归安（湖州）人，元祐三年（1088年）进士，官至奉议郎直秘阁。其父朱临与程颐同师从胡瑗；其兄朱服生于庆历八年（1048年）八月十日，熙宁六年（1073年）进士[5]。朱肱科举及第后的官途并无明确记载，但据《（万历）绍兴府志·职官志二》载曰：“郡守……朱肱（治平四年）。”[6]他著有3本医书，《伤寒百问》《南阳活人书》20卷和《内外二景图》3卷[7]。

《北山酒经》的开头提到“酒味甘辛，大热有毒，虽可忘忧，然能作疾，所谓腐肠烂胃、溃髓蒸筋”，从医者的角度，提醒读者警惕饮酒的害处，描述很贴切。接着，又规劝读者不要过度饮酒：“后世以酒为浆，不

[1] 中村喬．中国の酒書［M］．東京：平凡社，1991：118-121.

[2] 朱肱，等．北山酒经（外十种）［M］．任仁仁，整理校点．上海：上海书店出版社，2016：10-11.

[3] WYLIE A.Notes on Chinese Literature: With Introductory Remarks on the Progressive Advancement of the Art; And a List of Translations from the Chinese into Various European Languages［M］.Shanghai: American Presbyterian Mission Press, London: Trübner & Co., 1867: 120.

[4] 陈振孙．直斋书录解题［M］．徐小蛮，顾美华，校点．上海：上海古籍出版社，1987：419.

[5] 张海鹏．朱肱生卒年考［J］．中华医史杂志，2017，47(01)：36.

[6] 萧良榦，张元忭．绍兴丛书：第1辑：万历绍兴府志［M］．绍兴丛书编辑委员会，编．北京：中华书局，2007：975(卷26-7a).

[7] 靳士英在《朱肱<内外二景图>考》中指出，《道藏·烟罗图》中的《朱提点内境论》大概就是《内外二景图》佚文。

醉反耻。岂知百药之长黄帝所以治疾耶。”不仅如此，在上卷，朱肱提到很多与酒有关的典故和故事。与其他众多谱录不同，朱肱并不是单纯地转载旧闻，而是在那些典故的基础上表达自己的看法。中卷先置“总论”一段，介绍了官制酿造厂的酿酒程序和规矩，随后特别详细地介绍了13种酒曲制造法，大多为白面混合中药材的方法。下卷介绍酿酒的方法，如“卧浆”（酸浆水）、“淘米”（洗糯米）、“煎浆”“汤米”等16种。接着，还介绍了“白羊酒”“地黄酒”“菊花酒”“酴醾酒”“蒲（葡）萄酒法”“猥酒”等不同种类的酒。此外还有“神仙酒法”5则。日本农业化学史专家山崎百治（1890—1962年）在其《东亚发酵化学论考》中详尽分析《北山酒经》所载的酿酒技术[1]，给予高度评价。他推测中国发明加热杀菌法的时间比西方国家早几百年，指出直到1765年意大利生物学者斯帕兰札尼（Abbé Spallanzani）才开始为了储存而加热杀菌停止发酵，而《北山酒经》中早已提到“煮酒”[2]。

《北山酒经》的版本系统已经有人研究过。据宋一明等人的研究[3]，《北山酒经》北宋末在杭州刊行。钱谦益收藏宋刊本《北山酒经》，后经过季振宜、徐乾学之手，民国时期被商务印书馆收入《续古逸丛书》。该版本现藏于中国国家图书馆，2004年以《中华再造善本》系列影印出版[4]，2019年又以“国学基本典籍丛刊”系列影印出版[5]。此外，还有钱曾（钱谦益之孙）的宋刊本抄录本。宋一明等认为，此版本“最善，校勘态度审慎，也改正了宋本的一些错讹”[6]。《百川学海》未收此书，《重较说郛》、涵芬楼本《说郛》仅收其上卷，中、下卷存

[1] 山崎百治．東亜発酵化学論考［M］．東京：第一出版，1945: 72-73, 179-238.

[2] 同［1］228.

[3] 朱肱．酒经译注［M］．宋一明，李艳，译注．上海：上海古籍出版社，2010: 7-8.

[4] 朱翼中．酒经［M］//中华再造善本．北京：北京图书馆出版社，2004.

[5] 陆羽．宋本茶经；宋本酒经［M］．朱肱，撰，孙显斌，解题．北京：国家图书馆出版社，2019: 41-114.

[6] 同［3］．

目阙文。如今有中村乔的译注本[1]、宋一明和李艳的译注本[2]、高建新译注本[3]、黄纯艳等人的校点本[4]、任仁仁整理校点本[5]。

◆《酒名记》

北宋，张能臣撰，已佚。《酒名记》见于朱弁（1085—1144 年）的《曲洧旧闻》，其中写道：

张次贤，名能臣，官至奉议郎，文懿公诸孙朝奉大夫德邻之子也。好学，喜缀文，有《郧乡》《涪江》二集，尝记天下酒名。[6]

文懿公指的是宰相张士逊（964—1049 年），张能臣是他的曾孙。据《宋史·张士逊传》，张士逊的儿子有张友直（一作“直真”，字益之）、张友正（字义祖）。《（万历）绍兴府志》中有张友直的略传，其《官志》载“张友直［士逊子（嘉祐）二年（1057 年）有传］”[7]。《重较说郛》卷九四收录《酒名记》。张能臣其人不见于《宋史》《宋会要》的记载。

南宋有一位张次贤（1155—1218 年），字子齐，绍熙四年（1193 年）进士。他与张能臣的字不一致，又是朱弁去世后出现的人物，因而可以确定不是《酒名记》的作者。

张能臣在《酒名记》中列举了后妃家、宰相、亲王家、戚里、内臣家、市店、三京（北京、南京、西京）、四辅、

[1] 中村喬. 中国の酒書［M］. 東京：平凡社，1991: 15-125.

[2] 朱肱. 酒经译注［M］. 宋一明，李艳，译注. 上海：上海古籍出版社，2010.

[3] 高建新. 酒经［M］. 北京：中华书局，2011.

[4] 黄纯艳，战秀梅. 宋代经济谱录［M］. 兰州：甘肃人民出版社，2008: 208-233.

[5] 朱肱，等. 北山酒经（外十种）［M］. 任仁仁，整理校点. 上海：上海书店出版社，2016: 12-41.

[6] 尤袤. 丛书集成初编：遂初堂书目［M］. 上海：商务印书馆，1935: 24.

[7] 萧良幹，张元忭. 绍兴丛书：第 1 辑：万历绍兴府志［M］. 绍兴丛书编辑委员会，编. 北京：中华书局，2007: 975(卷 26-7a).

江南东西、三川、荆湖南北、福建、广南、京东、京西等各地的酒品。从地名等来看，大多是北宋时期的酒品。

如今，有任仁仁的整理校点本[1]。

◆《酒小史》

《重较说郛》卷九四收“元宋伯仁”所撰的《酒小史》，但涵芬楼本《说郛》中未收。宋伯仁是南宋末期人，还撰有《梅花喜神谱》，详见本书第五章。如今，有任仁仁的整理校点本[2]。

◆《酒尔雅》

南宋，何剡撰。何剡，字楫臣，淳熙八年（1181 年）进士。该书借鉴《尔雅》的编书形式，对与酒有关的字进行了解释，如“醪，重醒酒也；酌，醒酒也……”。《重较说郛》收此书。如今有任仁仁的整理校点本[3]。

◆ 葛澧《酒谱》

葛澧撰，1 卷，已佚。葛澧，南宋丹阳人，生卒年未详。

[1] 朱肱，等．北山酒经（外十种）[M]．任仁仁，整理校点．上海：上海书店出版社，2016: 69-73.

[2] 同 [1] 80-82.

[3] 同 [1] 76-77.

《宋志》著录："《酒谱》一卷""《经史摭微》四卷。"[1]葛澧的作品今存《钱塘赋》（又作《钱塘帝都赋》等），文长8090字[2]。从《钱塘赋》可以知道葛澧是南宋人[3]。《宋会要辑稿人名索引》中有葛湛，无葛澧、葛礼、葛沣等人名[4]，生平无可考。

◆【附】《曲（麴）本草》（存疑）

旧题宋人田锡撰。田锡（940—1004年），字表圣，北宋，嘉州洪雅人。此书有伪书之嫌，刘广定认为其应为明人之作[5]。值得注意的是《曲本草》中有一则涉及"暹罗酒"："暹罗酒以烧酒复烧二次……能饮之人，三四杯即醉，价值比常数十倍。"显而易见，这里使用的是蒸馏技术。

五代十国史书中记载了"蔷薇水"这种贡品：

占城，在西南海上……其国王因德漫遣使者莆诃散来，贡猛火油八十四瓶、蔷薇水十五瓶，其表以贝多叶书之，以香木为函。……蔷薇水，云得自西域，以洒衣，虽敝而香不灭。

据此可知，五代十国时期已经出现了香水，只是蒸馏技术似乎未传到东南亚和中国。据此，已记载蒸馏技术的《曲本草》的作者为北宋初人这一推论存在问题。而刘广定根据《铁围山丛谈》的记载，判断北宋时期中国人已知蒸馏技术，并且认为从《游宦纪闻》中可知南宋时期广州地区已经开始制造香水[6]。但刘广定还提醒，

[1] 脱脱，等．宋史[M]．北京：中华书局，1977：5207，5210.

[2] 侯倩．《历代赋汇》所见《全宋文》失收赋作考[J]．图书情报研究，2019，12(01)：112-11.

[3] 葛澧．圣宋钱塘赋[M]//丛书集成续编：229．台北：新文丰出版公司，1988：295-307.

[4] 王德毅．宋会要辑稿人名索引[M]．台北：新文丰出版公司，1978：659-661.

[5] 刘广定．中国科学史论集[M]．台北：台湾大学出版中心，2002：191-200.

[6] 同[5]315-336.

不可将通常所说的蒸馏与水蒸气蒸馏混淆。关于蒸馏技术的出现时间仍有争论。如李时珍所说："烧酒非古法也。自元时始创其法……"[1]刘广定认为，迄今为止所有文字资料均不能说明元以前确有蒸馏酒[2]。

[1] 李时珍．本草纲目[M]．明万历二十四年金陵胡承龙刻本．美国国会图书馆藏．1593: 27a(卷25).

[2] 刘广定．中国科学史论集[M]．台北：台湾大学出版中心，2002: 315-336.

第九章

宋代植物谱录的价值与意义

植物谱录的涌现堪称宋代科技史的一个突出特点。考察宋代植物谱录的产生背景，可以发现本草学与植物谱录几乎没有关联，同时也不难看出这些著作都直接或间接地受到汉魏六朝时期南方异物志（方物志）的影响。不过，与南方异物志不同，宋代很多植物谱录的重点不是南方的“异物”。当时，随着谱学（谱牒、家谱）的衰落，以植物谱录为主的所谓谱录类著作开始兴盛，导致“谱录”的主要词义在北宋中期从“谱牒”变为“专著”，另外，宋代植物谱录的产生与唐代的园林文化关系密切。原来仅限于皇宫、豪门所拥有的花卉园圃以及观赏文化在中唐、晚唐时期渗透到百姓生活之中。到春天牡丹开花的季节，长安城的居民就成群出行观花。同时开始出现牡丹高价交易的现象。白居易等文人开始创作相关诗词，记录当时的风俗。北宋时期虽然继承了这类民间风俗，但由于欧阳修等人推动古文运动，主张废除骈文，重视散文，于是宋人开始以散文的形式记录当时的花卉文化，这就是植物谱录。《洛阳牡丹记》即为欧阳修的代表性散文作品。因此，虽然六朝时期已有植物谱录，所用语言完全不同，如《竹谱》的作者戴凯之使用骈文，而宋人所撰谱录大多用古体文。另外，已经科举及第的士大夫成为宋代政治和文化的旗手，这些植物谱录能够迅速传播和发展与士大夫的喜爱和习尚有密切的关系。

这些历史背景是宋代谱录涌现的基本原因，同时也决定了宋代植物谱录的性质。总而言之，宋初政府在继承五代文化的同时，尽力复兴唐代的贵族文化。比如，宋初政府仿效唐代的《艺文类聚》（624 年）编撰《太平御览》（983年），仿效《新修本草》（659年）编撰《开宝本草》（974年）。但是，这些学术活动却促进了与唐代文化迥异的宋代文化的诞生。植物谱录就是其中一例。

宋代是中国科学技术发展空前繁荣的一个阶段，从博物学的角度来看，宋朝政府连续不断地编撰了《开宝本草》（974年）、《绍兴本草》（1159年）等多部官修本草书，加快了药材的标准化进程，提升了博物学水平。另外，从小学角度来看，宋代出现了陆佃的《埤雅》等诠释动植物的相关著作。宋代博物学的全面发展，迅速提高了人们关于动植物的相关知识水平。在这种社会环境下，涌现出大量动植物的专书，即“谱录”类著作，既表明人们对动植物关注程度的深化，同时也极大地推动了中国古代“生物学”的发展。当然，它也被视为宋代学术潮流的一个特点。

通过对各部谱录的文献学考察，可以确定大多谱录的成书时期，继而按时间对各部植物谱录进行排序，更细致了解宋朝时期各部谱录发展的脉络。北宋的植物谱录以竹谱、牡丹谱、芍药谱、荔枝谱为主；而南宋以菊花谱、梅花谱、兰花谱为主。北宋时期，很多士大夫并不亲手种植植物，赏花方式以参观花圃为主，只有少数科举失意者亲手种植植物并进行试验，如《桐谱》的作者，其作品内容具有较高的科学性。无论是牡丹谱、芍药谱，还是《桐谱》《禾谱》，从其内容可以看出，其撰者试着通过观察花木的生态，了解自然中普遍存在的“理”，他们的思维明显带有“格物致知”的精神。以欧阳修的《洛阳牡丹记》为例，书中讨论了为何在洛阳出现众多牡丹品种，其美丽从何来。欧阳修认为，因为洛阳在地理上并不是位于中心，所以此地的“气”四方流动不定，新奇的花品随“气”所处的独特方位而产生。同时他还指出造物（造化）与牡丹有着密切的关系。

南宋时，情况发生了变化，士大夫范成大、胡元质、史正志等都拥有自己的大规模园林，他们种植牡丹、梅花、菊花等；赵时庚、王贵学等亲手种植兰花，并根据自己栽培的花卉作谱。就经济植物谱录而言，除了上述的《桐谱》《禾谱》之外，北宋有赞宁的《笋谱》、蔡襄的《荔枝谱》等，南宋有《糖霜谱》《橘录》《菌谱》等。谱录的主题从北宋到南宋越发丰富。所谓“（花中）四君子”的提法虽始于明朝，但应该说宋代是其源头。相关的史料表明，宋代，特别是南宋的这些花卉谱录及其相关文化对明朝的影响很大。

北宋后期至南宋，很多有能力的士大夫因新旧党派斗争等原因，不能实现政治抱负，苏轼等一众文人多次遭到贬谪，于是开始努力练习绘制竹、梅或兰的墨画，多少表现出一些“遁世”的态度。有的文人勤奋作诗，也有人编写植物谱录，如赵时庚撰写《金漳兰谱》等。南宋的很多文人试着通过这些学术活动，体现个人精神和理想等。很明显，当时文人的隐逸思想已经与花卉谱录联系起来，北宋人重视的“格物致知”式的学术追求不多见于南宋植物谱录的记载中。南宋人以养兰、爱梅、种菊等活动标榜清廉、隐遁等，却越来越不重视通过种植花木来尝试理解自然现象，因此，笔者认为，南宋时已经出现阻碍植物谱录发展成“植物学”的因素。

此外，佛教思想与植物谱录中的科学和理学也有密切的联系。比如，北宋初期赞宁和仲休等吴越的和尚撰写了植物谱录，并写到了关于自然现象的哲学性思考。

宋代植物谱录中的科技成就和关于自然的哲学性思考令人瞩目。很多谱录都记载了不少科技成就，比如，周师厚所撰的《洛阳花木记》详细记载了各种嫁接技术，如“四时变接法”“接花法”“栽花法”“种祖子法”“打剥花法”“分芍药法”等。另外，宋代人所用的兰花栽培技术、方法已经很完善，与现代的方法没有太大差异。

第一节 植物谱录中的园林技术成就

宋代涌现出许多植物谱录，谱录撰写可谓是一种文人士大夫之间的时尚。这些谱录中有较详细的园艺技术记载，而在宋代以前，文人很少记载此类内容。这说明宋代文人的意识发生了一定的变化，开始关注栽培技术。在介绍各部谱录时，已提及一些具体的栽培技术，下面做几点总结性的介绍。

◆ 繁殖、育种

详尽记录栽培技术，是不少宋代植物谱录的一个特点。在《洛阳牡丹记》中，欧阳修记载了接花、种花、浇花、养花、医花、禁忌等内容。周师厚在《洛阳花木记》中记载了“四时变接法”“接花法”“栽花法”“种祖子法”“打剥花法”“分芍药法”等园艺技术。温革的《分门琐碎录》中也记载了很多栽培技术。通过这些谱录的记载，我们可以了解到，人工栽培牡丹主要通过嫁接方式繁殖，芍药、菊花、兰花则采用分根繁殖的方式。这些无性繁殖方式可以保持遗传因子的稳定性。这是社会流行栽培某一种植物而产生的必然因素。

无性繁殖法虽然可以保持遗传性状，但很难产生变异。据周师厚的《洛阳花木记》牡丹叙“（御袍黄）元丰时，应天院神御花圃中，植山蓖数百，忽其中变此一种”，可以看出北宋时牡丹的育种完全依靠自然变异。不过，南宋陆游《天彭牡丹谱》中有“大抵花户多种花子，以观其变”一句。虽然牡丹的种子难以发芽，但花户敢采取这种麻烦的种子繁殖法，无非是南宋花户已经注意到由种子发芽的牡丹较容易出现性状变异。南宋朱熹提到“如草木之类，荔枝牡丹乃发出许多精英，此最难晓”[1]的观点。

根据现有的研究结果来看，宋代人似乎还未接触利用花粉培育更多杂交品种的方法。不过，对宋代人来说，遗传性的稳定是最重要的，所以他们不断提高无性繁殖技术，不太重视有性繁殖的相关技术。一直到后来西方生物学传入中国，中国人才开始意识到能利用人工授粉技术培育出杂交品种。

同时一些宋代士大夫常思考为什么在某些地区集中出产名品花卉，比如洛阳的牡丹、扬州的芍药。以扬州的芍药为例，刘攽根据《禹贡》所记，认为是扬州的地理、气候条件优越所致。这种看法与欧阳修对洛阳牡丹的看法相近。他还说，洛阳的牡丹受到人们的培育，每年出现新品种；而芍药自然生长，从野生种中偶然出现珍贵的品种。然后，养护需要修剪、填土以及适时地灌溉。不然，气势衰退。气候又不一，完美的开花仅14年或15年一次。芍药是天下花中的杰出者，与众不同，天地人（地利、人力、天机）适当地合一，才获得其美。刘攽所说的“人力”实际上是指护理，估计不包括嫁接等技术。所以，刘攽极力避免肯定人为作用，王观也未赞扬人力所起的作用。美国汉学家艾朗诺进一步深入分析，认为这些士大夫有可能对人工培育怀有某种排斥的心态，如王观所说的“人而盗天地之功而成之，良可怪也”[2]。对于人工培育出的芍药的看法还见于《图经本

[1] 黎靖德．朱子语类［M］．北京：中华书局，1986：2483（卷97）.

[2] EGAN R. The Problem of Beauty［M］.Cambridge, Mass: Harvard University Asia Center, 2006. 121－133.

草·牡丹》："圃人欲其花之诡异，皆秋冬移接培以壤土。至春盛开，其状百变。故其根性殊失本真。药中不可用此品，绝无力也。"[1]这种比起栽培品更重视天然产品的意识在现代中国是比较普遍的现象，也存在于世界的其他国家或地区。

[1] 唐慎微，曹孝忠，张存惠．重修政和经史证类备用本草[M]．北京：人民卫生出版社，1957: 257.

◆ 其他栽培技术——以兰花为例

宋代植物谱录中，涉及栽培技术的记载颇多。除了周师厚的《洛阳花木记》、温革的《分门琐碎录》等综合性谱录，各部谱录中也有浇灌、施肥、选土、防病、防虫等栽培技术的解说。比如，菊花的促进栽培法见于《分门琐碎录》；梅花的促进栽培法见于范成大的《范村梅谱》。《橘录》对于柑橘类植物的栽培法、收藏法、防病、防虫等各方面都有简要的说明。尤其是宋代的两部兰花谱《金漳兰谱》和《兰谱》均记有相当详细的栽培技术。下面以这二者为例，介绍相关栽培技术。

赵时庚在《金漳兰谱》第三篇"天地爱养"中，讲解了花盆的布置以及沙子的用法。赵时庚首先介绍自然周期，指出一年四时（四季）各有六气，共二十四节气。因顺二十四节气，各种生物生死轮回。其后，具体介绍养兰时，花盆要布置在合适的位置。首先制作台座，置花盆于其上，但要注意不能做得太高，否则花盆会遭强烈的阳光暴晒，不利于兰花生长。现代的兰花栽培一般也是将花盆置于台座上。笔者曾经游览过浙江的兰亭，目睹过很多摆在台座上的兰花花盆。接下来，赵时庚介绍了在花盆里边的底下铺一层沙子协助排水的方法。可见，当时园艺技术中广泛使用的一些做法，至今仍被保留。

“坚性封植”一篇讲解“封土”之法。如果兰花长大，原来的盆太小，则需换花盆。换盆移植应该在寒露后至立冬前，否则容易伤根。而在此时期，兰花的生气归于根部，准备过冬，所以这时候根部最结实，适于移植。赵时庚还强调换沙子的重要性。时间长了，沙子会流失，花盆会过度积水，影响兰花生长。接下来，他根据兰花品种分别介绍了合适的土质及沙子。

“灌溉得易”一篇讲解施肥及灌溉。施肥的方法应该顺从各种兰花独特的“本性”，需接近兰花原来生长的土壤环境。如果对原来生于瘠薄的土地或石头上的兰花施肥过多，不仅妨碍生长，还会腐蚀其根。而谈到灌溉，赵时庚认为，春天万物复苏时，兰花应该多灌水；底下的芽冒出沙土，不到一寸高的时候，适当灌水就可以；等刮南风的时候，少量灌水，如此可以使兰花充分生长。到了八月上旬，需要更加注意，因为太阳炽热，兰花耗水多，容易干枯凋落。在这一篇的最后，赵时庚具体说明了不同品种的紫花、白花的施肥、灌水方法。

王贵学在《兰谱》的“灌溉之候”一篇中也介绍了施肥、灌溉的方法。“分拆之法”一篇，是分根法的解说。赵时庚未说及分根，此段可谓是王贵学《兰谱》中的精彩部分。王贵学首先说，分根后的第二年，如长有花蕾，就要剪掉。估计是他认为这在栽培技术上较为重要，故置于文章的前面。然后，他具体谈了分根的方法。此方法跟《金漳兰谱》中的“坚性封植”一篇有相似之处，比如需要打碎花盆，不可以直接将根从盆中拔出来等。王贵学也介绍了一些独到的步骤，比如将粪（鹅粪）掺于沙子中，然后在太阳下干燥之类。最后他说：“即使是橐驼复生，也不会改变这个方法。”说明他对此分根法很自信，认为已经没有再发展的余地。

“泥沙之宜”一篇，如《金漳兰谱》一样，王贵学针对不同的兰花品种分别介绍了合适的土质、沙子。还说及一年要施肥三次，一个月要灌水三次，天气炎热时一个月六次。然后，讲解花盆的布置（相当于《金漳兰谱》的“天地爱养 第三”）。最后，以“橘逾淮为枳；貉逾汶则死”为例，强调养兰者采取适当的栽培方法（“余病每诸兰肩载外郡，取怜贵家，既非土地之宜，又失莳养之法，久皆化而为茅”）。

《金漳兰谱》《兰谱》所载的栽培法，跟现代的方法大多一致。可以看出，南宋人已经累积了丰富的栽培经验，以经验及实践为基础，得出了合理且规范的兰花栽培法。各种兰花品种的栽培法广泛流传，已成为南宋好兰者的共识。赵时庚、王贵学两人的兰谱大约相隔14年，内容有颇多相似之处。另外，两部书的撰者都注重实践经验，亲手栽培兰花，并记录栽培技法。北宋时，大部分的士大夫虽然向老圃（指有经验的花农）求教栽培技术，但并不亲手种植牡丹等花卉。北宋的花卉植物栽培文化基本上继承盛唐时期的牡丹栽培，而南宋文人养兰花、菊花、梅花的方式则经过元朝，延续到明清时代的文人。

笔者认为，宋朝发生的转变将中国花卉文化史划分为唐至北宋间和南宋至明清的两段。

◆ 科技知识的传播

宋代植物谱录盛行的现象，只用一句“宋代是中国科技的顶峰”来概括是不够的。宋代士大夫撰写谱录等散文争优，在圈子内互相评论，但评论的重点不是文章内容的哲理性、科学性，而是它们的文学性。大多植物谱录作者的撰写目的也不是记载并传播科学技术相关的知识，所以，估量植物谱录的意义和价值时，不能只在科技史的脉络上分析和讨论。

宋代印刷出版业发展成为一个商业模式，部分书商未经作者的同意就把文稿刻版刊行。吴越的园林艺术十分发达，其中有不少园林栽培牡丹、竹子等观赏植物。赞宁、仲休、钱昱等出身吴越的人士都撰写了谱录，如《笋谱》《越中牡丹花品》《竹谱》等。钱氏族人和赞宁、仲休在文学上频繁交流，形成一时风气，只是流传很有限，这些著作均失传。但钱惟演将这种艺术文化进行推广，使其传播到洛阳并且得到发展，逐渐形成独具特色的文学风气，其中包括谱录文化。继承钱惟演事业、编写花卉作品的文坛领袖欧阳修，在洛阳编写了名噪一时的《洛阳牡丹记》，并由蔡襄书刻，流传于世。欧阳修当时以文章驰名，蔡襄以书法名世，他们的著作成为商品在市井迅速流传。这很快成为一种时尚文化，同时促使花卉、茶等文化的进一步深化和发展。蔡襄也是宋代谱录的重要作者，撰有《茶录》《荔枝谱》《砚记》《文房四说》等。欧阳修与蔡襄是至交，蔡襄将《茶录》奏呈于宋仁宗，流传于士大夫之间。福建的茶书、荔枝谱数量众多的原因很可能是蔡襄的《茶录》《荔枝谱》带动了后人的创作热情。比如《北苑别录》的撰者刘异与蔡襄是亲家，刘异的女儿嫁给了蔡襄的次子蔡旬。蔡襄的外曾孙范成大也撰写了《范村梅谱》《范村菊谱》《桂海虞衡志》等作品。

第二节 园林、花卉产业与植物谱录

◆ 北宋园林与谱录

宋代的花卉文化明显继承了唐代和五代的赏花风俗，尤其北宋人对牡丹的热爱仿佛回到了唐代的牡丹盛行时期。李格非（？—1106 年）在《洛阳名园记》中记录了洛阳的 19 处名园，有不少地方提到了牡丹的栽培，其中 3 处有较多的描述。

花园子：

洛中花甚多种，而独名牡丹曰“花王”。凡园皆植牡丹，而独名此曰“花园子”，盖无他池亭，独有牡丹数十万本。皆城中赖花以生者，毕家于此。至花时，张幕幄，列市肆，管弦其中。城中士女绝烟火游之，过花时，则复为丘墟，破垣遗灶相望矣。今牡丹岁益滋，而姚魏花愈难得，魏紫一枝千钱，姚黄无卖者。

归仁园：

北有牡丹芍药千株，中有竹百亩，南有桃李弥望。

仁丰园：

洛阳良工巧匠，批红判白，接以它木，与造化争妙，故岁岁益奇，且广桃李、梅杏、莲菊，各数十种。牡丹、芍药至百余种。而又远方奇卉，如紫兰、茉莉、琼花、山茶之俦，号为难植，独植之洛阳。[1]

李格非的记述表明，洛阳有很多著名园林栽培牡丹，甚至出现专种牡丹的“花园子”。即使是在宋神宗重用王安石并支持其施行新法时期（1070—1085 年），洛阳

[1] 李格非．洛阳名园记［M］// 全宋笔记：第三编（一）．郑州：大象出版社，2008: 160-174.

的园林仍然繁荣。正是园林的繁荣，才使周师厚、张峋能够巡游洛阳的名园，记录下来约 120 个牡丹品种。北宋花鸟画家也据此留下了不少名作。另外，据《洛阳名园记》记载，竹林也是洛阳园林的重要构成因子。可以看出，吴越文化对北宋园林的影响深远。

宋徽宗颇重视园林，也画了很多花鸟画。虽然其画作多以珍禽为主题，但这些御制花鸟画中也有绘制得很好的花卉植物。他执政的大观年间（1107—1110 年），中原的牡丹栽培仍在继续发展。但与此同时，邵伯温也目击了洛阳牡丹栽培遭遇的大转折。朝廷以“花石纲”的名义，在各地针对名花奇木进行大规模的征集，此举还波及了洛阳花林。政和年间（1111—1117 年），邵伯温路过洛阳，时值春季，但花园、花市皆无牡丹交易。邵伯温询问缘故，有人告诉他：“花未开时，官遣人监护；圃开，则栅栏土壤全移送至开封，登记园人名姓，每年输花如租税。”邵伯温悲叹而云：“洛阳牡丹风尚遂废。”

通过施行“花石纲”等政令，宋徽宗成功修建艮岳，集中体现了北宋园林文化的巨大成就。但是不久，靖康之变（1127 年）爆发，宋朝失去了开封、洛阳、陈州等牡丹栽培的中心地。无怪乎李格非写道：

园圃之废兴，洛阳盛衰之候也。且天下之治乱，候于洛阳之盛衰而知；洛阳之盛衰，候于园圃之废兴而得；则名园记之作，予岂徒然哉。（《洛阳名园记》后文）

南宋陆游缅怀北宋洛阳牡丹栽培之繁荣，不禁感慨：

嗟呼，天彭之花要不可望洛中，而其盛已如此。使异时复两京，王公将相筑园第以相夸，尚予幸得与观焉，动荡心目又宜何如也！

靖康之变后，彭州、成都取代洛阳等华北地区成为南宋牡丹栽培的中心，陆游、胡元质等文人因此留下了牡丹谱。江南栽培牡丹一度兴盛，遭遇多次干旱大饥荒后牡丹栽培开始衰落，但文人私家园林的花卉种植很发达。据称，胡元质在苏州拥有一座栽种着 1000 棵牡丹的园林。范成大、史正志、赵时庚、王贵学等文人根据个人园圃中栽培的花卉，编写菊谱、梅谱或兰谱等书。南宋时期，文人致力筑造个人园林。其中，史正志的“网师园”（现为联合国世界文化遗产）是最著名的一座。南宋周密的《癸辛杂识·吴兴园圃》（《说郛》作《吴兴园林记》）中介绍了 30 多所园林。值得注意的是，南宋兴建私家园林之风对明朝文人有启发作用。

此外，江南气候条件优越，园林可栽培的花卉很多，不局限于牡丹[1]。士大夫的花卉植物爱好向多元化演变，因而涌现出梅、兰、海棠等植物的谱录。除了观赏植物，中国的园林中也有很多果树[2]。

◆ 花卉产业

唐代，牡丹成为商品，买卖价格相当高。有些唐代诗人对这种过度奢华的风尚颇为忧虑。王叡在《牡丹》（一说为王毂所作）中说：“牡丹妖艳乱人心，一国如狂不惜金。”[3]李肇的《唐国史补》、柳浑的《牡

[1] 浙江吴兴园林最为兴盛。据《癸辛杂记》载：“吴兴山水清远，升平日，士大夫多居之。……城中二溪水横贯，此天下之所无，故好事者多园池之胜。”园圃之中最多的是观赏植物，如莲花庄，“四面皆水，荷花盛开时，锦云百顷”；赵氏菊坡园“植菊至百种”；赵氏兰泽园“牡丹特盛”；赵氏小隐园“梅竹殊胜”；章氏水竹坞“有水竹之胜”等。但经济植物也是随处可见，如南城的沈尚书园“近百余亩，果树甚多，林檎尤盛”；北城的赵氏清华园“有秫田二顷”；城外如叶氏石林“大抵北山一径，产杨梅，盛夏之际，十余里间，朱实离离，不减闽中荔枝也”；章参政“城之外别业可二顷，桑林、果树甚盛”。

[2] CLUNAS C. Fruitful Sites:Garden Culture in Ming Dynasty China [M]. London: Rathbone Place, 1996.

[3] 彭定求，等．全唐诗 [M]．增订本．北京：中华书局，1999: 5784.

丹》、白居易的《买花》中都记有上品高价牡丹的具体价格。

《唐国史补》记载：

京城贵游尚牡丹三十余年矣，每春暮，车马若狂，以不耽玩为耻。执金吾铺官围外，寺观种以求利，一本有直数万者。元和末，韩令（韩愈）始至长安，居第有之，遽命斸去，曰：“吾岂效儿女子耶？”[1]

柳浑的《牡丹》载有：“近来无奈牡丹何，数十千钱买一棵。”[2]从中可知，当时已有牡丹卖数万钱。根据桑原鹭藏的研究，“当时大米一斗通常值五十钱左右，丰年时五钱，甚至有三钱的时候。由此可知，长安士女之奢侈”[3]。换句话说，按现在北京的物价换算，一株牡丹价值人民币数万元[4]。

北宋时，仍有高价的牡丹交易。据欧阳修《洛阳牡丹记》记载，当时洛阳的富豪买“山篦子”用于嫁接名花，姚黄的嫁接需要 5000 钱；魏花需要 1000 钱（刚上市时值五千钱）。《陈州牡丹记》中有更惊人的记录：政和二年（1112 年），园户（供人参观牡丹花的园圃）牛氏的花圃中偶然有奇花“缕金黄”，牛氏对参观者收每人 1000 钱。由此可见，北宋时期的牡丹产业也十分繁盛。另据陆游的《天彭牡丹谱》，在南宋的成都，“双头红”刚上市时最高价为 30000 钱；“祥云”刚出时值 7000~8000 钱（陆游在成都时降价到 2000 钱）。有人研究指出，北宋时大米 1 斗为 20~300 钱；南宋时则为 100~400 钱[5]。南宋时的物价比北宋时高，所以好像不能简单认为南宋时的牡丹交易价格比北宋时高。

[1] 李肇．唐国史补[M]．上海：上海古籍出版社，1957: 45.

[2] 中华书局编辑部．全唐诗[M]．增订本．北京：中华书局，1999: 2019.

[3] 桑原騭藏．桑原騭藏全集：第 1 卷[M]．東京：岩波書店，1968: 366.

[4] 唐代的 1 斗大概是现在的 5 千克，大米的市场价按 8 元/千克计算。前文提到牡丹 1 株约 10000 钱，若大米 50 钱/斗，则 1 株牡丹相当于 200 斗大米，即现在的 1000 千克，折合人民币约 8000 元；若大米 3~5 钱 1 斗，则 1 株牡丹相当于 2000~3333 斗大米，即 10000~16665 千克，折合人民币 80000~133320 元。

[5] 魏华仙．宋代花卉的商品性消费[J]．农业考古，2006, 82: 209-215, 247.

这种花卉产业的隆盛堪比17世纪荷兰的“郁金香热”。20世纪80年代中国长春也有过“君子兰热”。这些流行现象的背后一定存在经济因素——作为“投资”对象的花卉。现在，经济学者将17世纪荷兰的“郁金香热”视为有史以来首例“泡沫经济”。中国唐宋时期的“牡丹热”也有“泡沫经济”的一面。虽然中国的唐宋史料中未见“泡沫经济”现象的明确描述，但在唐代徐夤（一说为徐寅）《牡丹花》的诗句中似有暗示唐代一些富豪因投资牡丹失败而破产：

……开当青律二三月，破却长安千万家。天纵秾华刳鄙吝，春教妖艳毒豪奢……能狂绮陌千金子，也惑朱门万户侯。[1]

苏轼在流谪地作了一首怜悯农民的诗《荔枝叹》：

……我愿天公怜赤子，莫生尤物为疮痏。雨顺风调百谷登，民不饥寒为上瑞。君不见，武夷溪边粟粒芽，前丁（渭）后蔡（襄）相宠加。争新买宠各出意，今年斗品充官茶。吾君所乏岂此物，致养口体何陋耶？洛阳相君忠孝（钱惟演）家，可怜亦进姚黄花。[2]

这首诗的结构、内容与白居易的《牡丹芳》相仿，除了荔枝，苏轼还提及茶和牡丹，公然批判朝廷的奢侈。苏轼这样的大文学家只作《酒经》一部谱录，是因为他认为当时这种作谱之风虽然可以宣传当地特产，但也会破坏农民的生活。

与牡丹相比，梅树、兰花、菊花的谱录中偶尔有交易的记载，但似乎没有高价交易。南宋的文献中也不多见。

[1] 徐夤．牡丹花［M］//中华书局编辑部，校点．全唐诗．增订本．北京：中华书局，1999：8228–8229.

[2] 钱锺书．宋诗选注［M］．北京：生活·读书·新知三联书店，2002：118–120.

◆ 本草学与植物谱录

一些宋代谱录的撰者，如蔡襄、韩彦直等人，都引用过本草书籍，明代李时珍也曾参考过《桐谱》等宋代植物谱录，两门学科之间存在着植物学相关知识的互动。但中国古代本草学似乎没有影响到植物谱录的核心部分，说明植物谱录这种著作活动是完全独立发展的学科。不过，宋人的学术风格强烈地影响了本草学和植物谱录。

虽然本草学与宋代植物谱录没有直接的依存关系，但其编撰者都注重实地考察，以及对植物形态、生态的全面记载。唐代《新修本草》[1]的重点在于对容易混淆的药用植物进行详解，说明辨别的关键。而宋朝政府仿效《新修本草》编撰《图经本草》，这本官修本草书的编撰者苏颂等人展示了与《新修本草》稍微不同的调查方法，即无论是否容易辨别，宋朝中央下令各地的郡县记录“（所产药用植物的）根茎、苗叶、花实”的“形色、大小”，“逐件画图”后附注“着花结实，收采时月”[2]。与《新修本草》不同，《图经本草》的编撰者想要全面把握药用植物的野生状态。从南宋刘甲刊本《大观本草》（1211年刊本）的附图来看，画工的技术水平参差不齐，药用植物的画图随产地不同也有很大差异。这种特点也说明《图经本草》的本草图原来就是各地郡县按照苏颂等人的建议找当地画工制作的。

在文艺复兴时期的欧洲，西方近代植物学的萌芽以

[1]唐高宗读了苏敬显庆二年（657年）的奏议，下圣旨命苏经等增订陶弘景的私撰本草书《本草经集注》。显庆四年（659年），苏敬等献呈中国首部官修本草书——《新修本草》。他们在编撰过程中“征天下郡县所出药物，并书图之”。据此推之，唐政府收集后，让画工描画了药材，制作《药图》25卷及《图经》7卷（亦称《本草图经》）。

[2]苏颂《（嘉祐）本草后序》：“欲下诸路州县应系产药去处，并令识别人，仔细辨认根茎、苗叶、花实、形色、大小，并虫鱼、鸟兽、玉石等，堪入药用者，逐件画图，并一一开说，着花结实，收采时月，所用功效；其番夷所产药，即令询问榷场市舶商客，亦根据此供析，并取逐味各一、二两或一、二枚封角，因入京人差送，当所投纳，以凭照证，画成本草图，并别撰《图经》。”（见《证类本草》例序、《苏魏公文集》卷六五）

古代罗马迪奥斯科里德斯撰的《药物志》为基础而发展，而古希腊狄奥夫拉斯图斯的《植物志》等植物专述却未受到重视。在中国，明清的文人继承宋代的植物谱录，不断撰出新的植物谱录。花卉园艺的兴盛促使文人更多关心植物本身，提高植物学相关知识的传播。文艺复兴时期的欧洲以及中唐以前的中国都处于民间花卉园艺文化未成熟的阶段，所以只有以药物学（本草学）、方物学（异物志、虞衡志）为代表的植物学相关知识的成就。后来，中唐时期（776—835 年）的中国长安迎来了“牡丹热”，在约 1637 年，欧洲荷兰迎来了“郁金香热”。欧洲的植物学相关知识和栽培技术随之急速发展。

第三节 宋画、插花与植物谱录

◆ 宋代花鸟画与谱录

分析绘画对了解古人的植物相关知识是十分重要的。宋代的植物谱录中，欧阳修的《洛阳牡丹图》、刘攽的《芍药谱》、蔡襄的《荔枝谱》皆附有图，甚至有《梅花喜神谱》这样以图画为主的植物谱录。在中国古代绘画历史上，五代十国的绘画特别重视写实性，如黄筌的《写生珍禽图卷》等。这些绘画给我们提供的信息量往往比文本的还大，特别是在表现植物形态方面。因而，两宋画家制作的植物画也具有很高的参考价值。

自北宋后期开始，士大夫开始执笔作画，文人画开始出现并流行。到了南宋时期，文人画更加盛行。于是出现了《梅花喜神谱》这样的由植物谱录与花鸟画结合而成的画谱。《梅花喜神谱》的做法开辟了新的领域，此后的元朝进入植物画谱录的发展期，出现李衎的《竹谱详录》[1]、吴太素的《松斋梅谱》、刘美之的《续竹谱》、吴镇的《墨竹谱》、张退公的《墨竹记》等画谱作品[2]。从科学史、古代生物知识的角度来说，《竹谱详录》的撰者李衎早已提到“竹根二种”的区别[3]。《竹谱详录》虽是出于绘画的需求而记载竹根的区别，但我们还是可以从中得知撰者真诚细致观察一类植物而获得的生物知识。在《松斋梅谱》中，吴太素强调画梅者需要掌握画梅树的要点，不拘其外观，尽力表达画家自己的精神。物皆至理，梅树也不例外，既有以“观物”欲究其理者，

[1] 原来载有竹子有关的大量诗文，现存本是阙本。

[2]《重较说郛》卷九一还记有管夫人的《墨竹谱》。管道昇，元朝的代表性画家赵孟頫的夫人。但笔者认为，存在疑书之嫌。

[3] 李约瑟．中国科学技术史：第6卷：第1分册：植物学[M]．袁以苇，等，译．北京：科学出版社，上海：上海古籍出版社，2006：330-331．

亦有“画物”欲穷其理者。谈及宋代植物谱录的历史及其对后代的影响，不可忽略这些植物画谱。

宋代绘画较之前有了不小的变化，主要表现在画家不再满足于摹本作画，开始根据个人观察而作画。宋代宫廷画坛出现画花鸟的画家，如黄筌、赵昌、徐熙等。徐熙与黄筌（及其子黄居寀）凭花鸟画而成为画坛双璧，留下不少牡丹画。《梦溪笔谈》有一则故事：欧阳修有一幅古画叫《牡丹丛》，牡丹的下边画有一只猫。作为姻亲的丞相吴正肃访问欧阳修家，瞥见其画曰：“此正午牡丹也。”欧阳修问他如何知晓。吴正肃接着说：“其花披哆而色燥，此日中时花也；猫眼黑睛如线，此正午猫眼也。有带露花，则房敛而色泽；猫眼早暮则睛圆，日渐中狭长，正午则如一线耳。”[1]然后，沈括写道：“此亦善求古人心意也。”其实，这则故事除了出现的人物不同以外，与唐代段成式《酉阳杂俎》所载的一个故事一模一样。当时流传的这种说法，对于理解古人的绘画很重要。同时也说明，“绘画”（或画家）与“格物致知”不无关系。虽然画家不以文字表现，但我们确实可以看到，画家密切观察动植物形态的同时，也十分注意动植物的生态，并将这些通过观察而得到的知识充分发挥于画面上。崔白的《双喜图》就十分生动地表现出动物的形态和生态。

用文字无法完整地解释绘画的技术，也难以全然描述动植物的形态、生态。所以我们可以通过绘画来了解宋人对动植物的观察。无论是写生还是写意，画家需要细致观察画题的植物。今天虽然大多植物谱录的附图已

[1]沈括．梦溪笔谈[M]．张富祥，释注．北京：中华书局，2009: 179-180.

经失传，但了解宋代植物谱录时，不能忽略很多植物谱录原来有附图这一现象，那些多是宋代的画工所作，可以帮助我们了解宋人对植物的观察态度。

五代至北宋，黄筌、赵昌等写生主义的宫廷画家成为画坛领军人物。徽宗治世的时候宫廷画家依然忠实于写生，但与此同时，部分文人画家逐渐远离写生主义，开始重视写意，士大夫重视写意的风气也影响了谱录绘画。

其实，写生与植物学发展有着一定的关系。生物分类是生物学的基础工程。在西方，随着自然分类学逐渐成形，写生技术精度不断提高，印刷技术也得到快速发展。没有照相机的时代，只能用写生画印刷出版，所以写生技术的提高在生物分类学发展上具有很重要的作用。自南宋以后，中国画家的重点从写生转移至写意（但清朝也有著名花鸟画家恽寿平等人），《植物名实图考》中可以看出类似西方植物艺术（Botanical Art）那样的风格，但中国历代画坛的主流一向不走与西方植物艺术类似的轨道。可以说这种差异表现出宋代“理学”与西方“科学”的不同。所谓南宋画的特点已经有不少学者深入研究。其中岛田修二郎有如下看法：

宋代绘画的面孔之一是与右面那样的写实主义对立的一面，即不直接描写自然，而是将画家心中的想法或心理感受尽量生动直接地表现出来。可以说是自然地抒发个性的一种表现。而追求忠实精确地描写事物的外形，反而会妨碍表现心理映象。若能率直而生动地表达作家的想法，即使不对描写对象细致描画，其形态也能生动地被展现出来。……这里追求的是超越了一般规则，自由表达各种变化的开放笔调，以及饱含胸中构想，大胆地将事物进行变形或简化的表现手法。……宋代绘画的两个分支（写实主义与理想主义）并不是单纯独立的派别。而是互相浸染的复杂样貌，并随着时间浮沉，构成了这个时代绘画史的两大主流，不曾有截然分开之时。……而写实主义的代表多是宫廷画院的画家，而理想主义的作品多出自士大夫、文人等知识阶层，或是僧侣、道士之手。[1]

另外，中国的古代生物学与中国传统艺术史有着明显的互动关系。如上所述，有些植物谱录里本来有植物图，但后失传，只有文字部分传到后世。此外，范成大、蔡襄等不仅是植物谱录的作者，也是著名书法家。考虑到书法和国画的密切关系，的确不能忽略艺术和植物谱录的关系。笔者参考欧洲学者的着眼点和分析方法，参照宋朝国画的发展史，考察了绘画与谱录乃至植物学的关系。限于篇幅，本书中就不进一步展开。

[1] 島田修二郎，米澤嘉圃．宋元王朝の绘画［M］．東京：藺山龍泉堂，1952：253-255.

◆ 插花文化

舒迎澜在《古代花卉》中介绍，东汉墓的墓道内有盆栽植物的壁画，壁上绘有卷沿圆盆，内栽红花绿叶植物，置于方形几架上。王羲之在《柬书堂帖》中提到莲的栽培："今岁植得千叶者数盆，亦便发花，相继不绝。"舒迎澜认为，这是有关盆栽花卉最早的文字记载[1]。

佛教的祭坛常有献花，不过早期的花主要用花盘承托[2]。史书记载，齐武帝萧赜的第七子萧子懋在7岁时(约478年)，其母阮淑媛病重，请佛僧来祈祷：

有献莲华供佛者，众僧以铜罂盛水渍其茎，欲华不萎。子懋流涕礼佛曰："若使阿姨因此和胜，愿诸佛令华竟斋不萎。"七日斋毕，华更鲜红，视罂中稍有根须，当世称其孝感。[3]

南宋周密的《癸辛杂识·盐养花》记载：

凡折花枝，捶碎柄，用盐筑，令实柄下满足，插花瓶中，不用水浸，自能开花作叶，不可晓也。[4]

可见，周密已经关注如何能使插花可以保持更久。花瓶在宋画中也常见，如被视为北宋制作的敦煌出图《水月观音像》(图9-1)中有花瓶，宋代的砖石上画有花瓶(图9-2)，西夏、日本的绘画中也有花瓶(图9-3)。

关于瓶花的制作，南宋周密的《乾淳起居注》和《乾淳岁时记》记载南宋的宫廷、平民家中都摆设瓶花。《分门琐碎录》也载有牡丹等各种花插于花瓶并延长保鲜时

[1] 舒迎澜．古代花卉[M]．北京：农业出版社，1993: 55.

[2] 马炜，蒙中．西域绘画8: 经变[M]．重庆：重庆出版社，2010: 26.

[3] 李延寿．南史[M]．北京：中华书局，1975: 1110.

[4] 周密．癸辛杂识[M]．吴企明，校点．北京：中华书局，1988: 142.

图 9-1　北宋《水月观音像》(*Guanyin of the Water Moon*)。美国弗利尔美术馆藏

图 9-2　刻有桌上花瓶的宋代砖石。英国大英博物馆藏

图 9-3　日本《鸟兽人物戏画绘卷》甲卷中的著名一段。被视为与张镃的《梅品》同一时代的绘画，相传由天台宗的和尚鸟羽僧正觉犹（1053—1140年）所绘

注：图像源自马场あき子，宫次男《日本美を語る(6)絵と物语の交响》，ぎょうせい1989年版，第90页。

间的方法。张镃在《梅品》的“花宜称”中提到“铜瓶”，说明当时文人以梅枝插于铜瓶。他在《玉照堂观梅二十首》中也提道：“更取梅花瓶内插，放教清梦月机警江。”[1]在南宋时期，插花更加普遍。

文艺复兴后的欧洲绘画中，以插于瓶中的花卉植物为题材的作品颇多，画中经常搭配中国瓷器，还有仿制中国瓷器的花瓶。在此之前的欧洲静物画中似乎未见花枝插于瓶子。花瓶似乎是从中国传播至日本、欧洲等地区。1710年，欧洲的德国瓷器制造商——梅森（Meissen）首次成功仿制东亚瓷器。

[1] 瓶子原是装酒水等的容器，而在这里以花木插入其中，用于观赏。印度古来已有献花文化，所以佛教仪式中常见有献花，不过笔者未知早期印度有以花木插于花瓶的习惯。现在，“插花”“花瓶”这种观赏方式虽然很普遍，但在中国宋代以前的绘画、文字中极其罕见。

◎

第四节 植物谱录中的思想

◆ 植物谱录与宋理学、佛教的关系

阅读《诗经》的好处之一，即孔子提到的“多识于鸟兽草木之名”。但孔子只是以博学为好，未提及可将植物作为审美对象，也未鼓励后人亲身实地考察植物。其中的原因，主要与很多文人不重视实物考察有关。

前面已经提到，在宋代及以后，这种情况有了很大的转变。士大夫开始变得特别重视亲自观察，并由此探索自然的哲理，通过植物思考哲学性问题。这与宋代士大夫的理学思想颇有关系。

北宋初期，赞宁、仲休等吴越（今江浙一带）天台宗和尚都撰写了植物谱录。李约瑟讲述佛教对中国科学和科学思想的影响时指出，佛教思想影响了人们对生物变化和变形过程的认识。他引北宋郑景望的《蒙斋笔谈》为据，并总结：“在此，我们看到了 12 世纪初期一个真正试图去观察、理解生物变化的尝试，它明显与佛教的转世观念有关。”[1]从《笋谱》的撰者赞宁身上也可见一斑。赞宁撰有《物类相感志》，虽然此书失传[2]，但从“物类相感”可知其显然是与生物转化有关的书籍。

同时，也有不少学者已经指出宋代理学与佛教思想存在着密切的关系。赞宁、仲休等和尚撰出早期的植物谱录，首先与他们的宗教生活有着密切的关系，赞宁的《笋谱》还涉及对自然现象的哲学性思考。

[1] 李约瑟. 中国科学技术史：第 2 卷：科学思想史[M]. 何兆武，译. 北京：科学出版社，上海：上海古籍出版社，1990: 448.

[2] 赞宁在《笋谱》中自称：“愚著《物类相感志》，常寄书问天目旧友……”《郡斋读书志》亦载：“《物类相感志》十卷，僧赞宁撰。”

◆ 道家文献中的造物、造化

通过阅读各种谱录，笔者认为“造物（造化）”是一个理解宋人自然观的关键词。“造物”“造化”在《汉语大词典》中的词义相似，但仔细查看各种典故，它们其实有一些区别。“造物”“造化”二词始见于《庄子·大宗师》。[1]首先，“造物”一词出现在子舆、子来的两个故事中：

子舆曾因得病伸不直腰，于是发感慨说：“伟哉！夫造物者将以予为此拘拘也。（伟大啊，造物者把我变成一个拘挛不直的人）”子舆泰然处之，若无其事，步履蹒跚地走到井边，照着自己的影子再次感叹：“嗟乎！夫造物者又将以予为此拘拘也。（啊呀，造物者又把我变成一个曲背弯腰的人了）”

子来因得重病，气喘急促快要死了。子犁靠着门对他说：“伟哉造物！又将奚以汝为？将奚以汝适？以汝为鼠肝乎？以汝为虫臂乎？”

上述故事体现了庄子的自然观、宇宙观，说明一切听任“造物者”运行的重要性，体现“万物齐同”及“顺其自然”的思想。所以，庄子的“造物”即使有意识，也并非怜悯、珍惜之情。

《庄子·大宗师》的第三个故事记载：

今大冶铸金，金踊跃曰：“我且必为镆铘！”大冶必以为不祥之金。今一犯人之形而曰：“人耳！人耳！”夫

[1]《庄子》中“应帝王”“列御寇”“天下”各篇亦出现“造物者”。“造物”“造化”还在《列子》中有记载，但不见于“四书”及《老子》等书籍中。

造化者必以为不祥之人。今一以天地为大炉，以造化为大冶，恶乎往而不可哉！

其大意是，假如一个铁匠要铸造器物时，金属跳起来说："我要做莫邪名剑！"那个匠人一定觉得这块金属是不祥之物。同样，如果造化者刚造出一个人的形体，人体就开始说："我是人了！我是人！"那么造化者一定会认为这个人不好。现在，就把天地看作大熔炉，把造化当作铁匠，去哪里去不可以呢！

在这个故事中，"造化者"是一种掌管自然现象（变化）的存在，他能使得物质变形，改造出另一种东西，但并不是从"无"中创造世界的存在。[1]王充在《论衡》更清楚地指出这一点："天地为炉，万物为铜，阴阳为火，造化为工。"郭象在《南华真经》序中曰："上知造物无物，下知有物之自造也。"造物没有实体，也没有意图，而造化的词义略有突出它是一种作用、现象的侧面，但也可以看作同一个意思。

[1]《汉语大词典》等将"造物（者）、造化"解释为创造万物的神、自然界的创造者。在庄子的宇宙观中，这种解释恐怕不妥当。

◆ 唐代的造物、造化

李白偏好道教文化，他的诗中经常出现"造化"一词，从用处来看，其与庄子的"造化"没有太大差异。白居易的诗中也曾出现"造化"一词，如在唐代花卉诗中大放异彩的《牡丹芳》："我愿暂求造化力，减却牡丹妖艳色。少回卿士爱花心，同似吾君忧稼穑。"因为白居易不能操作造化力使得牡丹变形，其诗意应该理解为，白居易祈求“造化力”。但如果“造化力”是庄子所说的一种现象或作用，那么白居易对造化的祈求完全是无用的行为。笔者认为，白居易的“造化力”已经不是庄子所说的“造化”，而更接近唯一神、人格神。有些学者认为，白居易的思想与佛教有密切的关系。不过，佛教的主要思想是“无常”，认为万物都在演变的过程中，一般不说及唯一神、人格神或创造者的存在，也基本没有对天地创造的解释。

景教是给唐朝带来新思想的外来宗教之一，其文献也提及“造化”“天地”“创造”等，如《大秦景教流行中国碑》《序听迷诗所经》。从《大秦景教流行中国碑》这个著名碑石的名称可以知道，唐代人对景教的接受程度较高，唐朝还优遇景教的传道。该石碑的开头有：

粤若。常然真寂。先先而无元。窅然灵虚。后后而妙有。总玄抠而造化……十字以定四方，鼓元风而生二气。暗空易而天地开，日月运而昼夜作，匠成万物然立初人。[1]

此处的“造化”是表示“演变”的一个动词。后面讲述的“鼓元风而生二气”等所谓“天地创造”的记载尤值得注意。景教的另一部经典《序听迷诗所经》中对“天地创造”有更详细的记载[2]：

万物见一神，一切万物既是一神，一切所作若见。所作若见，所作之无亦共见一神不别。以此故知一切万物所作。可见者不可见者并是一神所造。之时当今。现见一神所造之物。故能安天立，至今不变。天无支托。若非一神所为，何因而得久立不从上落。此乃一神术妙之力。若不一神所为，

[1] SAEKI Y P.The Nestorian Documents and Relics in China[M]. 2nd edtion.Tokyo: Maruzen, 1951: 1.

[2] 同[1] 17-40.

谁能永久住持不落。此言之知是一神之力。故天得独立……天尊见众生如此，怜悯不少……譬如说言，魂魄在身，上入地中麦苗在（而）后生生子。五荫共魂魄。异言麦苗生子，种子上能生苗，苗子亦各固自然生。不求粪水。若以刘竟麦入窑，即不藉粪水。暖风出如魂魄在身，不求觅食饮，不要衣服。

《序听迷诗所经》的作者反复强调天尊是唯一神，同时描述这位神（天尊）是具有感情的存在。如果将这种神充当白居易所祈求的"造化"的话，其诗意较容易理解。不过，到此已经不在本书探讨的范围内，姑且不再论。

◆ 宋代士大夫思想中的造物、造化

庄子的"造物"不会有怜悯、珍惜之情。这种思想还见于宋代的文献中，比如《宣和画谱》的"花鸟叙论"：

五行之精，粹于天地之间，阴阳一嘘而敷荣，一吸而揫敛，则葩华秀茂见于百卉众木者，不可胜计。其自形自色，虽造物未尝庸心，而粉饰大化，文明天下，亦所以观众目，协和气焉。

在苏轼的诗句"细看造物初无物，春到江南花自开"中，造物本身也被视为没有主观意志[1]。陆游在《周益公文集序》中也提到：

天之降才，固已不同，而文人之才尤异。将使之发册作命陈谟奉议，则必畀之以闳富淹贯温厚……故其所赋之

[1] 山本和義．詩人と造物——蘇軾論考［M］．東京：研文出版，2002: 72-74.

才，与所居之地，亦若造物有意于其间者。虽不用于时，而自足以传后世。此二者，造物岂真有意哉？亦理之自然，古今一揆也。

另外，邵伯温在《易学辨惑》中介绍其父邵雍和程颐的故事：

伊川（程颐）又同张子坚来，方春时先君（邵雍）率同游天门街看花。伊川辞曰："平生未曾（尝）看花。"先君曰："庸何伤乎？物物皆有至理。吾侪看花，异于常人，自可以观造化之妙。"伊川曰："如是。"则愿从先生游。[1-2]

可见，赏花也是宋代理学的一种观察方式。因而，许多植物谱录也提到"造物""造化"。比如，欧阳修的《洛阳牡丹记》记有："鞓红……此造化之尤巧者。""叶底紫……噫！造物者亦惜之耶？"《洛阳牡丹图》中有："造化无情宜一概，偏此著意何其私。"刘蒙的《菊谱》写道："都胜……疑造物者着意为之。""红二色……或有一株异色者，每以造物之付受有不平欤，抑将见其巧欤。"刘攽的《芍药谱》写道："此天地尤物，不与凡品同待[3]。其地利、人力、天时参并具美，然后一出，意其造物，亦自珍惜之尔。"王观的《芍药谱》也写道："尽天工……傥非造化，无能为也。"

不过，在欧阳修等北宋士大夫的著作中，"造物"往往是有心意的，如欧阳修的"造物者亦惜之耶"和刘攽的"此天地尤物……其造物亦自珍惜之尔"等，这与庄子等人的道家思想中的"造物"有所不同。

[1] 邵伯温. 景印文渊阁四库全书9: 易学辨惑[M]. 台北：台湾商务印书馆，1983: 411.

[2] 邵伯温. 景印文津阁四库全书经部2: 易学辨惑[M]. 北京：商务印书馆，2005: 350.

[3]《花木鸟兽集类》作："必待其地利……"

第五节 宋代植物谱录对后世的影响

宋代植物谱录成就显著，给后世带来了什么样的影响，这也是需要思考的问题。元明两朝的文人撰写了不少植物谱录，都是以宋代植物谱录为基础，同时也带有时代的特点。宋代植物谱录还影响了日本和朝鲜半岛，日僧荣西的《吃茶养生记》是外国人在宋朝时期撰写的唯一谱录，日本文人也撰写了一些植物谱录；15 世纪朝鲜的姜希彦撰写了综合性植物谱录《养花小录》。后来，来华传教士将植物谱录看作中国古代的科技文献，并给予高度赞扬。

◆ 中国（元明两朝）

从南宋后期开始，宁波成为动植物谱录的一个重地。高似孙撰出了《竹史》《蟹略》，左圭编出《百川学海》。南宋末到元初，舒岳祥、王子兼、刘庄孙等宁波文人也喜爱养花，常咏作植物主题的赠友诗。另外，舒岳祥撰有《阆风菊谱》《菖蒲谱》两部，王子兼有《梅略》一部[1]。舒岳祥的《阆风集》中载有“菖蒲最难养置……讲求其法至备尝为之作《谱》……”[2]“次和杨中斋读《阆风菊谱》因觅本植斋前韵”[3]，可知他撰有菊花谱和菖蒲谱。舒岳祥的著作中多见花卉花木，往往有格物致知的观点。

舒岳祥为王子兼的《梅略》作跋文，该跋文见于《阆风集·王达善梅略附辩后》[4]。此跋文记载王子兼写有

[1] 傅璇琮．宁波通史：宋代卷［M］．宁波：宁波出版社，2009: 279-281.

[2] 舒岳祥．阆风集［M］// 刘承干，辑．嘉业学堂丛书．民国七年吴兴刘氏刻本．1918: 2b(卷 6).

[3] 同［2］5b-6a(卷 6).

[4] 同［2］1a-2a(卷 12).

“若梅有柟名者，毛氏当注于摽梅之下，不当于终南发之。误后学者毛氏也”，可知《梅略》的部分内容是《毛诗》的名物考证。

这3部谱录成书的确切时间尚不明确。南宋末，同在宁波的左圭收集植物谱录等100种文献，咸淳九年（1273年）编出《百川学海》，未收这3部谱录。据邱鸣皋考证的舒岳祥和王子兼的事迹[1]，这3部谱录大概成书于宋朝灭亡之后。

元代很多士大夫像舒岳祥一样，很向往隐逸的生活。记录元代文人的隐逸生活和养花相关的史料似乎不多，但当时的文人画有不少以梅花、竹子等为题的水墨画，反映了他们生活艰苦自持的处境（图9-4）。那时的隐士似乎并不能像南宋士大夫那样过着悠闲自得的生活。另外，元代的清真寺“凤凰寺”所藏的石碑上也有花瓶的图案（图9-5），可以窥见当时花卉文化的一个侧面。

就当时的文人而言，梅花、竹子、兰花等植物内在的精神和文人自身的精神已经成功地同化（理与心的融合），体现了天人合一的境界。在仕途理想难以实现的时代，士大夫们通过绘画、书法等途径不断提升自身的修养，充实精神生活。因此，文人画是在继承南宋文人画风格（如宋伯仁的《梅花喜神谱》）的基础上而发展的。

明朝建立前后，朱元璋多次下令四方寻求贤人。虽然不少隐士答应出仕，但仍有部分隐士闭门谢客，最终朱元璋大怒，开始对那些隐士进行迫害。这引起了一批文人的反感，也加强了文人的隐逸志向。就明代隐士思想，张德建做了深入的研究。据载，明万历年间（1573—

[1] 邱鸣皋. 舒岳祥年谱[M]. 上海：上海古籍出版社，2012：175-180.

图 9-4　元人所绘《天中佳景》。台北故宫博物院藏

图 9–5　杭州凤凰寺第 5 号墓碑背面有插在花瓶的花枝的图案

注：图像源自《杭州凤凰寺藏阿拉伯文、波斯文碑铭释读译注》，莫尔顿、乌苏吉释读，周思成中译，中华书局 2015 年版，第 69 页。

1619年）出现了“公安三袁”（公安派），袁氏兄弟中最年轻的袁中道，将邵雍视为理想中的隐士，很重视对事物的观察。此外，其兄袁宏道所撰的《瓶史·序》中记载有：“为卑官所绊，仅有栽花莳竹一事，可以自乐。”[1] 从其文章可以看到养花与隐逸的密切关联。此时，著名藏书家、出版家毛晋所编刻的《山居杂志》和李玙编的《群芳清玩》都是收集隐逸（山居）生活和清玩结合的丛书，其间可以看到赏花方法、养花技术等相关记载。可见，养花在当时成了隐逸生活不可缺少的一部分。这种风气与北宋人所实践的格物致知有所不同，其继承的是南宋隐士的风格。

元代的文人士大夫继承了南宋人的隐逸志向并使之深化。明代后期，民间出版的书籍里出现大量的神仙书、道教书。随着道教思想渗入隐士思想，出现了“弄花养性”可以长生之说。高濂在《遵生八笺》里载录了大量花卉文献和栽培技术，并写道：“孰知闲可以养性，可以悦心，可以怡生安寿。”[2]《遵生八笺》《瓶史》《长物志》等养生书、园艺书在江户时期的日本大受欢迎，对日本园艺文化产生了一定的影响。

《（雅尚斋）遵生八笺》的内容共分为8个部分，即“清修妙论笺”“四时调摄笺”等8笺，包括医学的基础知识、饮食起居、养生保健、服食炼丹等。在第6笺“燕闲清赏笺”中，高濂专门对古玩、赏花进行了介绍。高濂认为，若远离世间纷扰平静度日，便可以养性长寿。因而，他详尽记载了栽培各种花卉植物的乐趣。

下面以芍药为例介绍明清的芍药文献。高濂在《遵

[1] 袁宏道．瓶史 // 王云五，主编．丛书集成初编：1559 考盘余事·瓶史·瓶花谱·飞凫语略．上海：商务印书馆，1937：1．

[2] 高濂．遵生八笺[M]//北京图书馆古籍珍本丛刊：61．北京：书目文献出版社，1998：384（卷14）．

生八笺·卷十六·芍药谱》中首先介绍芍药的简史，接着有“种法”“培法”“修法”的简单说明，最后的“芍药名考”一则列举各书所载的品种，如刘攽《扬州芍药谱》31种、孔武仲《扬州芍药谱》33种、《广陵志·芍药谱》32种。[1]在“芍药名考”转载孔武仲《芍药谱》的一文后，写道：“芍药花谱总别四十二种，其色则世传以黄者为贵，余皆下品也。君子谓此花独产于广陵者，为得风土之正，亦犹牡丹之品，洛阳外无传焉。”此内容不见于他书，似是高濂所写。在各种芍药谱中，芍药品种的品第高位者确实皆以黄色花瓣为多，自古以来特别珍惜黄色芍药。

万历二十七年（1599年）袁宏道撰出《瓶史》。该书主要内容是赏玩花卉的方式，部分内容与《遵生八笺》重复，袁宏道显然参考了高濂的《遵生八笺》。书中没有详细讲解个别的花卉植物，只见到“品第”一则中有“芍药以冠群芳、御衣黄、宝妆成为上”一句。今有中田勇次郎的日译本。

王象晋撰有《群芳谱》。书末的自跋写于天启元年（1621年），陈继儒、毛凤苞（毛晋，1599—1659年）、姚元台同校。据初步调查，如《故宫珍本丛刊》本等，很多现存版本属于经过王象晋的孙子和玄孙重新整理的版本。书中可见“三王”（即王士禄、王士禧、王士祜）、王士祯（1634—1711年）等清初文人以及玄孙的名字。因毛晋参与《群芳谱》的校阅，汲古阁刊本中可能有过此书。不过，笔者未见汲古阁原刊本。

《故宫珍本丛刊》本《群芳谱》的“花谱卷四”有芍药一项。在简单介绍芍药后，作者按照花瓣的颜色罗

[1]高濂.遵生八笺[M]//北京图书馆古籍珍本丛刊：61. 北京：书目文献出版社，1998: 483-484.

列品种。黄色者以“御衣黄”为首共 7 种；红色者以“冠群芳”为首共 22 种；紫色者以“宝妆成”为首共 5 种；白色者以“杨花冠子”为首共 5 种，总共载有 39 种。在此之后，分别有 7 则条目：“根”（药用），“分植”（分根种植）、“采制”（炮制）、“服食”（仙法）、“治疗”（方剂）、“典故”（故事）、“丽藻散语”（文学）。

清康熙帝重视《群芳谱》，因而敕命汪灏增补。翰林院的学者们充分利用皇家所藏的书籍，于康熙四十七年 （1708年）完书。品种的记载没有增删之处。值得注意的是，书中增补了《胡本草》一文中的“芍药，一名没骨花”[1]。《胡本草》为唐代郑虔所撰，早已失传。

《长物志》是明人文震亨（文徵明的后代）的作品，大概成书于崇祯七年（1634 年）。内容结构与《遵生八笺》相似，也代表了明朝文人的理想生活方式。阎婷婷认为《长物志》的内容偏向园林花卉[2]。

元明清时期似乎没有单独刊行的芍药谱，但《遵生八笺》《瓶史》《群芳谱》《长物志》《花镜》等文献为我们提供了芍药的品种、栽培情况等重要信息。

[1] 宋代的董逌《广川书跋》引《胡本草》，载同样的佚文。翰林院的学者们似乎从《广川书跋》转引《胡本草》。

[2] 阎婷婷. 四本古代花谱研究［D］. 天津：天津大学，2012.

◆ 日本

日本一直受到中国文化的影响。唐朝文化对奈良时代、平安时代前期的日本有很深的影响。然而，在战乱不停的五代十国时期，中国文化对日本的传入停滞。日本人在继续吸纳中国文化的同时，开始孕育出本土文化，文学上普及平假名、片假名等文字，并出现了创作《源氏物语》的紫式部、《枕草子》的清少纳言等著名文学家。与此同时，后周的将军赵匡胤统一中国，中国人也迎来了和平时期。于是，中日两国的交流兴盛起来，尤其“宋日贸易”的隆兴促进两国之间的了解、交流。从欧阳修的《日本刀歌》[1]、苏辙的《杨主簿日本扇》[2]可知当时日本进口的一些产品为宋代士大夫所赏识，甚至有些士大夫认识到当时日本藏有中国古书。从中国出口日本的例子，亦见于蔡襄的《荔枝谱》中：“其东南舟行新罗、日本、流求、大食之属，莫不爱好。”从中看出北宋人将福建产的荔枝出口日本。北宋时中日之间的贸易非常频繁。崇文院刊本《齐民要术》（1023—1031年刊本）也大概在此时渡海传至日本[3]。宋朝南迁后，两国的贸易更为频繁，因为与日本贸易的港口大多在中国南方，如宁波、温州、福建等地。贸易船在满载日常贸易品的同时，还将《欧阳文忠公文集》等中国典籍运往日本。牡丹也从中国传至日本。关于牡丹在日本的栽培史，细木高志已经做了深入研究[4-5]，本书不再赘

[1] 一说，《日本刀歌》为司马光所作。欧阳修、司马光的文集中分别收录该诗。

[2] 苏辙《杨主簿日本扇》：“扇从日本来，风非日本风。风非扇中出，问风本何从。风亦不自知，当复问太空。空若是风穴，既自与物同。同物岂空性，是物非风宗。但执日本扇，风来自无穷。”此是一首轻妙潇洒的诗，同时也含有对“风”的一种哲学性思考。

[3] 现仅存卷五、卷八。日人小岛尚质据此版本制作抄本，该抄本还包括卷一、卷前《杂说》。此外还有该版本的日本金泽文库抄本。

[4] 細木高志．日本牡丹の歴史(1)文献および美術芸品からの考察[J]．農業および園藝，2013，88(08): 841-851.

[5] 細木高志．ボタン[M]//柴田道夫，編．花の品種改良の日本史．東京：悠書館，2016: 205-230.

言。在这种民间交流中，临济宗日僧荣西渡海前往中国留学，归国后于1211年撰出《吃茶养生记》(1214年修订)，介绍了南宋的饮茶方式等。他的《吃茶养生记》亦可视为一部饮茶谱录。不过茶树并不是荣西第一次带到日本，此前日本已经有茶树的栽培。[1-3]

日本现存最早的造园书，橘浚纲（1028—1094年）所撰的《作庭记》中亦见“宋人云”等语，可见宋代园林文化对日本的影响。朱有燉的《德善斋菊谱》（1458年）虽然不是宋代的植物菊花谱，但在此值得一提。此书的明刊本分别被日本国立图书馆[4]和美国哈佛大学图书馆（日本旧藏本）收藏[5]。15世纪后期开始，日本陆续出现日式插花（日语写为“华道”“生花”等）的古典籍“花传书”，如《花王以来的花传书》（1486年）、《仙传抄》（1445年）、《专应口传》《唯心轩花传书》等[6]。这些花传书是用图画解释花盘上所用的草木花卉及其布置的书。中国花卉文化的东传虽然在宋代时已经很频繁，但日本人当初较重视插花的审美，后期才重视植物谱录。

随着经济发展，日本江户时期，花卉园艺开始流行。于是，宋元明清各代的植物谱录陆续出版，很多日本人学习、欣赏这些书籍。清道光十年（1830年）阿部喜任将范成大的《范村梅谱》《范村菊谱》合并翻刻，名为《梅菊两谱》；名为“海门”之人（事迹不详）于清嘉庆二十四年（1819年）根据知不足斋丛书所收本翻刻《梅花喜神谱》。另外，林伊兵卫在清乾隆二十一年（1756年）翻刻元人李衎的《竹谱详录》[7]；桐谷鸟习编写明人袁

[1] TANIGUCHI F, KIMURA K, SABA T, et al. Worldwide Core Collections of Tea (Camellia Sinensis) Based on SSR Markers [J]. Tree Genetics & Genomes, 2014(10): 1555-1565.

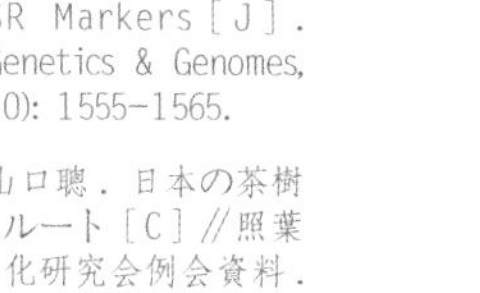

[2] 山口聰. 日本の茶樹の渡来ルート [C] //照葉樹林文化研究会例会資料. 東京: 世田谷, 2012.

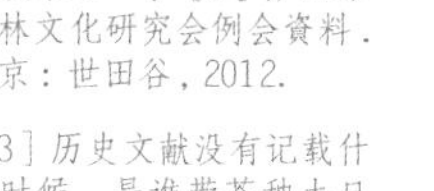

[3] 历史文献没有记载什么时候、是谁带茶种去日本。现代科学家根据分子生物学分析茶树的亲缘关系，日本专家谷口郁也等人利用SSR标记分析研究全球栽培的茶树的亲缘关系。日本专家山口聪进一步研究，根据雄蕊的长短、RAPD分析数据，判断出在日本栽培的茶树接近于中国杭州当地的茶树。这意味着杭州栽培种很可能传入日本。

[4] 张荣东. 日藏明代孤本《德善斋菊谱》考述[J]. 中国农史, 2010(04): 116-119.

[5] 张明姝, 戴思兰. 中国古代菊花谱录研究 [C] //中国菊花研究会. 中国菊花研究论文集(2002—2006). 北京市: [出版者不详], [2007]: 85-97.

[6] 村井康彦. 花と茶の世界[M]. 東京: 三一書房, 1990: 115-116.

[7] 西川寧, 長澤規矩也. 和刻本書画集成: 第5輯 [M]. 東京: 汲古書院, 1978: 長澤規矩也解題.

宏道《瓶史》（1599 年）的讲解书《瓶史国字解》，于清嘉庆十四年（1809 年）、嘉庆十五年（1810 年）两次出版。清人陈淏子的《花镜》（1688 年序）也在清乾隆三十八年（1773 年）、清嘉庆二十三年（1818 年）、清道光九年（1829 年）等多次出版。[1] 此外，在江户时代末期到明治时代，片山直人等撰写《日本竹谱》（1886 年）[2]，日本的画家服部雪斋作了《柑橘谱》[3]（图 9-6），可谓一部柑橘类谱录。

养花与养生相关联的思想在江户时期日本的文献中也可以看到。比如，著名江户园艺经营商伊藤伊兵卫在《广益地锦抄》中提到弄花有散心解闷的效果[4]。另外，水野忠晓所著的《草木锦叶集・自序》（1829 年）：曾提到园艺活动是可以治愈疾病的妙药[5]。增田繁亭在《草木奇品家雅见》（1824年）中的《凡例》第一则上说明，此书不只记载对草木之珍品奇种的嗜好，亦教诲读者养生解忧之术[6]，更明确地将园艺爱好与养生联系起来。日本园艺史专家滨崎大曾介绍过一个有趣的故事：江户时期，千驮谷（今东京都内）的医生高坂宗硕不希望儿子当医生，劝说："（与给病人治疗的医生相比）园艺家不仅能帮助他人养生，自己也能养生，这份工作比医生更靠近于仁。"[7] 这种养生法类似于今天的园艺疗法。但是，就算我们翻看中国历代的本草书、医方书，似乎也见不到"弄花、观赏行为有益于养生"等记载。

江户时期的一些日本文人也研究唐宋茶书，尤其是陆羽《茶经》，并由此翻刻和撰写了不少著作。此前在

[1] 佐藤武敏．中国の花譜［M］．東京：平凡社，1997: 323-324.

[2] 片山直人．日本竹譜［M］．中島仲山，畫．東京．石川治兵衛，1886.

[3] 服部雪斎．柑橘谱［M］．东京国立博物馆藏．

[4] 伊藤伊兵衛．広益地錦抄［M］．江戸：須原屋茂兵衛，1719: 序．

[5] 水野忠暁．草木錦葉集［M］．江戸：須原屋茂兵衛，1829: 自序．

[6] 增田繁亭（金太）．草木奇品家雅見［M］．1824: 凡例．

[7] 浜崎大．江戸奇品解題［M］．東京：幻冬舎ルネッサンス，2012: 129.

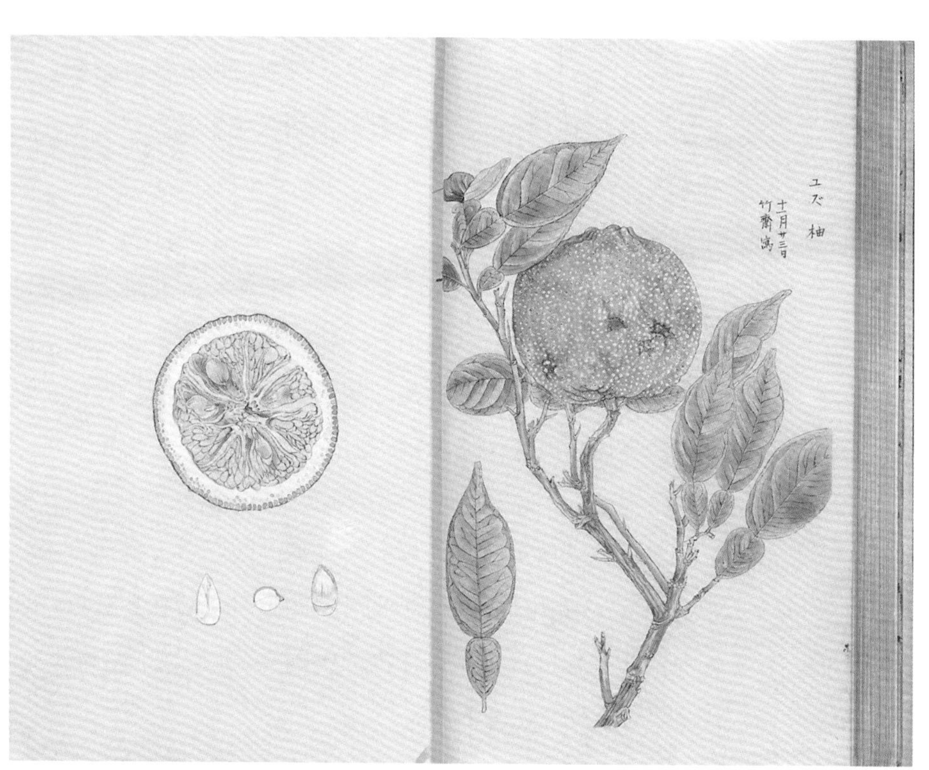

图 9-6　服部雪斋《柑橘谱》第 21b–22a 页。日本东京国立博物馆藏

17 世纪已有和刻本《茶经》行世。临济宗相国寺派的大典显常（1719—1801 年）撰著了《茶经详说》（1774 年），不仅用训读法将《茶经》翻译为日文，还利用大量的汉籍，增补了详细的注释。多家书肆前后多次出版翻刻《茶经》，如元禄五年（1692 年）的售书目录《广益书籍目录》中可见“陆羽《茶经》二卷”、宝历八年（1758 年）、天保十五年（1844 年）的翻刻出版，底本或为“明晋安郑熜校”本。

明治大正时代，冈仓天心为了向欧洲介绍日本传统文化，用英文撰写了一部《茶之书》。该书第六章专述日本的花卉文化，指出：“理想的爱花人士，应是亲赴花卉原生的产地，像陶渊明那般，在破竹篱前与野菊悠然坐谈。或是像林和靖漫游于西湖之滨……传说周茂叔会于小舟中睡去，以期做潜入水中的莲花之梦。”[1] 铃木大拙（1870—1966 年）也用英语向西方人解说日本的禅宗，并指出在日本镰仓时代至室町时代（1192—1333 年）禅僧将包括宋理学等在内的中国文化传入日本的同时，也将花卉文化传了进来[2]。

[1] 冈仓天心．茶之书［M］．谷意，译．台北：五南图书出版社，2009: 118.

[2] SUZUKI D T. Zen Buddhism and Its Influence on Japanese Culture［M］. Kyoto: Eastern Buddhist Society, 1938: 101.

◆ 朝鲜半岛

宋代植物谱录对朝鲜半岛也有一些影响，但宋朝时期，花卉文化对当时的朝鲜半岛影响较有限，其原因大概是，与日本相反，因宋朝南迁，中国和朝鲜半岛的交流遇到了阻碍。到了明朝时期，宋代花卉、园林文化对朝鲜半岛产生的影响逐渐加深。李氏朝鲜时代，已经有《养花小录》（图 9-7）、《花庵随录》等花卉著作，在徐有榘的《林园十六志》中也可以见到与花卉有关的记载。姜希彦在《养花小录》中多引宋代谱录，如欧阳修、刘攽、王观、范成大、史正志（菊花、梅花）、刘蒙的植物谱录（大多见于《百川学海》）。同时，姜希彦自序的开头有一句：

天地氤氲，化生万物。万物之生，莫不待养而成，失养而病。此圣人所以尽裁成补辅相之职，而天下地不敢专基其功，造化不敢能者。[1]

从中容易看到宋明理学的痕迹。

17 世纪的朴世堂（1629—1703 年）批判朱子学，归田隐居，撰写了《穑经》，介绍果树种植、园艺、养蚕等内容。18 世纪，郑运经（1699—1753 年）撰写地方志《耽罗闻见录》，其中的《橘谱》一篇介绍了 15 种柑橘。赵贞喆（1751—1831 年）在其流放地济州岛撰写了《橘柚品题》，后来受济州牧使回来时，也种植了橘树。顺便一提，还有丁若铨（？—1816 年）撰写了《兹山鱼谱》这样的海鱼专著。

[1] 姜希彦．菁川养花小录［M］．木村蒹葭堂旧藏抄本．日本公文书馆内阁文库藏．索书号 306-0302．（此条为笔者中译）

另外，朝鲜曾出现多部关于番薯的专著。从16世纪末开始，番薯作为救荒作物受到东亚人的重视，它的种植方法开始在东亚地区传播。日本的青木昆阳写出《番薯考》（1735年），介绍了番薯的栽培方法，并将其呈献幕府将军。朝鲜的姜必履撰写了《甘薯谱》（1766年），清人陈世元撰写《金薯传习录》（1768序），清乾隆时期的陆燿也撰写了《甘薯录》。1807—1814年，朝鲜半岛遭遇灾荒，又出现金长淳《甘薯新谱》（1813年）、徐有榘《种薯谱》（1834年）等番薯专著。

2009年，韩国梅花研究院院长安亨出版了一部梅花的专著——《梅花谱》。书中广泛记载梅花品种、栽培技术、加工、食用等内容，亦引《范村梅谱》《梅花喜神谱》等宋代的梅谱为例[1]。此书的出版表明，韩国还继承着中国宋代植物谱录的传统。最近，韩国学者李御宁在《梅花》的序文中提出"梅文化圈"的说法。他认为，过去将中日韩归于"儒学文化圈"，但这种说法可能没有很好地表达三国共有的文化内涵、因素，而"梅文化圈"或许能够更好地表现出三国共有的文化特征[2]。

[1] 안형재. 매화보[M]. 서울: 서예문인화, 2009.

[2] 이어령, et al. 매화[M]. 서울: 생각의나무, 2003: 서문.

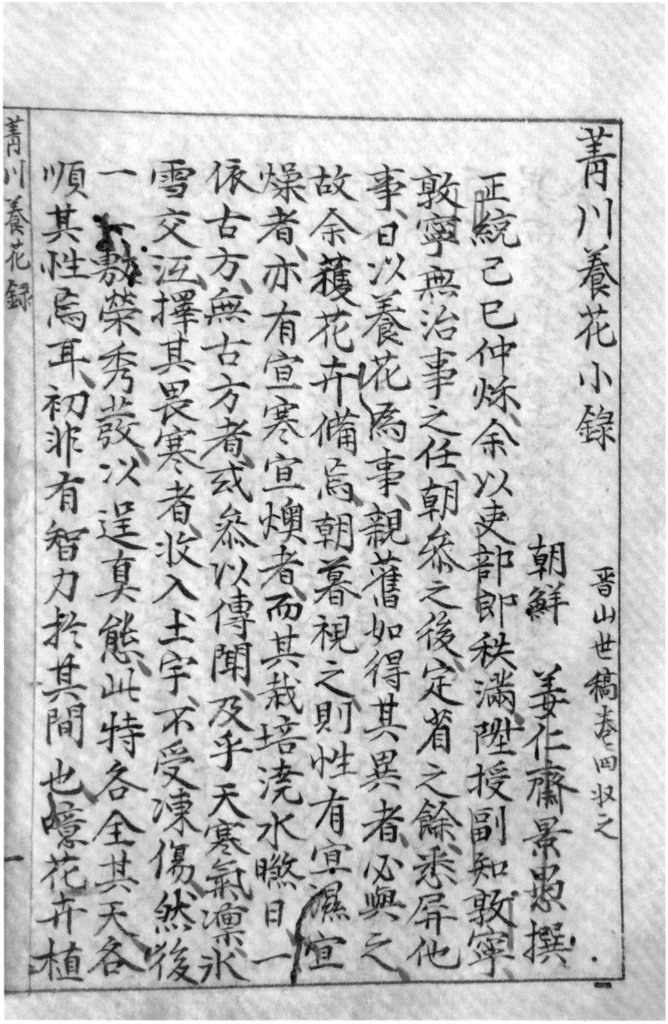

菁川養花小錄

晋山世稿卷之四收之

朝鮮 姜仁齋景愚撰

正統己巳仲冬余以吏部郎秩滿陞授副知敦寧敦寧無治事之任朝參之後定省之餘悉屏他事日以養花爲事親舊如得其異者必與之故余獲花卉備焉朝暮視之則性有宜濕宜燥者亦有宜寒宜燠者而其栽培澆水瞭日一依古方無古方者或參以傳聞及乎天寒氣凜氷雪交沍擇其畏寒者收入土宇不受凍傷然後一歲榮秀發以逞眞態此特各全其天各順其性焉耳初非有智力於其間也噫花卉植

菁川養花錄 一

图 9-7 姜希彦《菁川养花小录·序》抄本。日本公文书馆内阁文库藏

◆ 欧美

19 世纪中叶，美国的来华传教士在其出版的《广东方言读本》中介绍："中国人完全不懂'botany'（植物学）一词的科学意义。不过，医生和采药者留下了大量的植物记载，也不能忽略从著名的神农时代到现在的药性研究。"[1]大多西方著作介绍中国古代植物学的相关知识时，往往忽略植物谱录，只介绍本草书。不过，如本书第二章所介绍，英国传教士伟烈亚力很早关注中国谱录著作，并向西方介绍，但其介绍只涉及谱录的信息，谱录内容并不为西方所知。1923 年英国汉学家麦克·J．哈格蒂将韩彦直《橘录》翻译成英文出版，将其介绍给东亚之外的世界。结果引起科学史家乔治·萨顿（George Sarton，1884—1956 年）的注意。乔治·萨顿在《科学史导论》（1931 年）中提及《橘录》并予以高度评价（也有对《菌谱》的记载）[2]。从此以后，在世界科学史领域中，《橘录》一直占有独特的地位。霍尔德·S．里德（Howard S. Reed）也在《植物学简史》中较详细地介绍了《橘录》及蔡襄的《茶录》[3]。就整体而言，世界很多学者还不太熟悉中国传统的植物知识和著作，尤其是宋代植物谱录的成就。西方的植物学史综述著作有：施普伦格尔（Kurt P.J. Sprengel）的《植物学史》[4]，著名德国植物生理学者萨克斯（Julius von Sachs）的《植物学史》[5]，以及爱丁堡大学艾萨克·B．巴尔福（Issac B. Balfour）修订

[1] BRIDGMAN E C. Chinese Chrestomathy in The Canton Dialect [M]. Macau: S.Wells Williams, 1841: 436.

[2] SARTON G. Introduction to the History of Science Volume II: From Rabbi Ben Ezra to Roger Bacon [M]. Carnegie Institution of Washington. Baltimore: The Williams & Wilkins Company, 1931: 428-429 (Part1), 651 (Part2).

[3] REED H S. A Short History of the Plant Sciences [M]. New York: Ronald Press Co., 1942: 50-51.

[4] SPRENGEL K P J. Historia Rei Herbariae [M]. Amsterdam: Sumtibus Tabernae librariae et artium, 1807-1808.

[5] SACHS J V. Geschichte der Botanik vom 16. Jahrhundert bis 1860 [M] // Geschichte der Wissenschaften in Deutschland: Neuere Zeit, Band 15. München: R. Oldenbourg, 1875.

的英文版《植物学史》[1]。英国植物学者阿格尼丝·阿尔巴（Agnes Arber）撰写的《植物学：起源与演化》详细记载从15世纪文艺复兴起植物学相关的历史，也介绍古希腊、古罗马的植物学发展情况[2]。最近出版的若埃勒·马格宁－贡泽（Joëlle Magnin-Gonze）著《植物学史》中有一篇简述中国植物学的历史，仍然只根据本草书来说明中国在植物学方面的成就[3]。从这些著作的内容范围来看，在分子生物学萌芽前，西方人对植物学史的理解是，先从文艺复兴时期的德国启程，重点在于植物生理学、形态学以及分类学的发展过程。正如已故著名中国科技史专家李约瑟博士所指出的那样："国际上对这种精彩的文献几乎还不甚了解，对其评价也是极不恰当的。即使是西方最杰出的中国植物学家也忽略了它们。"[4]

关于茶书，有威廉·马克斯（William UKers）的《茶叶全书》[5]。美国化学家皮埃尔·拉兹洛（Pierre Laszlo）在2007年出版《柑橘》，为了表示对韩彦直的敬重，以一封他给韩彦直写的信来代替序言（Prologue）[6]。可见《橘录》英译的影响颇大。其他著作主要因为还没有英译，欧美以及其他地区的众多学者未得知宋代植物谱录的成就。为了更准确把握世界植物知识的发展轨迹，向世界介绍更多宋代植物谱录的成就是很重要的。

[1] SACHS J V. History of Botany(1530–1860)[M]. Balfour I B, Rev. Oxford: Clarendon Press, 1890.

[2] ARBER A. Herbals, Their Origin and Evolution, A Chapter in the History of Botany, 1470–1670[M]. Cambridge: Cambridge University Press, 1912.

[3] MAGNIN-GONZE J. Histoire de la botanique [M]. Paris: Delachaux et Niestlé, 2004: 27–28.

[4] 李约瑟. 中国科学技术史：第6卷：第1分册：植物学[M]. 袁以苇，等，译. 北京：科学出版社，上海：上海古籍出版社，2006: 302.

[5] UKERS W H. All About Tea: vol. 1–2[M]. New York: Tea & Coffee Trade Journal Co., 1935.

[6] LASZLO P. Citrus: A History[M]. Chicago/London: The University of Chicago Press, 2007: 1–3.

附录1　宋代及以前的植物谱录年表

时间	植物谱录		
	赏花植物（牡丹、芍药、菊、梅、兰、海棠等）	非赏花植物（竹、桐、茶、荔枝等）	伪书、方物志、动物谱录及其他植物相关书籍
		(?) 王子敬《竹谱》(—388 年)	《南方草物状》 《魏王花木志》
		戴凯之《竹谱》(466)	陶弘景《本草经集注》 贾思勰《齐民要术》
隋代、唐代（581—907 年）			诸葛颖《种植法》
	王綝《园庭草木疏》(—702 年) (?) 贾耽《百花谱》(—805 年)	陆羽《茶经》(约 760 年)、皎然《茶诀》	官修《新修本草》(657 年) 陈藏器《本草拾遗》(741 年)
	《栽植经》（—863 年）	裴汶《茶述》（约 813 年）	官修《天宝单方药图》(—755 年)
	李德裕《平泉山居草木记》(—850 年)	温庭筠《采茶录》（—866 年）	陆羽《毁茶论》
		陆龟蒙《品第书》（—881 年）	段成式《酉阳杂俎》(约 860 年)
		《茶苑杂录》(?)	
五代（907—960 年）	张翊《花经》（约 950 年）	毛文锡《茶谱》(约 935 年)	
			后蜀官修《重广英公本草》
宋太祖、宋太宗在位时期（960—997 年）	仲休《越中牡丹花品》(986 年)	赞宁《笋谱》(宋初)	官修《开宝本草》(974 年)
		钱昱《竹谱》(宋初)	
宋真宗在位时期（998—1022 年）	(?)《续花谱》(伪撰，旧题丁谓撰)	丁谓《北苑茶录》(约 998 年)	王禹偁《芍药诗谱》(?)
		周绛《补茶经》(1004—1016 年)	田锡《曲本草》(存疑)

续表

时间	植物谱录		伪书、方物志、动物谱录及其他植物相关书籍
	赏花植物（牡丹、芍药、菊、梅、兰、海棠等）	非赏花植物（竹、桐、茶、荔枝等）	
宋仁宗在位时期（1023—1063年）	范尚书牡丹谱(?)		
	张宗诲《花木录》(?)		
	钱惟演“花品”(1032—)		
	欧阳修《洛阳牡丹记》（约1034年）		
	赵守节《冀王宫花品》(1034年)		
	李英《吴中花品》(1045年)(《庆历花品/谱》)	刘异《北苑拾遗》(1041—1048年)	
		叶清臣《（述）煮茶泉品》(—1049年)	
		陈翥《桐谱》(1049—)	
			宋祁《益部方物略记》(1057年?)
		蔡襄《荔枝谱》(1059年)	傅肱《蟹谱》(1059—)
		徐师闵《莆田荔枝谱》(1056—1063年)	官修《嘉祐本草》（约1061年）
		惠崇《笋谱（竹谱）》	官修《图经本草》(1061年)
宋英宗在位时期（1064—1067年）		宋子安《东溪试茶录》(1064年)	
		蔡襄《茶录》(1064年)	
		张宗闵《增城荔枝谱》(1067—)	
宋神宗在位时期（1068—1085年）	沈立《牡丹记》《海棠记》（约1072年）	曾伉《茶苑总录》（约1068—1077年）	
	刘攽《芍药谱》(1073年)		
	王观《扬州芍药谱》(1076—)	沈立《茶法易览》(—1078年)	唐慎微《证类本草》（1082年）
		曾安止《禾谱》(1081—)	秦观《蚕书》（—1083年）
	周师厚《洛阳花木记》(1082年)		窦苹《酒谱》（1084年）

续表

时间	植物谱录		伪书、方物志、动物谱录及其他植物相关书籍
	赏花植物（牡丹、芍药、菊、梅、兰、海棠等）	非赏花植物（竹、桐、茶、荔枝等）	
宋哲宗在位时期（1086—1100年）	丘璿《牡丹荣辱志》(—1085年)	曾巩《荔枝录》(1078—1085年)	
	丘璿《洛阳贵尚录》(—1085年)	黄儒《品茶要录》(—1094年)	
	孔武仲《扬州芍药谱》(1086—)	沈括《茶论》(—1095年)	三馆书《味潄》（—1095年）
	张峋《洛阳花谱》(1086—)	吴良辅《竹书（竹谱）》(—1100年)	
	欧阳棐《花药草木谱》		
	艾丑《芍药谱》(北宋)	郭长儒《蔬食谱》(约1100年)	
宋徽宗在位时期（1101—1125年）		章炳文《壑源茶录》(约1102—1106年)	
	刘蒙《菊谱》(1104年)	宋徽宗《(大观)茶论》(1107年)	
		吕惠卿《建安茶记》(—1111年)	官修《大观本草》（1108年）
		唐庚《斗茶记》(1112年)	苏轼《东坡酒经》（—1101年）
	张邦基《陈州牡丹记》(1112—)	蔡宗颜《茶山节对》(—1116年)	《北山酒经》约1107—1116年）
		蔡宗颜《茶谱遗事》	官修《政和本草》（1116年）
		王庠《（雅州）蒙顶茶记》	
		范逵《龙焙美成茶录》	
		王端礼《茶谱》	
		熊蕃《宣和北苑贡茶录》(约1121—1125年)	
宋钦宗在位时期（1126—1127年）	文保雍《菊谱》(北宋末?)		

续表

时间	植物谱录		伪书、方物志、动物谱录及其他植物相关书籍
	赏花植物（牡丹、芍药、菊、梅、兰、海棠等）	非赏花植物（竹、桐、茶、荔枝等）	
宋高宗在位时期（1127—1162年）		桑庄《茹芝茶谱》	
		《北苑修贡录》	张能臣《酒名记》（—1144年）
	黄大舆《梅苑》(1129—1145年)	郑熊《广中荔枝》(—1146年?)	陈旉《农书》（1149年）
		王灼《糖霜谱》(1154—)	温革《分门琐碎录》(约1155年)
		(?)《木谱》(—1161年)	官修《绍兴本草》(1159年)
		《北苑煎茶法》(—1161年)	郑樵《通志》(1161年)
			《木谱》(?)
宋孝宗在位时期（1163—1189年）	史正志《菊谱》(1175年)		家求仁（龙溪增补）《(重广)草木虫鱼杂咏诗集》(—1168年)
	陆游《天彭牡丹谱》(1178年)	韩彦直《(永嘉)橘录》(1178—)	
	胡元质《成都牡丹记》(1180—)	赵汝砺《北苑别录》(约1186年)	范成大《桂海虞衡志》(1175年)
	范成大《范村菊谱》(1185年)		
宋光宗在位时期（1190—1194年）	胡融《图形菊谱》(1191年)		
	杜斿《琼花记》(1191年?)		
	范成大《范村梅谱》(1182—1192年)		
宋宁宗在位时期（1195—1224年）	张镃《梅品》(1194年)		
	周必大《唐昌玉蕊辨证》(1198年)		刘甲刊《大观本草》(1211年)
	沈竞《菊谱》(1213年)		荣西《吃茶养生记》(约1214年)

续表

时间	植物谱录		伪书、方物志、动物谱录及其他植物相关书籍
	赏花植物（牡丹、芍药、菊、梅、兰、海棠等）	非赏花植物（竹、桐、茶、荔枝等）	
宋理宗在位时期（1225—1264年）	任璹《彭门花谱》（约1119—约1125年）	陈宓《续荔枝谱》（—1230年）	
	赵时庚《金漳兰谱》（1233年）	(?)丁黼《桐谱》（—1234年）	
	马楫《菊谱》（1242年）		
	史铸《百菊集谱》（1246年）	陈仁玉《菌谱》（1245—）	旧题孙思邈《种花法》（—1246年）
	王贵学《兰谱》（1247年）	《茶杂文》（—1249年）	
	陈思《海棠谱》（1259—）		陈咏《全芳备祖》（1256年）
	宋伯仁《梅花喜神谱》（—1261年）		宋伯仁《酒小史》（1199—）
	《四时栽接花果图》（—1262年）		
宋度宗、宋恭帝、宋端宗在位时期（1265—1277年）		审安老人《茶具图赞》（1269年）	元朝官修《农桑辑要》（1273年）
		林洪《山家清供》(?)	
		陈达叟《（本心斋）疏食谱》（—1273年）	
宋帝昺在位时期（1278—1279年）			

注：按每个皇帝在位时间统计，每一行的时间跨度为50年左右。以陈翥《桐谱》为例，陈翥作自序于1049年，然而内容包括其后的事情，因而表示为“1049—”。赞宁《笋谱》成书年份未详，根据赞宁1001年辞世，表示为“—1001年”可见，北宋时期牡丹谱偏多。1030—1040年及1070—1080年是北宋植物谱录的高峰期。南宋植物谱录数目增长有两处较慢坡的高峰：1170—1190年，1230—1250年。古代茶书难以划定是否属于植物谱录，暂且只排除泉水品第之书（“水记”）。一些谱录的成书年代尚不清楚，如《百花谱》《四时栽接花果图》等。上表以目前的研究成果估定成书时间，待后人进一步考察，有可能发生变动。

附录 2　宋代各时间段植物谱录数量的统计比较

		南北朝至五代	宋太祖、宋太宗 960—997 年	宋真宗、宋仁宗 998—1063 年	宋英宗至宋哲宗 1064—1100 年	宋徽宗 1101—1125 年	宋高宗 1127—1162 年	宋孝宗、宋光宗 1163—1194 年	宋宁宗至宋端宗 1195—1277 年	时间不明
竹 (7)		2	2	1	1				1	
茶 (33)	福建			3	4	5	2	1		
	其他，不明	7		1	2	5	1		2	
	总数	7		4	6	10	3	1	2	
牡丹 (15)	江南 (2)		1	1						
	洛阳 (4)			1	3					
	四川 (3)							2	1	
	其他 (1) 及不明 (5)			4	1	1（陈州）				
	总数		1	6	4	1		2	1	
海棠 (2)					1				1	
桐树 (2)				1					1	
荔枝 (6)	福建 (4)			2	1				1	
	广州 (2)				1		1			
	总数			2	2		1		1	
芍药（扬州）(4)				4						

续表

		南北朝至五代	宋太祖、宋太宗	宋真宗、宋仁宗	宋英宗至宋哲宗	宋徽宗	宋高宗	宋孝宗、宋光宗	宋宁宗至宋端宗	时间不明
			960—997年	998—1063年	1064—1100年	1101—1125年	1127—1162年	1163—1194年	1195—1277年	
菊花(8)	伊水(1)					1				
	江南(4)							3	1	
	福建(1)								1	
	不明(2)					1			1	
	总数					2		3	3	
梅花(4)							1	1	2	
兰花(2)									2	
其他(18)		5(*1)		花木录	3(*2)	（长孺）蔬食谱	糖霜	橘，琼花	5(*3)	

注：此表为根据附录的表格而制作每一类谱录的数量。按每一类的最早谱录出现的时间排列。*1 单元格有 5 部，《园庭疏》《百花谱》《栽植经》《山居记》《花经》，*2 单元格有 3 部，《禾谱》《洛阳花木记》《花药草木谱》，*3 单元格有 5 部《玉蕊花》《山家清供》《菌谱》《本心斋蔬食谱》《栽接图》。

附录 3　欧阳修《洛阳牡丹记》善本影印

注：日本天理图书馆藏，索书号 920.81 タ 15-15，《欧阳文忠公文集》卷七十二（外集卷二十二），每半页排 10 行，每行 17 个字，与国家图书馆藏周必大刊本《欧阳文忠公文集》残本（A00560，胶卷 1447）属同一种版面。

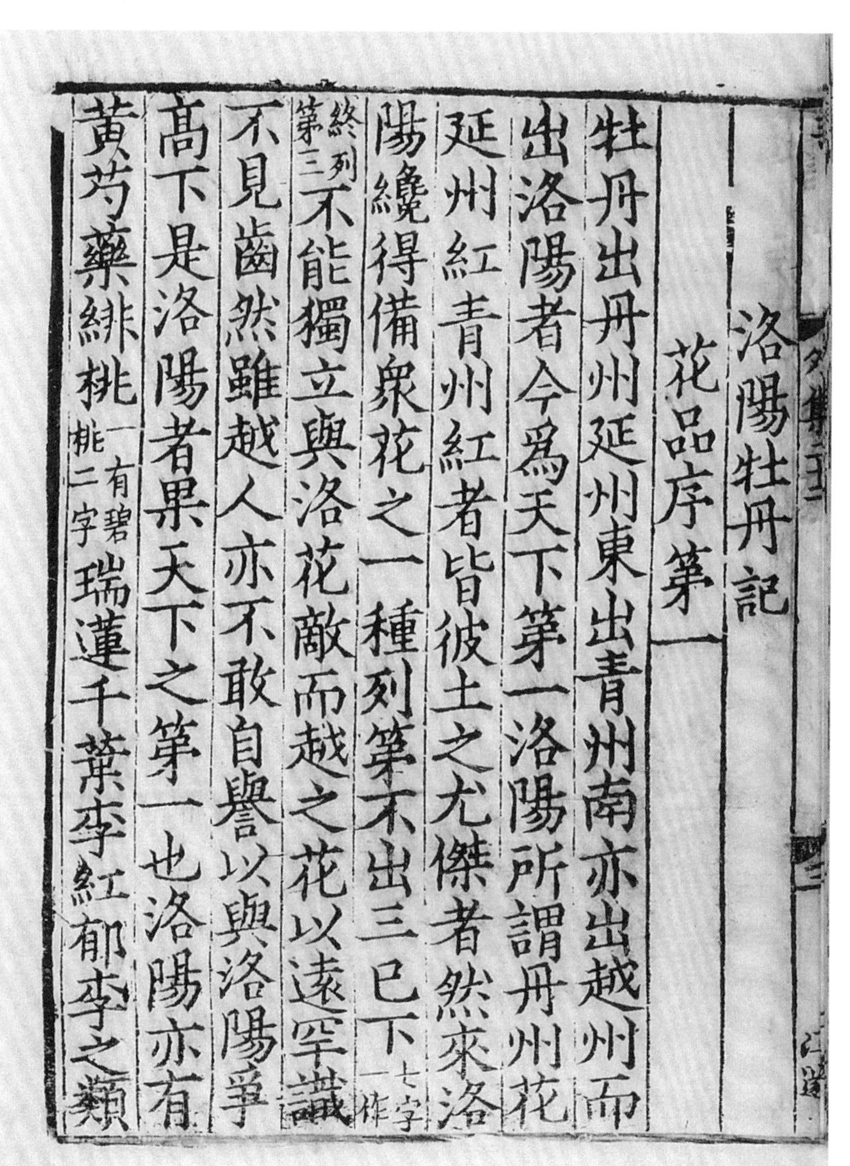

洛陽牡丹記

花品序第一

牡丹出丹州延州東出青州南亦出越州而出洛陽者今爲天下第一洛陽所謂丹州花延州紅青州紅者皆彼土之尤傑者然來洛陽纔得備衆花之一種列第不出三已下（七字一作終列第三）不能獨立與洛花敵而越之花以遠罕識不見齒然雖越人亦不敢自譽以與洛陽爭高下是洛陽者果天下之第一也洛陽亦有黄芍藥緋桃（一有碧桃二字）瑞蓮千葉李紅郁李之類

皆不減它出者而洛陽人不甚惜謂之果子花曰某花某花至牡丹則不名直曰花其意謂天下真花獨牡丹其名之著不假曰牡丹而（一有自字）可知也其愛重之如此說者多言洛陽於（一作居）三河間（一有最字）古善地昔周公以尺寸考日出沒測知寒暑風雨乖與順於此此蓋天地之中草木之華得中氣之和者多故獨與它方異予甚以爲不然夫洛陽於周所有之土四方入貢道里（一有遠近二字）均乃九州之中在天地崐崘（一作混淪）旁薄之間未必中也又況天地之和氣宜遍被四方上下不宜限其中以自私夫中與和者有常之氣其推於物也亦宜爲有常之形物之常者不甚美亦不甚惡及元氣之病也美惡鬲（一作隔）并而不相和入故物有極美與（一有作字）極惡者皆得於氣之偏也花之鍾其美與夫癭木擁腫之鍾其惡醜好雖異而得一氣之偏病則均洛陽城圓（一作圍）數十里而諸縣之花莫及城中者出其境則不可植焉豈又偏氣之美者獨聚

此數十里之地乎此又天地之大不可考也已凡物不常有而爲害乎人者曰災不常有而徒可怪駭不爲害者曰妖語曰天反時爲災地反物爲妖此亦草木之妖而萬物之一怪也然比夫癭木擁腫者竊獨鍾其美而見幸於人焉余在洛陽四見春天聖九年三月始至洛其至也晚見其晚者明年會與友人梅聖俞游嵩山少室緱氏嶺石唐山紫雲洞既還不及見又明年有悼亡之戚不暇見又明年以留守推官

歲滿解去只（一作止）見其蚤者是未嘗見其極盛時然目之所矚已不勝其麗焉余居府中時嘗謁錢思公於雙桂樓下見一小屏立坐後細書字滿其上思公指之曰欲作花品此是牡丹名凡九十餘種余時不暇讀之然余所經見而今人多稱者纔三十許種不知思公何從而得之多也計其餘雖有名而不著未必佳也故今所録但取其特著者而次第之

姚黄　魏花

細葉壽安　鞓紅亦曰青州紅

牛家黃　潛溪緋

左花　獻來紅

葉底紫　鶴翎紅

添色紅　倒暈檀心

朱砂紅　九蘂真珠

延州紅　多葉紫

麤葉壽安　丹州紅

蓮花萼　一百五

鹿胎花　甘草黃

一撒紅　玉板白

花釋名第二

牡丹之名或以氏或以州或以地或以色或旌其所異者而志之姚黃牛黃左花魏花以姓著青州丹州延州紅以州著細葉麤葉壽安潛溪緋以地著一撒紅鶴翎紅朱砂紅玉板白多葉紫甘草黃以色著獻來紅添色紅九蘂真珠鹿胎花倒暈檀心蓮花萼一百五葉底紫皆志其異者姚黃者千葉黃花出於民姚氏家此花之出於

今未十年姚氏居白司馬坡其地屬河陽然花不傳河陽傳洛陽洛陽亦不甚多一歲不過數朶牛黄亦千葉出於民牛氏家比姚黄差小真宗祀汾陰還過洛陽留宴淑景亭牛氏獻此花名遂著甘草黄單葉色如甘草洛人善別花見其樹知爲其花云獨姚黄易識其葉嚼之不腥魏家花者千葉肉紅花出於魏相仁溥家始樵者於壽安山中見之斵以賣魏氏魏氏池館甚大傳者云此花初出時人有欲閲者人税十數錢

三十六 外集十二 七 江遂

乃得登舟渡池至花所魏氏日收十數緡其後破亡鬻其園今普明寺後林池乃其地寺僧耕之以植桑麥（一作棗）花傳民家甚多人有數其葉者云至七百葉錢思公嘗曰人謂牡丹花王今姚黄真可爲王而魏花乃后也鞓紅者單葉深紅花出青州亦曰青州紅故張僕射齊賢有第西京賢相坊自青州以馲駝馱其種遂傳洛中其色類腰帶鞓故謂之鞓紅獻來紅者大多葉淺紅花張僕射罷相居洛陽人有獻此花者因

曰獻來紅添色紅者多葉花始開而白經
日漸紅至其落乃類深紅此造化之尤巧
者鶴翎紅者多葉花其末白而一作其本肉
紅如鴻鵠羽色細葉麤葉壽安者皆千葉
肉紅花出壽安縣錦屏山中細葉者尤佳
倒暈檀心者多葉紅花凡花近萼色深至
其末漸淺此花自外深色近萼反淺白而
深檀點其心此尤可愛一撚紅者多葉淺
紅花葉杪深紅一點如人以手指撚之九
蘂真珠紅者千葉紅花葉上有一白點如
珠而葉密蹙其蘂爲九叢一百五者多葉
白花洛花以穀雨爲開候而此花常至一
百五日開最先丹州延州花皆千葉紅花
不知其至洛之因蓮花萼者多葉紅花青
趺三重如蓮花萼左花者千葉紫花一有出民
左氏家字葉密而齊如截亦謂之平頭紫朱砂
紅者多葉紅花不知其所出有民門氏子
者善接花以爲生買地於崇德寺前治花
圃有此花洛陽豪家尚未有故其名未甚
著花葉甚鮮向日視之如猩血葉底紫者

千葉紫花其色如墨亦謂之墨紫花在叢中旁必生一大枝引葉覆其上其開也比它花可延十日之久噫造物者亦惜之耶此花之出比它花最遠傳云唐末有中官爲觀軍容使者花出其家亦謂之軍容紫歲久失其姓氏矣玉板白者單葉白花葉細長如拍板其色如玉而深檀心洛陽人家亦少有余嘗從思公至福嚴院見之問寺僧而得其名其後未嘗見也潛溪緋者千葉緋花出於潛溪寺寺在龍門山後本

唐相李藩別墅今寺中已無此花而人家或有之本是紫花忽於叢中特出緋者不過一二朶明年移在他枝洛人謂之轉音篆枝花故其接頭尤難得鹿胎花者多葉紫花有白點如鹿胎之紋故蘇相禹珪宅今有之多葉紫不知其所出初姚黃未出時牛黃爲第一牛黃未出時魏花爲第一魏花未出時左花爲第一左花之前唯有蘇家紅賀家紅林家紅之類皆單葉花當時爲第一自多葉千葉花出後此花黜矣今

人不復種也牡丹初不載文字唯以藥載
本草然於花中不爲高第大抵丹延已西
及褒斜道中尤多與荆棘無異土人皆取
以爲薪自唐則天已後洛陽牡丹始盛然
未聞有以名著者如沈宋元白之流皆善
詠花草計有若今（五字一作當時有一花）之異者彼
必形於篇詠（一作什）而寂無傳焉唯劉夢得
有詠魚朝恩宅牡丹詩但云一叢千萬朶
而已亦不云其美且異也謝靈運言永嘉
竹間水際多牡丹今越花不及洛陽甚遠
是洛花自古未有若今之盛也

風俗記第三

洛陽之俗大抵好花春時城中無貴賤皆
插花雖負擔者亦然花開時士庶競爲遊
遨往往於古寺廢宅有池臺處爲市井張
幄帟笙歌之聲相聞最盛於月陂堤張家
園棠棣坊長壽寺東街與郭令宅至花落
乃罷洛陽至東京六驛舊不進花自今徐
州李相迪爲留守時始進御歲遣衙校一
負乘驛馬一日一夕至京師所進不過姚

黄魏花三數朶以菜葉實竹籠子藉覆之使馬上不動揺以臘封花蔕乃數日不落大抵洛人家家有花而少大樹者盖其不接則不佳春初時洛人於壽安山中斵小栽子賣城中謂之山篦子人家治地爲畦塍種之至秋乃接接花工尤著者謂之門園子盖本姓東門氏或是西門俗但云門園子亦由今俗呼皇甫氏多只云皇家也豪家無不邀之姚黄一接頭直錢五千秋時立契買之至春見花乃歸其直洛人甚惜此花不欲傳有權貴求其接頭者或以湯中蘸殺與之魏花初出時接頭亦直錢五千今尚直一千接時須用社後重陽前過此不堪矣花之木去地五七寸許截之乃接以泥封裹用軟土擁之以蒻葉作庵子罩之不令見風日惟南向留一小戶以達氣至春乃去其覆此接花之法也用瓦亦可種花必擇善地盡去舊土以細土用白斂末一斤和之蓋牡丹根甜多引蟲食白斂能殺蟲此種花之法也澆花亦自有時或用日未出或日西時九月旬日一澆十月

十一月三日二日一澆正月隔日一澆二月一日一澆此澆花之法也一本發數朶者擇其小者去之只留一二朶謂之打剥懼分其脉也花纔落便剪其枝勿令結子懼其易老也春初既去蒻庵便以棘數枝置花叢上棘氣暖可以辟霜不損花芽他大樹亦然此養花之法也花開漸小於舊者蓋有蠹蟲損之必尋其穴以硫黄簪之其旁又有小穴如鍼孔乃蟲所藏處花工謂之氣窗以大鍼點硫黄末鍼之蟲乃死

蟲死花復盛此醫花之法也烏賊魚骨以鍼花樹入其膚花輒死此花之忌也

牡丹記跋尾

右蔡君謨之書八分散隷正楷行押大小草衆體皆精其平生手書小簡殘篇斷槀時人得者甚多惟不肯與人書石而獨喜書余文也若陳文惠公神道碑銘薛將軍碣真州東園記杭州有美堂記相州晝錦堂記余家集古録目序皆公之所書最後又書此記刻而自藏于其家方走人於亳

以模本遺予使者未復於閩而凶訃已至于亳矣蓋其絶筆於斯文也於戯君謨之筆既不可復得而予亦老病不能文者久矣於是可不惜哉故書以傳兩家子孫

外集卷第二十二

牡丹記 萬物之一怪也(或無一字) 或以氏(以字下一有姓字) 司馬坡(一作坂) 有一白點如珠而葉密(一作點白如珠其葉密或作密其葉) 此花點矣(此一作其) 丹延巳西(巳一作巴) 不堪矣(一作不佳也) 或用日未出或日西時九月旬日一澆十月十一月三日二日一澆正月隔日一澆二月一日一澆(一跡) (或用日西或用日未出秋時旬日乃澆十月十一月三二日一澆正月隔日一澆) 入其䗪花輒死(䗪一作皮輒一作必)

續添

硯譜 惟此嵒石(此一作此) 歸(此下一有間字)

花品序 以自私(此下一有也字) 偏氣之美(一作偏病之氣) 九蘂真珠(此下一有紅字下同)

花釋名鬻其園（此下有宅字一）因曰（一作因名曰）丹州延州花（此下脫一者字）崇德寺（一作崇真寺）如拍板（此下一有之狀二字）不過一二朶（二一作兩）風俗記以菜葉（以一作用）尤著者（此下或有一人[illegible]字）以鈹花（三字上一有用字）

士大夫家有公牡丹譜一卷乃承平時印本始列花品序及名品與此卷前兩篇頗同其後則曰敘事宮禁貴家寺觀府署元白詩譏鄙吳蜀詩集記異雜記本朝雙頭花進花丁晉公續花譜凡十

外集二十二　十四

六門萬餘言前題吏部侍郎參知政事歐陽某撰後有梅堯臣跋蓋假託也姑以三事明之公之花釋名大槩謂自唐則天已後洛陽牡丹雖盛然沈宋元白未嘗形容其美且異劉夢得亦止云一叢千萬朶而已蓋言今之名品當時未有而此乃以元白常花唱酬為一門一也花譜蔡君謨所書至今流傳熙寧元年公跋云君謨絕筆於斯文安得此萬餘言者二也梅之後序云公初莁西洛

作花品及參大政亦有謝西京王尚書
牡丹詩棠梅以嘉祐五年四月卒是冬
公方入西府明年遷參政其妄尤甚三
也此初無足辨特以印本流傳恐後人
或信耳

又續添

牡丹記跋尾 右蔡君謨之書右字下一有牡丹記蔡君謨書
上一字方云君謨之書與人書石與一作爲一獨喜一作特喜皆
公之所書一無之字走人於亳於一作于未復於閩於一作于後
巳至于亳一無于字予亦老病予一作余本上文並作余案印作余以遂

有熙寧三年二月一日書九字

图书在版编目（CIP）数据

与花方作谱：宋代植物谱录循迹 /（日）久保辉幸著 . — 南宁：广西科学技术出版社，2023.1

（中国传统博物学研究文丛）

ISBN 978-7-5551-1309-6

Ⅰ . ①与… Ⅱ . ①久… Ⅲ . ①植物—研究—中国—宋代 Ⅳ . ① Q94

中国版本图书馆 CIP 数据核字（2020）第 124172 号

YU HUA FANG ZUO PU——SONG DAI ZHIWU PU LU XUN JI

与花方作谱——宋代植物谱录循迹

[日]久保辉幸 著

策　　划：黄敏娴　　责任编辑：赖铭洪
责任校对：吴书丽　　助理编辑：冯雨云　李林鸿
责任印制：韦文印　　装帧设计：璞　闾　韦娇林

出版人：卢培钊
出　版：广西科学技术出版社
社　址：广西南宁市东葛路 66 号　　邮政编码：530023
网　址：http://www.gxkjs.com

经　销：全国各地新华书店
印　刷：广西昭泰子隆彩印有限责任公司
地　址：南宁市友爱南路 39 号　　邮政编码：530001
开　本：787 mm × 1092 mm　1/16
字　数：314 千字　　印　张：27.75
版　次：2023 年 1 月第 1 版
印　次：2023 年 1 月第 1 次印刷
书　号：ISBN 978-7-5551-1309-6
定　价：158.00 元